U0213999

天津市艺术科学规划项目：D16010

六合文稿　长　城·聚　落　丛　书

张玉坤　主编

作为社会结构表征的中国传统聚落形态研究

张楠　张玉坤　林志森　著

中国建筑工业出版社

图书在版编目（CIP）数据

作为社会结构表征的中国传统聚落形态研究/张楠，张玉坤，林志森著. —北京：中国建筑工业出版社，2021.8

（六合文稿：长城·聚落丛书/张玉坤主编）

ISBN 978-7-112-26458-2

Ⅰ.①作… Ⅱ.①张… ②张… ③林… Ⅲ.①聚落环境—研究—中国 Ⅳ.①X21

中国版本图书馆CIP数据核字（2021）第159285号

传统聚落研究关注的是与人类生存发展息息相关的“居住”问题。以人类活动为基础的聚居生活方式的内在秩序规范着人的社会行为与生存空间，人的社会结构也物化为聚落形态得以表达。将聚落形态视为社会结构的表征，有利于以社会结构为匙，从“社会—空间”角度完整认识传统聚落形态，完善人类知识体系。

社会结构与聚落形态具有一些相似的特点，按结构主义的观点，均可视为结构体系，本书在研究中，借鉴结构主义对结构体系之间关系的分析，对比分析社会结构和聚落形态两个体系的相似与差异。试图通过理论抽象与实例分析相结合的方式接近其内在本质。

本书适于建筑学、城乡规划和遗产保护等领域的专家学者及有关爱好者阅读参考。

责任编辑：杨　晓　唐　旭
责任校对：焦　乐

六合文稿　长城·聚落丛书
张玉坤　主编

作为社会结构表征的中国传统聚落形态研究

张楠　张玉坤　林志森　著

*

中国建筑工业出版社出版、发行（北京海淀三里河路9号）
各地新华书店、建筑书店经销
北京锋尚制版有限公司制版
北京中科印刷有限公司印刷

*

开本：787毫米×1092毫米　1/16　印张：12½　字数：259千字
2021年9月第一版　2021年9月第一次印刷
定价：68.00元

ISBN 978－7－112－26458－2
（37865）

编 者 按

长城作为中华民族的伟大象征，具有其他世界文化遗产所难以比拟的时空跨度。早在两千多年前的春秋战国之际，为抵御北方游牧民族的侵扰和诸侯国之间的兼并扩张，齐、楚、燕、韩、赵、魏、秦等诸侯国就已在自己的边境地带修筑长城。秦始皇统一中国，将位于北部边境的燕、赵和秦昭王长城加以补修和扩展，形成了史上著名的“万里长城”。汉承秦制，除了沿用已有的秦长城，又向西北边陲大力增修扩张。此后历代多有修建，偏于一隅的金王朝也修筑了万里有余的长城防御工事。明代元起，为防北方蒙古鞑靼，修筑了东起辽宁虎山、西至甘肃嘉峪关的边墙，全长八千八百多千米，是迄今保存最为完整的长城遗址。

国内外有关长城的研究由来已久，早期如明末清初顾炎武（1613.07—1682.02）从历史、地理角度对历代长城的分布走向进行考证。清末民初，王国维（1877.12—1927.06）对金长城进行了专题考察，著有《金界壕考》；美国人W.E.盖洛对明长城遗址进行徒步考察，著有《中国长城》（The Great Wall of China，1909）；以及英国人斯坦因运用考古学田野调查的方法对河西走廊的汉代长城进行考察等。国内学者张相文的《长城考》（1914）、李有力的《历代兴筑长城之始末》（1936）、张鸿翔的《长城关堡录》（1936）、王国良的《中国长城沿革考》（1939）、寿鹏飞的《历代长城考》（1941）等均属民国时期的开先之作。改革开放之后，长城研究再度兴盛，成果卓著，如张维华《中国长城建制考》（1979）、董鉴泓和阮仪三《雁北长城调查简报》（1980）、罗哲文《长城》（1982）、华夏子《明长城考实》（1988）、刘谦《明辽东镇及防御考》（1989）、史念海《论西北地区诸长城的分布及其历史军事地理》（1994）、董耀会《瓦合集——长城研究文论》（2004）、景爱《中国长城史》（2006）等。同时，国家、地方有关部门和中国长城学会进行了多次长城资源调查，为长城研究提供了可靠的资料支持。概而言之，早期研究多集中在历代长城墙体、关隘的修建历史、布局走向及其地理与文化环境，近年来逐步从历史文献考证向文献与田野调查相结合，历史、地理、考古、保护实践等多学科相融合的方向发展，长城防御体系的整体性概念逐渐形成。丰富的研究成果和学术进步，对长城研究与保护贡献良多，也为进一步深化和拓展长城研究打下坚实基础。

聚落变迁一直是天津大学建筑学院六合建筑工作室的主导研究方向。2003年，工作室师生赴西北地区进行北方堡寨聚落的田野调查，在明长城沿线发现大量堡寨式的防御性聚落，且尚未引起学界的广泛关注。自此，工作室便在以往聚落变迁研究的基础上，开启了“长城军事聚落”这一新分支，同时也改变了以单个聚落为主的建筑学研究方法。在研究过程中，课题组坚持整体性、层次性、系统性的研究思路和原则，将长城防御体系与军事聚落视作一个巨大时空跨度的统一整体来考虑，在这一整体内部还存在不同的规模层次或不同的子系统，共同构成一个整体的复杂系统。面对巨大的复杂系统，课题组采用空间分析（Spatial Analysis）的研究方法，以边疆军事防御体系和军事制度为线索，以遗址现场调查、古今文献整理为依托，对长城军事聚落整体时空布局和层次体系进行研究，以期深化对长城的整体性、层次性和系统性的认识，进一步拓展长城文化遗产构成，充实其完整性、真实性的遗产保护内涵。基于空间分析方法的技术需求，课题组自主研发了“无人机空—地协同”信息技术平台，引进了“历史空间信息分析”技术，以及虚拟现实、地理定位系统等技术手段。围绕长城防御体系和海防军事聚落、建筑遗产空—地协同和历史空间信息技术，工作室课题组成员承担了十几项国家自然科学基金项目和科技支撑计划课题，先后指导40余名博士生、硕士生撰写了学位论文，科学研究与人才培养相结合为长城·聚落系列研究的顺利开展提供了有力支撑和保障。

“六合文稿”长城·聚落丛书的出版，是六合建筑工作室中国长城防御体系和传统聚落研究的一次阶段性总结汇报。先期出版的几本文稿，主要以明长城研究为主，包括明长城九边重镇全线和辽东镇、蓟镇、宣府镇、甘肃镇，以及金长城的防御体系与军事聚落和河北传统堡寨聚落演进机制的研究；后期计划出版有关明长城防御体系规划布局机制、军事防御聚落体系宏观系统关系、清代长城北侧城镇聚落变迁、明代海防军事聚落体系，以及中国传统聚落空间层次结构、社区结构的传统聚落形态和社会结构表征与聚落形态关系的分析等项研究内容。这些文稿作为一套丛书，是在诸多博士学位论文的基础上改写而成，编排顺序大体遵循从宏观到微观、从整体到局部的原则，研究思路、方法亦大致趋同。但随时间的演进，对研究对象的认识不断深化，使用的分析技术不断更新，不同作者对相近的研究对象也有些许不同的看法，因而未能实现也未强求在写作体例和学术观点上整齐划一，而是尽量忠实原作，维持原貌。博士生导师作为作者之一，在学位论文写作之初，负责整体论文题目、研究思路和写作框架的制定，写作期间进行了部分文字修改工作；此次文稿形成过程中，又进行局部修改和文字审核，但对属于原学位论文作者的个人学术观点则予以保留，未加干预。

在此丛书付梓之际，面对长城这一名声古今、享誉内外的宏观巨制，虽已各尽其力，却仍惴惴不安。一些问题仍在探索，研究仍在继续，某些结论需要进一步斟酌，瑕疵、纰漏之处在所难免。是故，谓之“文稿”，希冀得到读者的关注、批评和教正。

在六合建筑工作室成员进行现场调研、资料搜集、文稿写作和计划出版期间，得到了多方的支持和帮助。感谢国家自然科学基金的大力支持，“中国北方堡寨聚落基础性研究”（2003—2005）项目的批准和实施，促使工作室启动了长城军事聚落研究，其后十几个基金项目的批准保障了长城军事聚落基础性、整体性研究的顺利开展；感谢中国长城学会和长城沿线各省市地区文保部门专家在现场调研和资料搜集过程中所给予的无私帮助和明确指引；感谢中国建筑工业出版社对本套丛书编辑出版的高度信任和耐心鼓励；感谢天津大学领导和建筑学院、研究生院、社科处等有关部门领导所给予的人力物力保障和学校“985”工程、“211”工程和“双一流”建设资金的大力支持。向所有对六合建筑工作室的研究工作提供帮助、支持和批评建议的专家学者、同仁朋友表示衷心感谢。

前 言

传统聚落研究关注的是与人类生存发展息息相关的“居住”问题。以人类活动为基础的聚居生活方式的内在秩序规范着人的社会行为与生存空间，人的社会结构也物化为聚落形态得以表达。将聚落形态视为社会结构的表征，有利于以社会结构为匙，从“社会—空间”角度完整认识传统聚落形态，完善人类知识体系。

目前，传统社会结构空间化研究主要面临以下三个方面的问题：1．概括抽象与复杂的社会；2．概括“难以言说”的聚落空间；3．架起社会结构与聚落结构之间沟通的桥梁。社会结构与聚落形态具有一些相似的特点，按结构主义的观点，均可视为结构体系，本书在研究中，借鉴结构主义对结构体系之间关系的分析，对比分析社会结构和聚落形态两个体系的相似与差异。试图通过理论抽象与实例分析相结合的方式接近其内在本质。本书分为以下几个部分，分别解决上述问题：

一、把握中国传统社会中“关系本位”的特点，在费孝通提出的“差序格局”基础上，结合社会网络分析方法，对中国传统社会结构加以分析。

二、在大量历史聚落的实证研究基础上，借鉴“群”“网”“拓扑”的数学概念，结合实例对于传统聚落形态做出分析，把握其结构规律。

三、社会结构与聚落形态既密切联系又有很大差异，很难用简单的图形或公式将二者之间的相互关系形象地表达，但可以借助对大量实例进行分析而间接感知。由于社会结构不可能在虚空中存在，实际上存在着一定的空间性，聚落形态在某种意义上可以认为是社会结构空间性的体现——这反映了社会结构的某些特征，又是相对短暂社会关系凝聚的社会结构得以保持其延续性的关键所在。聚落形态的体系与社会结构存在着一定的拓扑关系——而这种拓扑又不是简单的数学意义上空间中的形式变化，它的含义超越了空间范畴。

四、运用上述社会—空间分析方法，分别以龙门镇、暖泉镇、拉萨和北京为例，具体分析社会结构如何在一个聚落中实现空间化，并在其发展演变中持续地发挥作用。

目　录

第一章　研究综述

第一节　相关概念

对于本书而言，相关概念主要包括“聚落”“结构”“社会结构”等。要对课题有较好的限定，则非把握这几个重要概念不可，但首先，一个概念的意义是不能用日常用语来准确给出的，它的意思必须通过它被嵌入其中并被应用的概念上和推论上的网络背景下来理解；其次，一个概念并不是一种解释，一个好的概念标出了关于所关注现象的一条界限，并因而使得理论的解释策略能够得到发展。本书的概念论述也将遵循以上原则。本书将对“聚落”“结构”“聚落形态”“社会结构”等几个重要的概念加以限定和说明。

一、聚落形态

（一）聚落与聚落形态的概念

1. 聚落

“聚落”是指人类各种形式的居住场所，聚落不仅是房屋的集合体，还包括与居住地直接相关的其他生活设施和生产设施。它包括房屋建筑（住宅、机构、商店、工厂、仓库以及文化娱乐、教育卫生等建筑），街道或聚落内部的道路、广场、公园、运动场等人们活动的场地，供居民洗涤、饮用的池塘、河沟、井泉，以及聚落内部的空闲地、蔬菜地、果园、林地等构成部分。聚落是人类活动的中心。[①]从人类聚居文明的广义来讲，它又可以包括城市（或城市中的自然居民点）、集镇和广大乡村的自然村落。[②]

本书中的“聚落”，意指“人类成集团在地表上生活的聚居状态和物质实体”，通常区分为都市聚落与乡村聚落。聚落并不以尺度或规模为界限，聚落是“在一定地域内发生的社会活动和社会关系，特定的生活方式，并且有共同的人群所组成的相对独立的地域生活空间和领域”。[③]聚落的语义即集中安顿，英文的Settlement含有安置于土地上的意义。地理学以世界上各地区的发生与变化、结构与机能等为研究范围，因此，聚落问题自然属于主要的研究范围之内，事实

① 王恩涌等 编著，人文地理学，北京：高等教育出版社，2000：219.
② 李芗，中国东南传统聚落生态历史经验研究，华南理工大学，2004.
③ 余英，中国东南系建筑区系类型研究，北京：中国建筑工业出版社，2001：116.

上，因为聚落是人们生活的据点，与人类的关系当然非常密切。[①]

2. 聚落形态

"形态"指事物在一定条件下的表现形式[②]。聚落形态（Settlement Pattern）一词源于人文地理学20世纪40年代的研究，著名的美国考古学家戈登·威利将聚落或居址形态看作人类活动与生态环境相互作用的反映，并认识到聚落和居址形态在研究古代社会结构和政治体制演变上的巨大潜力。他将聚落形态定义为："人类将他们自己在他们所居住的地面上处理起来的方式。它包括房屋、房屋的布置方式，以及其他与社团生活相关的建筑物的性质和处理方式。"[③]

到了20世纪70年代，美国考古学家欧文·劳斯将此概念进一步扩展为："人们的文化活动和社会机构在地面上分布的方式，这种方式包括了社会、文化和生态三种系统，并提供了它们之间相互关系的记录。"这样的概念含义更为广泛，但在聚落研究中，并不容易把握。因此，在本书中，"聚落形态"主要指聚落内部物质形态，即聚落内部各组成要素，如街道、市场、居民区、衙署、寺庙等，以及它们的位置和相互关系。值得说明的是："各组成要素"不仅包括实体的建筑等物质存在，也包括不同类型人群活动的空间，而聚落内部物质形态的相互关系实际上是一种空间结构，把聚落形态视为一种结构是将其作为社会结构表征的基础。

（二）聚落形态的空间本质

我们当前对于聚落形态的研究，实际上往往更偏重于物质本身，而在一定程度上忽略了其本来的结构意义。结构应当是一个由种种转换规律组成的体系，并且能够被形象化表示。聚落形态表面上看起来在于其内部物质形态及其相互关系，实际上在于不同类型人活动的空间。本书是从建筑学与规划学的角度分析中国传统聚落的形态问题，把握其结构特征，所以并不会成为巨细无遗地涵盖社会、文化、生态等方面的系统论述，而将紧紧抓住其空间本质来展开。分析与其社会与空间特质相关联的方面。

2500年前，老子已对"空间"这一复杂概念有过精辟论述："三十辐共一毂，当其无，有车之用。埏埴以为器，当其无，有器之用。凿户牖以为室，当其无，有室之用。故有之以为利，无之以为用。"[④] 这段话的意思是：30根辐集中到一个毂，有了毂中间的洞，才有车的作用。抟击陶泥做器皿，有了器皿中间的空

---

① 陈芳惠，村落地理学，台北：国力编译馆，五南图书出版公司，1984.

② 引自《辞海》(1979年版，缩印本)。

③ Willey G R，Prehistoric Settlement Pattern in the Vim Valley，Peru：Bureau of American Ethnology，Smithsonian Institution，1953，1.

④ 引自老子《道德经》第十一章。

虚，才有器皿的作用。开凿门窗造房子，有了门窗和四壁中的空间，才有房子的作用。所以，“有”给人的便利，完全是靠“无”起着决定性的作用。这个“无”就是我们现在所说的空间。

空间曾被认为是在建筑学领域最纯粹、最本质、最不可缩减的概念。[①]在相当长的时间里，虽然人对于空间的营造一直在持续，但是对空间的理解和阐述却并没有进一步的进展，容易被感知和利用的空间，却由于其“无”的表象，很难用语言表达清楚。我们研究房屋的时候会研究房屋的结构、围护、尺度……却很少能把空间作为一个独立的元素来看待。“从这个意义上来说，空间并不是想象中那么的清晰和单一，相反，空间的内涵一直处于复杂多样的变化中。”[②]在聚落研究中，由于人类活动的聚落空间并非像房屋所限定的空间般封闭，想将空间作为一个独立的元素来分析和理解就更困难。

（三）本书的聚落形态研究内容

如上文所述，本书将聚落中人群的活动空间作为研究的主角，但由于空间与实体存在着互为图底的依存关系，空间的认识依托于实体而存在，故研究内容仍将包括聚落的物质实体：街道、市场、居民区、衙署、寺庙等——既研究它们的位置，也研究它们的相互关系。

皮亚杰（Jean Piaget）对结构进行了较为全面的定义：“结构是一种由种种转换规律组成的体系，人们可以在一些实体的排列组合中观察到结构，这种排列组合体现下列基本概念：（1）整体性概念；（2）转换性概念；（3）自我调节概念。”[③]整体性强调了事物结构的内部要素是有机联系在一起，而非孤立的混杂，是“整体大于部分内部之和”。转换性在强调了结构动态性的同时，更指出了结构的能动构造功能。自调性说明结构是相对封闭和自给自足的，更是一种稳定系统。这样的阐释并非仅仅针对表现为一种结构的聚落形态，却对其同样适用——对聚落空间的分析可以抓住这三点基本特征，以便全面深入地把握聚落空间的结构规律。在聚落形态的描述与研究中，聚落空间是其中人群活动的关系载体，我们所要研究的结构其实就是聚落内部各种人类活动空间之间的构成和转换关系。这样的结构也并不是物质实体，但它被在聚落中生活的人所感知，依赖于聚落中的物质形态表现出来。

---

① 但随着空间理论的发展，“空间”的概念得到丰富与发展，详见下文。

② 伍端，空间句法相关理论导读，世界建筑，2005，（11）：18-23.

③ 所谓整体性，是指内在的连贯性。结构的组成部分受一整套内在规律的支配，这套规律决定着结构的性质和结构各部分的性质（见[英]特伦斯·霍克斯《结构主义和符号学》）。转换性，是指结构不是静态的。支配结构的规律活动着，从而使结构不仅形成结构，而且还起构成作用。结构具备转换的程序，借助这些程序，不断地整理加工新的材料（见[英]特伦斯·霍克斯《结构主义和符号学》）。自调性，是指各种成分和部分联合起来所出现的系统闭合，达到平衡而产生的自我调节。

二、社会结构

"社会结构"曾经一度是社会学理论和分析的一个核心概念。马克思对其有广义和狭义两种理解：广义的社会结构，是指社会各个基本活动领域，包括政治领域、经济领域、文化领域和社会生活领域之间相互联系的一般状态，是对整个社会体系的基本特征和本质属性的静态概括，是相对于社会变迁和社会过程而言的。狭义的社会结构指由社会分化产生的各主要的社会地位群体之间相互联系的基本状态。这类地位的群体主要有：阶级、阶层、种族、职业群体、宗教团体等。

按照较权威的牛津社会学简明词典上的定义，社会结构是指社会系统或者社会的不同元素之间的组织有序地相互关联①。在给出这个非常笼统的界定之后，词典又进一步增加说明："但是，通常没有一个被大家所一致同意的意义，试图提供一个简明扼要定义的努力被证实是非常不成功的。"另一个词典认为社会结构是："社会元素的一些相对持久的模式或者相互影响……一个特定社会里社会安排的或多或少的持久模式。"②这个词典也同样重申道："尽管其普遍使用，但社会学中不存在关于社会结构的统一概念。"这些词典的定义强调了共同的意思："结构"的核心思想是各元素的模式或安排。③我们的任务就在于分析这些元素是什么，这些相互关联的模式如何维系，以及我们究竟如何发现这些模式。

（一）社会结构的概念化

英语单词"structure"源于拉丁词struere，其原意为建造。实际上，社会学中的结构概念正是起源于建筑学，15世纪，这个词语可以指建造某事物的行动，也可以指一个建造过程的最终产品。18世纪，罗伯特·胡克（Robert Hooke）区分了当一个重物移动时物体将恢复或无法恢复其外形的弹性或塑性结构，而柯西（Cauchy）引入"拉力"和"应力"的概念来研究结构的弹性和塑性，使胡克的理论第一次有了显著的发展。这些新颖的思想是造成19世纪和20世纪工程学巨大进步的原因。而19世纪，结构概念进一步被应用于生物学、地质学等科学门类，当达尔文提出了结构观念与发展观念相联系的时候，结构分析也走向了动态的发展。正是在这种概念和理论的背景下，社会学的先驱开始设法探讨社会结构的观念，孔德（Comte）是社会结构理论的先驱，同许多那个时代的理论家一样，将生物学中的结构观念应用于自己的领域——他提出了社会结构的有机观念，将社会结构看成是与生物类似的有机体。后来舍夫勒（Shaffle）在其

① 牛津社会学简明词典，1994：517.

② 柯林斯社会学词典，1991：597.

③［英］杰西·洛佩兹、［英］约翰·斯科特，社会结构，允春喜译，长春：吉林人民出版社，2007.

著作《社会躯体的结构与生活》中更进一步阐述了社会有机体的观点，而黑格尔（Hegel）则系统地发展社会精神的观点。后来斯宾塞（Herbert Spencer）沿着孔德的思想路线开展了关于社会结构的清晰讨论；而涂尔干（Emile Durkheim）则开始将“集体关系”（Collective Relationship）和“集体表征”（Collective Representations）界定为社会结构得以建立的元素，即社会结构的两个层面。但是，这两个层面启发了非常不同的思想传统。它们是后来的制度结构和关系结构两个重要概念的源头。①

（二）社会结构概念的两种不同视角

制度结构和关系结构两个概念，代表了两种不同的社会结构观，或者说是两种不同的社会结构视角。一种是从地位的角度看待社会结构，另一种是从社会关系和社会网络的角度来看待社会结构。涂尔干将严格意义上的社会结构理解为制度和关系结构的复合表达，但它们很少被单一理论结合到一起。

在20世纪70年代之前，制度结构的观点一直在社会结构观中占据统治地位，拉德克利夫·布朗等人对社会结构的理解作出了很大贡献，但这些观念仅仅着眼于那些制度化的关系。但是，甚至是最忠诚的标准功能主义学家也认识到，社会化和道德承诺是从未完美的，世界的社会关系的确倾向于从规范化的首选模式中分离开来。马克思有一句名言：“认识所有社会关系的总和。”所有的关系都在任何一个个人的身上能够反映出来。个人与个人之间从出生开始就与其他人之间发生着各种不同的社会关系，个人总是在社会关系当中来行为的。

（三）社会结构的研究内容

由于社会整体构成要素的复杂性，社会结构所研究的内容也是非常广泛的。可以根据不同的分类原则，从社会形态、社会存在与发展的条件、阶级阶层等角度对社会整体的结构加以考察，其中按照制度结构的视角来看，社会的分化本质上是阶级和阶层的分化，这种分化是社会的经济、政治、文化等因素综合作用的集中反映。所以，阶级阶层结构在社会学的社会结构研究中具有特殊的重要意义。

从社会网络分析的角度来研究，社会结构将主要分析行动者，包括个人和组织，也着重行动者之间的关系和社会互动、形塑出来的社会力以及这些社会力的冲突和融合。具体主要包括：血缘与宗族关系，以及地缘与团社活动、社会生产关系与交换关系等。

将聚落形态作为社会结构的表征来理解，实际上就是把握社会结构范畴内个人和组织之间的互动关系对聚落形态的广泛影响，从这个角度上来说，本书对于

① ［美］乔纳森·H. 特纳，社会学理论的结构（第7版），邱泽奇译，北京：华夏出版社，2006.

结构研究的梳理，目标在于从社会结构窄间化的角度把握聚落形态，因此，其内容也主要在于对社会形态较明显的影响。

三、表征

所谓“表征”，是指某一些系统事物和系统事物的属性，能确定地表示另一些系统事物和系统事物的属性。[①]首先，系统事物和系统事物的属性，包括思维在内，这一范畴适用于自然界，也适用于人类认识的能动反映过程。其次，这里指的系统事物和系统事物属性的关系，既可以是系统事物与系统事物之间的关系，也可以是系统事物与系统事物属性的关系，以及系统事物属性之间的关系。系统事物或系统事物的属性，可以是单个或多个的排列组合。再次，系统事物的内部属性，也存在表征关系。最后，表征关系必须是确定的对应关系。

所谓被表征，是指某一些系统事物或系统事物的属性，被确定的其他系统事物或系统事物的属性所表示的关系。

所谓表征链，是指表征和被表征的系统事物或其属性，处于相互转化过程中的中间环节，是系统事物及其本身的属性，同时能把表征和被表征连接起来。

本书认为，聚落形态与中国社会传统结构是两个相互关联的系统。中国传统聚落形态的结构特征，能够在一定程度上表示中国传统社会结构的特征。本书将对这种对应关系的形式、意义和实例加以探讨。

第二节　聚落形态与“社会—空间”研究综述

如加以梳理，不难发现聚落形态研究与社会结构空间化研究是相互结合、共同发展的。此类研究主要从19世纪开始，由社会学、社会地理学[②]、建筑学与规划学、人类学等不同学科分别展开，其影响大小不一，深浅也各不相同，有时还水乳交融，难以按照学科截然分开。对这些学科相关认识的梳理过程中，我们总容易陷入各种复杂的概念理解中却难以对空间与社会的投影过程建立清晰的印象。下文就按时间先后，从聚落研究与社会结构空间化问题研究的几个代表人物及其代表性著作开始，简述一下与聚落形态研究相关的“空间—社会”问题研究。对于几个基本和难以回避的概念和理论，在总结时用尽量明晰的一两句话对其主要思想中最有特色和区别于其他理论家的部分加以简要概括。聚落形态研究是本书的出发点和落脚点，但由于本书主要针对的是其中的社会结构空间化方面的内容，故对国外研究进行回顾时，重点集中于与社会结构空间化有直接关系的

---

① 引自《系统辩证学》，231–232页，引自读秀知识搜索。
② 李小建，西方社会地理学中的社会空间，地理科学进展，1987，(02).

研究，国外聚落研究仅作概括叙述。①

一、国外聚落形态与“社会—空间”研究

（一）聚落研究的起步及“社会—空间”的提出——将社会与空间联系起来思考

19世纪晚期与20世纪早期是“社会—空间”研究的起步阶段，在这一时期，学者们在聚落研究或城市研究中试图将社会与空间联系起来思考，并发展出“社会—空间”的概念。②

1. 摩尔根的人类空间关系学

路易斯·亨利·摩尔根（Lewis Henry Morgan）的探索是从考古工作起步的。印第安人所创造的美洲文明在哥伦布发现美洲大陆前已处于衰落时期，之后又经历16世纪西班牙人的洗劫而被彻底摧毁。摩尔根在世的19世纪，原有的村落和建筑绝大多数已成废墟。《印第安人的房屋建筑与家室生活》是一本人类学家用聚落和住宅所表达的空间意义来阐释它们与社会结构和生活习俗的关系的著作。在这本书中，摩尔根通过这些废墟推断当时的生活状况。他将印第安人的社会和政治组织序列归纳为：“氏族—胞族—部落—部落联盟”这样一个以氏族为基本单位的组织层次体系，接着介绍了印第安人中普遍存在的交往礼仪、生活中的共产制，以及土地和饮食习惯，并详述了这些与建筑之间的关系。实际上整篇著作是以社会结构组织作为空间轴，以进化论作为时间轴而展开的。摩尔根说：“我的目的是要解释这些建筑和印第安部落的风俗习惯是协调一致的。对于不同聚落和住宅，将其平面布置和结构方式进行比较，以指出它们代表同一体系”③。虽然没有直接命名，但实际上，摩尔根创立了人类空间关系学，他最早将社会结构与聚落结构方式加以关联。摩尔根的社会结构组织理论和社会进化理论提出之后，开拓了建筑（其他人工物质环境）与文化研究的新领域，影响了整个西方的哲学、社会学和人类学，马克思，特别是恩格斯的《家庭、私有制和国家的起源》尤其得益于他的理论。④

摩尔根的理论并非完美无瑕，它脱胎于聚落考古学，但其范围并未超出原始

---

① 对于聚落研究的综述，可参考天津大学博士学位论文《居住空间论》《基于社区结构的中国传统聚落形态研究》等。

② 相关的一些最主要著作见附表1：国外“社会—空间”研究重要学者及其代表性著作。

③ 路易斯·H·摩尔根，印第安人的房屋建筑与家室生活，秦学圣等译，文物出版社，1992，第1版：6.

④ 马克思认为：“摩尔根这本书里的问题是带有根本性的，住房建筑在社会组织方面向人类学家（不管他们是民族学家，还是考古学家）显示了什么，以及社会组织如何与生产技术、生态调查相结合，影响住房和公共建筑。”参见马克思恩格斯选集，第四卷，人民出版社，1957，第1版：501-502.

聚落，对于更广泛意义上的聚落研究还缺少分析。但他把人类聚居的载体——聚落和构成聚落的住宅引到文化人类学中去，大大开阔了这门学科的视野，使建筑学与人类学结合起来，从而在更深层面求本溯源地探索聚落的生成与发展。[①]对民居研究来讲，摩尔根以社会结构及其演变进化为时空骨架的分析方法具有不可低估的理论意义。

2. 地理学领域关于聚落的研究

1920年法国人文地理学者德芒戎（Albert Demangeon）发表了《法国的农村住宅》一文，对法国农村的居住形式与农业职能的关系进行了探讨，他认为“确定和划分农村住宅类型，不要根据它们的物质，而要根据它们的内部布局，根据它们在人和物之间建立的关系，也就是根据它们的农业职能。”[②]1927年，他又在《地理学年鉴》上发表了《农村居住形式地理》，对村落集中与分散的聚落形态加以了重视，也进一步强调了农业制度、农业经济对居住形式的影响。1939年，德芒戎发表了《法国农村聚落的类型》一文，从聚落形态的角度对农村聚落的类型加以区分，他将村落类型分为长型村庄、块型村庄、星型村庄、趋向分散阶段的村庄，并分析了不同村落类型的形成与自然条件、社会条件、人口条件、农业条件之间的关系，这些理论对后来的聚落形态研究都具有范式的意义。[③]

3. 考古领域的聚落空间认识

聚落形态的考古学研究，也被称为“聚落考古”。炊格尔将聚落考古定义为“利用考古学的资料来研究社会关系”[④]。国外考古学界将聚落研究方法运用于考古研究中始于20世纪30年代美国学者戈登·威利（Gordon Willey）在秘鲁北部海岸的“维鲁河谷研究计划”，研究的最终目的正像当年威利指出的：“在描述这些史前遗址的地理位置和年代的顺序的基础上，总结出一个在功能和连续性上发展变化的几组聚落群；再以这些聚落群所反映的聚落构架的范围重现这里的传统文化结构；最后将其与秘鲁的其他地区相比较”[⑤]。通过聚落形态研究社会结构，只了解中心聚落的年代和布局，还不是研究的终结，还需要了解以该中心为核心的整个聚落群的状况，也就是要研究中心聚落周围的情况，即周围有多少同时期的聚落，它们与中心聚落的关系，这些聚落的规模，是否可以分成几个等级。这样就走出了长期存在的只注重对中心聚落的发掘和研究、忽视周围情况的误区。

① 张玉坤，聚落·住宅——居住空间论，天津大学，1996.

②《地理学年鉴》，XXIX，1920：352～375。该文和《农村居住形式地理》《法国农村聚落的类型》皆收录在《人文地理学问题》一书中，商务印书馆，1999。

③ 林志森，基于社区结构的传统聚落形态研究，天津大学，2008.

④ B. G. Triger，“Settlement Archaeology—its Goals and promise”，Amerιean Antiquity32（1967）.

⑤ 戈登·威利，秘鲁维鲁河谷史前聚落形态，美国种族事物局通报（155），华盛顿区：史密斯索尼亚研究所，1953.

考古学界要研究文明演变进程，最主要的是要研究当时社会结构及其变化。这不仅包括社会金字塔的顶端，也同样包括底部，这是为了得到对于整个社会结构的整体和全面认识。尽管维鲁河谷的考察在规模上是很有限的，而值得深思的是没有任何单一项目能够像它那样逐渐地引起学术界的重视，学术界最后接受了威利在《秘鲁维鲁河谷的史前聚落形态》中提出的聚落形态研究方法。考古学家们开始逐渐地意识到：如果我们是在试图弄清楚像农业的起源、引起战争的原因及社会阶层政治体制的中央集权等人类学研究的一些基本问题，那么地区性的区域勘察资料便是十分关键的。20世纪40年代的维谷勘察创立了一个模式，当面对着一些与威利和福特所经历的同样的逻辑分析和解释的问题时考古学家所需要的就是这个模式。①

4. 空想社会主义实践与赖特、柯布西耶的规划思想

空间概念从建筑学中脱胎而出，不可避免地成为建筑设计的主题，而社会对于建筑的影响，也得到了包括弗兰克·劳埃德·赖特（Frank Lloyd Wright）、勒·柯布西耶（Le Corbusier）等建筑师的重视，他们无论是在理论还是在实践上都在持续地关注社会与建筑、规划的关系。这与一些空想社会主义者的实践有某种程度上的相似。

面对工业革命初期城市发展所带来的诸多不良后果，许多思想家提出了改良的城市和社会理论。欧文（R. Owen）的新协和村（1817年）和傅立叶（FoMier）的法朗吉（1829年）都是空想社会主义的城镇型制。后来美国建筑师赖特的广亩城市设想也体现了类似的构思。这些设想的共同点是源于中世纪的一些教会社会模式。

而后来卡尔·马克思（Karl Heinrich Marx）影响深远的理论也是在这基础上的发展。赖特和空想社会主义者显然是从艺术和生活方式的角度来反对工业化大生产，企图保留前工业社会生活和艺术的整体性、全面性。而后来的社会主义则从政治角度反对工业革命初期的社会结构，并不眷恋前工业社会。这一理论影响了许多19世纪初的先锋派，他们以政治、社会的角度为出发点，希望以建筑或其他艺术设计来解决社会问题。

勒·柯布西耶就往往因为他的社会主义倾向而被竞争对手称为是布尔什维分子。他在《走向新建筑》中写道：“机器社会走出正轨，在改良与灾难之间摆动，每人最初本能是寻找一个藏身之处，但当今社会，各阶层的工人，没有适合他所需的住所，艺人和知识分子也不例外。当今社会动乱的根源是——建筑问题：建筑还是革命?”而他的答案是：“革命可以避免。”这里可以看到他的社会主义倾向，但事实上没有什么比上述观点更能激怒真正的社会主义者。他的目标虽然有

① [美] 布莱恩·R. 贝尔曼 著，美洲聚落形态研究的过去、现在与未来，[澳] 贾伟明 译，华夏考古，2005，第一期.

浓厚的理想主义和主观性，但却体现了他企图用建筑改造社会的现实主义设计态度。[①]追求问题与事物的本质性问题是柯布西耶一直保持的习惯性思维，关注于社会与个体，聚集与独处之间的矛盾成为他一生的焦点。[②]"建筑成为问题的表达，同时也是问题的解答。"

5."社会—空间"概念的形成与发展

正是由于对"空间"的认识不断深化，加之"社会—空间"概念逐渐形成与发展，构成了人类对社会结构空间化问题的理解：社会—空间（Social-Space）作为专门术语，首先是由法国学者埃米尔·涂尔干（Émile Durkheim）在19世纪末期提出的。以后，他的学生莫斯（M. mauss）和阿尔博瓦斯（M. Halbwachs）等人，开始在著述中引用这个术语。第二次世界大战以后，这个术语的运用更加广泛化了。社会学家如洛韦（C. de Lauwe），哲学家如列斐伏尔（H. lefebvre），人种学家如孔多米纳（G. Condominas）等都提到了社会空间。20世纪60年代和70年代，在英法文字的论著中，社会—空间一词应用更为普遍。同时，与此意义相关联的其他专门用语，如社会—区域（Social-Area）等，也随之出现了。

在社会—空间概念的不同应用中，除有某些共同特点之外，不同的现代地理学家和其他学者都根据他们自己的理解，增添了一些新的内容。这样，对社会—空间的不同用法加以分类和评论，便具有一定的价值。

（1）作为群体居住区域的社会—空间——这是社会空间概念的最早解释，是随着它的出现由涂尔干提出的。他认为，社会空间就是一个群体居住的区域。涂尔干和他的学生们强调对社会空间的研究，应以其形态学或生态学基础为基点，因为这个基础与空间的人口密度、社交类型之间有着密切的关系。一个典型的例子是迪尔凯姆的学生莫斯关于爱斯基摩社会的研究。

（2）作为社会活动晶化形式的社会空间，不但以实物形态存在，而且以关系形态存在，即作为社会关系的体系而存在，也就是所谓的社会结构。[③]自然空间是三维空间，而社会—空间则是结合了时间等因素的多维空间。所以，我们常常犯的错误就在于：简单地将社会空间以三维模型表示并与自然空间机械对应，忽略了社会—空间以差异性和独特性为表现方式和存在形态。

（二）"社会—空间"理论的发展阶段——多学科拓展

进入20世纪后，"社会—空间"概念得到日益广泛的应用，将社会与聚落空间结合起来的研究也从众多领域拓展开来，在人类学、社会学、建筑学等多学科大量涌现。"社会—空间"研究大大丰富了。

① 梁允翔，柯布西耶–阿波罗和迪奥尼斯的结合，建筑技术及设计，2001：40–5.
② 在其著名的马赛公寓和拉土雷特修道院中突出表现了这一点。
③ 刘奔，时间是人类发展的空间——社会时—空特性初探，哲学研究，1991：（10）.

1. 列维-施特劳斯与结构人类学

克洛德·列维-施特劳斯（Claude Lévi—Strauss）指出，人类学探索的中心是人类的各种关系，而这些关系同语言一样，具有内部的结构形式，每一个领域的运作都是受这一结构模式支配的。人类文化的普遍性不是表面事实上的，而是只有在结构意义上才成为可能。在对人类活动的研究中，结构人类学通过对空间客观清晰的外在分析来剖析社会、精神的过程。在建筑学领域，荷兰结构主义建筑师阿尔多·范·艾克（Alto Van Eyck）也把列维-施特劳斯的方法论运用到研究城市和建筑的生成结构方面。他指出，城市与建筑的网络结构关系就是整体和部分的关系，由此形成的城市的意义，从而构成了结构主义的建筑语言规则。①

比尔·希利尔也曾说到结构人类学的一些研究对空间句法中界定对空间研究的一些方向性指导。他认为，结构主义人类学通过对空间客观清晰的外在分析来研究社会的或是精神的发展过程，并从空间入手进行分析，因此所分析出的社会现象不仅从物质结构上，还从空间的秩序上反映了文化的维度。但他又指出，结构人类学家的不足之处在于，他们对空间的研究是从外部入手的。这种研究的方法既没有把空间作为一个整体来系统理解，又没有从空间自身出发来理解社会。他们仅通过有限的事例把空间秩序的识别性作为空间结构里的社会组织的烙印。但是，希利尔还是认为，人类学家对空间的研究提供了一些方向性的指导。首先，把空间界定为一个自足的系统，而不是其他东西的副产品；其次，空间包括广泛和基本的形态类型，而不仅仅是存在于单独的个案中；第三，空间可以通过不同的类型适应不同的社会。②

2. 亨利·列斐伏尔的“空间生产”

亨利·列斐伏尔（Henri Lefebvre）是长于批判理论和辩证法的马克思主义理论家，也是区域社会学特别是城市社会学理论的重要奠基人，20世纪中期便引起了西方理论界的广泛关注，几十年之后的今天，对他的研究不仅没有转淡，反而得到了加强，理论热点从他的日常生活批判转到了空间理论。

列斐伏尔在其重要的城市研究著作《空间的生产》（1974年）中，充分表达了城市研究的许多理论创新，提出新的“空间生产”概念作为城市研究的新起点，强调空间实践在沟通城市与人的关系时的意义，指出城市生活展布在城市空间之中，各种空间的隐喻，如位置、地位、立场、领域、边界、门槛、边缘、核心和流动等，都透露了社会的界限与抗衡的界线，以及主体建构自己和外界的边界，从“空间向度”来把握城市阶层的划分和相关主体的形成。他更加明确地探讨空间和社会再生产这一主题，借用空间/区域冲突来取代阶级冲突，把空间特

① 伍端，空间句法相关理论导读，世界建筑，2005，(11)：18-23.
② B Hillier，The social logic of space，London：Cambridge University Press，1984.

别是城市空间当作日常生活批判的一个最为现实的切入点。

列斐伏尔不同于早期城市空间社会学者就在于：那些学者将空间看成是独立的、纯粹的、客观的研究对象，忽视了城市空间过程与城市社会过程的联系，而列斐伏尔认为：城市不仅仅是劳动力再生产的物质建筑环境，实际上也是资本主义发展的载体，城市作为一种空间形式，既是资本主义关系的产物，也是资本主义生产关系的再生产者，城市空间是时、空、人、物的流转及其背后权力架构之组织与管理规划，所有资本主义关系通过城市空间组织作为载体实现再生产。那么，这样的过程是如何实现的呢？列斐伏尔考察了消费空间，认为其发生了三次明显的分化：（1）消费空间与生产空间的分化——生产空间从原始的、作为唯一消费空间的家庭空间分离出来；（2）城市空间的分化——随着城市的消费化和后工业化，城市成为消费、服务和市场中心；（3）消费空间与社会居住区域的分化——非日常消费空间（即旅游地点）从日常消费和生活空间的分离。空间带有消费主义的特征，空间把消费主义关系（如个人主义、商品化等）的形式投射到日常生活之中。更为重要的是，社会空间被消费主义所占据，被降为同质性，被分成碎片，成为权力的中心。这样一个空间在日常生活的活动中分化的过程反映了社会结构与空间之间的关系，或者说，列斐伏尔的空间概念本身正是社会活动的产物。

列斐伏尔提出空间的一般社会理论并将空间结构区分为空间实践（Spatial Practices）、空间再现（Representation of Space）与再现空间（Representational Space）三个要素，即空间的实在（Lived）、构想（Conceived）和认知（Perceived）三个层面，提出社会、历史和空间三种分析方法并重的“空间—社会辩证法”。他认为，空间并非社会关系演变的静止的容器或平台，而是社会关系的产物，它产生于有目的的社会实践，空间和空间的政治组织表现了各种社会关系，但又反过来作用于这些关系。列斐伏尔非常出色地将空间的组织处理为一种物质的产物，成功地解决了城市化的社会结构与空间结构的关系，但他的理论有很强的结构决定论和经济决定论色彩，并且过分夸大了政治权力集中与日常生活分化的矛盾。在他的空间生产理论中，空间与马克思提出的生产、消费、阶级等核心概念具有直接的对应关系，这种对应关系构成了其空间理论的基石。他的空间政治理论呼吁重视日常生活中微观政治对于社会发展或空间变革的意义，这填补了马克思主义的理论空白。[①]

3. 福柯的“权力空间”

如果说，列斐伏尔更多地将空间和社会的关系作为空间思考重心的话，那么，几乎与其同时期的米歇尔·福柯（Michel Foucault）更多地将空间和个体的

---

① 吴宁，日常生活批判——列斐伏尔哲学思想研究，北京：人民出版社，2007：416.

关系作为讨论的重心。而且，福柯认为，与其说个人与空间相互影响，不如说空间具有强大的管理和统治能力，对个人具备一种单向的生产作用。物理性的空间，凭借自身的构造可以构成一种隐秘的权力机制，这种机制能够不停地监视和规训——福柯著名的全景监狱就是这样一个典型范例。[①]显然，福柯是从政治中统治技术的角度来谈空间与人的关系，即，权力如何借助空间发挥作用？而空间又是怎样展开它自身特有的权力实践？福柯发现，城市的设计实际上暗含一种巧妙的统治目标，人们对此却浑然不知。权力是借助城市中的空间和建筑的布局而发挥作用的，无论是单个的建筑——医院、工厂、学校，还是一片建筑群——街区、城市，都可以设计作为统治之用。

《规训与惩罚》一书阐释了现代社会存在着的新型权力——知识的制度观念：权力产生于知识，通过知识改变服从于它的人，而塑造适合权力使用的“驯服的肉体”[②]成为新型权力统治的目的。这样的权力关系渗透到社会的一切制度化网络中（福柯称之为权力的“微观物理学”），监狱、医院、精神病院、学校等均是这种制度发挥作用的场所。

权力空间的形成：在这一系列的过程中，空间根据监视原则组织起来，对其中的主体产生影响，因而在权力——知识制度及主体之间，空间充当了重要的媒介，甚至可以说成为权力作用的物质形式。这样，在与制度的结合之下，充满政治话语的权力空间便形成了。《规训与惩罚》一书中的感化式监狱就是这种空间的典型代表。

总之，权力是影响空间构形的“幕后黑手”，不管是圆形监狱辐射状规划的机构建筑等空间的物质实体，还是政府、警察、司法、军队等机构的“软体空间”，都是权力表征形式的一种。每一座城市都是一座“监狱之城”，位于城市中心的通常是市政厅、司法、检察等各级权力机构，它们总是通过一个由不同因素组成的复杂网络——封闭的高墙、规训的空间、统治机构、规章等来试图控制该城市，这种嵌入、监视和观察的空间构形是规范权力的最大支柱。所以，福柯得出了这样的结论：“与其说是国家机器征用了圆形监狱体系，倒不如说国家机器建立在小范围的、局部的、散布的圆形监狱体系之上。”[③]

福柯对于空间的呼吁和重视是鼓动人心的，“当今时代或许应是空间的纪

① 福柯在论述权力空间时，曾描述了英国功利主义思想家边沁（Jeremy Bent ham）提倡的全景式监狱。这种监狱是环形结构的，监视塔在圆心，统治者的视线可以从这点散发到监狱的任何一个角落。即社会权力试图通过把空间转化为一个集中的统治性的观点渗透到制度化的网络中。在这种“全景”的权力技术构成了现代社会的监视体系观念之后，每一个人都变成了监视者和被监视者。日益现代的监视操作模式表现出对空间的重视。想象的文化监视和凝视空间要求建立的透明度和可视性。权力可以通过这种简单的模式得以实施，即在一种集体匿名的凝视中，人们被看、被凝视。

② [法]福柯，规训与惩罚，刘北成、杨远婴译，北京：生活·读书·新知三联书店，2007：153.

③ [法]福柯，权力的眼睛，上海：上海人民出版社，1997：274.

元。我们身处同时性的时代中……我们处在这么一刻，其中由时间发展出来的世界经验，远少于联系着不同点与点之间的混乱网络所形成的世界经验。”[①]后现代思想的兴起，极大地推动了思想家们重新思考空间在社会理论和构建日常生活中所起的作用，空间意义重大已成为普遍共识。[②]

4. 齐美尔的空间社会学

格奥尔格·齐美尔（Georg Simmel）开创了对城市居民社会心理特征研究的先河。他的论文《空间的社会学》是社会学视野下最早专门探讨空间议题的文献。他认为空间正是在社会交往过程中被赋予了意义，从空洞的变成有意义的，并具有五种基本属性：空间的排他性、空间的分割性、社会互动的空间局部化、邻近距离、空间的变化性。在《社会学——关于社会化形式的研究》一书中，他则以专门的一章“社会的空间和空间的秩序”讨论社会中的空间问题。他指出，“空间从根本上讲只不过是心灵的一种活动，只不过是人类把本身不结合在一起的各种感官意向结合为一些同一的观点的方式。”[③]。在这里，他已经发现了社会行动与空间特质之间的交织。与滕尼斯类似，他也注意到城市生活对城市居民人格塑造产生了重要影响。在《大都市的精神生活》一书中，他研究了都市高密度的刺激和高频率的互动造成都市居民特有的心理和精神状态。在他的著作《货币哲学》里，他又表达了对空间在货币经济下的转型的关注。艾伦指出，他关于空间的论述高度抽象，缺乏具体的历史分析[④]。尽管如此，齐美尔仍是对空间最具洞察力的社会学家。

5. 爱德华·W·索亚的“第三空间”理论

在过去的近一个世纪中，现代主义弊病不断暴露，大城市成为现代主义试验场，在这种情况下，需要新的城市研究思维方式，索亚（Edward W. Soja）在这一背景下推出了著名的“空间三部曲”：《后现代地理学：社会批判理论中空间的再确认》（1991）驻足福柯、吉登斯、詹姆逊和列斐伏尔的理论，倡导重新思考空间、时间和社会存在之间的辩证关系；《第三空间：去往洛杉矶和其他真实和想象地方的旅程》（1996）（以下简称《第三空间》）提出第三空间既是生活空间又是想象空间，认为它是作为经验或感知的空间的第一空间和表征的意识形态或乌托邦空间的第二空间的本体论前提，可视为政治斗争你来我往、川流不息的战场，人们就在此地作出决断和选择；《后大都市：城市和区域研究》（2000）就城市重建的未来展开思考，如作者所言，它是续写的《第三空间》，主要探讨以

① 包亚明主编，后现代性与地理学的政治，上海：上海教育出版社，2001：18-28.
② 包亚明主编，后现代性与地理学的政治，上海：上海教育出版社，2001：18-28.
③ 何雪松，社会理论的空间转向，社会，2006，(02).
④ 高峰，空间的社会意义：一种社会学的理论探索，江海学刊，2007，(02).

洛杉矶为范例的当代后大都市，是否已经成为一个大变革、大动荡的转化场景，由之前因危机生成的重建，转向因重建生成的危机。同样还是洛杉矶，它提供了一个既是本土的又是全球的窗口，由此可以窥探《第三空间》中所界定的空间“三元辩证法”的利弊得失。

20世纪后半叶，空间研究成为后现代显学以来，对空间的思考大体呈两种向度。空间既被视为具体的物质形式，可以被标示、被分析、被解释，同时又是精神的建构，是关于空间及其生活意义表征的观念形态。第一空间的认识对象主要是列斐伏尔所说感知的、物质的空间，可以采用观察、实验等经验手段来直接把握。我们的家庭、建筑、邻里、村落、城市、地区、民族、国家乃至世界经济和全球地理政治等等，便是这种空间认识论的典型考察对象，偏重于客观性和物质性。第二空间的认识则认为空间也是社会关系的容器，从构想的或者说想象的地理学中获取概念，进而将观念投射到经验世界。而第三空间在质疑第一、第二空间思维方式的同时，也在向它们注入传统空间科学未能认识到的新的可能性。第三空间“有一种相关的、内隐的历史和社会维度，为历史性和社会性的历史联姻注入新的思考和解释模式”①。实际上，第三空间理论是对之前空间理论的进一步丰富与深化。

（三）“社会—空间”理论的深化阶段——深化与量化

1. 中心地学说与施坚雅模式（施坚雅等人）

美国学者施坚雅（G. William Skinner）教授是一位重要的学术人物。施坚雅的最重要贡献在于突破了地方史研究主要囿于行政区域空间的局限，提出了以市场为基础的区域研究的理论。他以中心地学说②为理论基础，对中国各历史时

---

①［美］爱德华·W·索亚，重绘城市空间的地理性历史，《后大都市》第一部分导论，上海：上海教育出版社，2005.

② 中心地学说：近年来，对中国封建社会晚期城市史以及城市为中心的区域经济史的研究，成为海内外学界的热点，在这个研究领域中，许多学者采用了一种新的理论架构——这就是中心地学说（Central Place Theory）。所谓中心地学说，是关于城市区位的一种人文地理学理论，它产生于第一次世界大战后西欧工业化和城市化迅速发展的时期，由德国地理学家克里斯泰勒始创，这一理论首先在克里斯泰勒所著的《南德的中心地》一书中得以表述，奠定了中心地学说的基本理论框架和研究方法。克里斯泰勒主要论述一定区域内城镇等级、规模、职能间关系及其空间结构的规律性，并采用六边形图式对城镇等级与规模关系加以概括。其后，这一理论与杜能的农业区位论和韦伯的工业区位论一起，曾对国外人文地理学、区域规划和城市规划等领域产生重大影响，并衍化出若干类似理论和模式。

中心地学说的基本观点是，城镇是人类社会经济活动在空间的投影，是区域的核心。城镇应建立在广大乡村中心的地点，起周围乡村的中心的作用；中心地依赖于收集输送地方产品、向周围乡村人口提供所需货物和服务而存在。认为城市规模等级体系受市场（或贸易）最优原则、交通最优原则、行政最优原则制约。上面三个原则对城市规模等级体系的形成起综合作用。

参见：施坚雅，中国封建社会晚期城市研究——施坚雅模式，长春：吉林教育出版社，1991.

期的城市，尤其是中国封建社会晚期的城市发展进行了大量的、细致的、别开生面的研究工作，尤其是对中国古代沿海、沿江区域和地方市场结构的研究，独辟蹊径，颇有建树，在我国学术界引起较大反响。

施坚雅教授于 1977年主编出版的《中华帝国晚期的城市》①，是自20世纪70年代以来美国对中国史研究由综合性研究转向地方性研究过程中的一本最重要著作。该著作中的中国集市体系理论和宏观区域理论可以说是20世纪80年代以来对中国经济史研究影响最大的理论之一。第一编中的几篇论文以不同方式论述了意识形态对城市形式的影响；第二编的大部分论文更直接地谈到城市形态的问题；第三编则更多地从行会等社会组织的角度探析城市的社会结构。该书后两编与本文直接相关。他提炼出了“市场结构理论”，在此基础上，又推出经济区域的理论，并将其应用于对中国历史发展的解释中。不过，他的研究虽然分析了市场结构与行政结构的重合性②，但总的说来，比较强调“市场”的决定作用，忽视其他因素（如信仰、社会组织、朝廷行政）的影响，有经济决定论的嫌疑。他的人类学训练的长处与短处都在此体现了出来。杜赞奇对华北农村的研究也采取了这种框架。③尽管施坚雅模式的研究中存在过于强调经济因素等问题，但其利用史料还原社会经济结构，进而解释城市结构的技术路线的思想方法在“社会—空间”研究中占有重要的地位。

2. 比尔·希利尔和朱丽安·汉森的空间组构理论

20世纪70年代，由比尔·希利尔（Bill Hillier）和朱丽安·汉森（Julienne Hanson）的《空间的社会逻辑》④、比尔·希利尔的《空间是机器》⑤（1984）和汉森的《家庭和住宅的解码》(Decoding Homes and Houses）等一系列书籍和文章开拓了空间研究的新领域。经过几十年的研究，比尔·希利尔和其伦敦大学学院的同事们一直在研究这个课题：空间如何在房屋和城市的形式及功能方面起重要作用。最为关键的成果是“空间组构”这一概念，即复杂系统中任意一关系取决于与之相关的其他所有关系。此外，还研发了新的技术并把它们运用在一系列广泛的建筑和城市问题之中，发展为空间组构理论。与众多空间理论有所区别的是，空间组构理论把空间作为独立的元素进行研究，并以此为基点，进一步剖析其与建筑的、社会的和认知等领域之间的关系。比尔·希利尔发现物体的摆放和构型对其环境空间有系统性的影响，而且也能用数学方式表达出来。对于此类影

① [美] 施坚雅，中华帝国晚期的城市（The City in Late Imperial China），北京：中华书局，2000.

② [美] 施坚雅，中国农村的市场和社会结构，北京：中国社会科学出版社，1998.

③ 侯旭东，北朝村民的生活世界——朝廷、乡县与村里，北京：商务印书馆，2005.

④ Hillier B，The Social Logic of Space，London：Cambridge University Press，1984.

⑤ [英] 比尔·希利尔，空间是机器——建筑组构理论（Space is a machine），北京：中国建筑工业出版社，2008.

响的发现带有网络观的视角，对于理解城市形态并建立其与人类空间认知这两个领域之间的关联非常重要。空间组构理论为当代空间话语提供了一个新的思考方向。通过解析当代复杂空间话语网络中空间句法和其他相关理论的关系、位置、范围，我们可以对其内涵和外延有更清晰的了解。①

采用由“空间句法”发展起来的空间组构理论的研究方法（台湾一般称为“空间型构”），即定量地分析局部空间之间的复杂关系，以此来解读聚落空间本身的属性，以及它在不同尺度之下的变化过程。这种方法首先把聚落空间分解成为一系列“凸空间”，在这些空间中任意两点之间的连线不会被边界打断，也就是在凸空间中，任何一个人不用走动就能“看遍”或者“感知”到其中的各个角落；然后用最长而且最少的直线把这些“凸空间”串起来，它们抽象地表达视线或者人们的行走趋势，称为轴线图；最后分析这些直线之间的拓扑与几何关系，这些关系抽象地表达了每个局部空间之间的复杂联系。此外，这些直线彼此相交，构成了很多线段，而通过研究这些线段之间的关系，可以更详细地剖析空间形态②。

近年来，海峡两岸学者在空间—社会研究中，都有采用空间组构理论的研究，主要是针对具体城市或乡村聚落做实证分析，通过空间句法的研究方法探讨社会结构空间化问题，取得一定成绩，但也面临一些问题，主要包括：空间组构理论作为定量研究方法，对研究材料的要求较高，需要较为准确的聚落平面图等资料，而对于历史上没有准确图纸传世的聚落，无法进行分析，而我们知道，我国历史上虽然有大量方志资料传世，但是图形资料难以保存，早期图形资料传世甚少；而且早期图像资料的描绘手段比较原始，主观性较强，很少有比例，客观上给针对传统聚落采用空间句法研究带来几乎难以逾越的困难。另外，空间组构理论是在建筑学领域基于图论发展起来的研究方法，更多地偏重于行为模式，在社会结构的理解上还显得单薄，这就需要社会学理论加以支持。基于网络分析视角的社会网分析理论与空间组构理论或可实现较好的对接，但社会网分析理论对于历史聚落研究，对于不可逆的历史过程，同样存在原始调查资料难以获得的问题。朱剑飞的《空间策略：帝都北京1920—1911》③及其博士学位论文④也采用建筑组构理论的思路和部分方法，对权力机制下的历史城市空间建构加以分析，是该理论在建筑历史领域的一次应用实践。由空间句法发展而来的空间组构理论目前仍是理论界的研究热点。

3. 日本学者的聚落考察与研究

由于地缘和历史上的渊源，日本历来重视对中国历史的研究，以加藤繁

① 伍端，空间句法相关理论导读，世界建筑，2005，(11)：18-23.
② 杨滔，分形的城市空间，城市规划，2008，(06)：61-4.
③ Jianfei Zhu，Chinese Spatial Strategies，London&New York：RoutLedge Curzon，2004.
④ Jianfei Zhu，Space and power：a study of the built form of late imperial Beijing as a spatial constitution of central authority，unpublished PhD thesis，University of London，1994.

(1880—1946)为代表的一批日本学者注重史料挖掘，对中国古代社会与聚落都有较深入的探索[①]。

1972年起，以原广司(Hiroshi Hara)为代表的一批日本学者对世界40多个国家的500多个聚落的分析与调查，研究了其选址、聚落形态与住居形态等。有介绍到中国的成果包括：原广司的《聚落的教示100》、藤井明(Akira Fujii)的《聚落探访》、古市彻雄的《风·光·水·地·神的设计——世界风土中寻睿智》等，均是基于实地调研、测绘，从建筑设计或数理解析的角度，对聚落空间的构成与组织进行分析，寻求聚落中蕴含的建造智慧与思想方法。

日本对于中国聚落的研究也大致遵循了实证研究+理论分析的模式，佐佐木大的《彝族平頂土掌房における住様式の持续と変容—中国雲南省·伝統的陸屋根住居の空間构成に開する研究》[②]，茂木计一郎编著的《中国民居研究：中国东南地方居住空间探讨》都是此类优秀研究成果。

4. 那仲良的民居研究

美国纽约州立大学的那仲良(Knapp，Ronald G.)对于中国传统民居作了深入研究，成果主要包括《中国古民居》[③]和《住屋、家庭与家族：中国人的生活与存在》[④]等一系列作品。其中，编著《住屋、家庭与家族：中国人的生活与存在》通过荟萃人类学、建筑学、艺术学、地理学、历史学等领域知名学者的研究成果，探讨和分析中国民居的功能、社会和象征性的属性。重点探索主题涉及作为生活组成部分的园林、建房仪式与风水、建筑美学、家具和建筑的内在关联、家的建构与发展、性别与家庭空间、族系在礼仪及社会空间建构中的作用、建筑空间分隔的功能和意义、家庭空间和隐私等内容。

二、国内聚落形态与“社会—空间”研究

国内聚落研究相对起步较晚，有针对性的“社会—空间”研究更少。聚落研究由考古学开始，其重心早期在于对聚落形态的认识，随着在建筑学、历史地理学、人类学等领域的发展，研究重点也从单纯的形态方面的认识与描述转而逐渐

---

① 历史学者加藤繁的基本观点是彻底的历史主义和经验主义，即经数次的实地调查体验及对相关文献的广泛搜集而得到知识的归纳，再追溯到明末(乃至先秦末)，抓住社会制度的变化，又将这种展望进行普遍历史意义上的比较，联系单线发展说作出解释。他的观点对聚落形态的研究也产生了较大影响。除加藤繁之外，日本其他学者对中国史作出的大量研究也涉及聚落形态，《日本学者研究中国史论著选译》作出了一些引介。

② [日]佐佐木大，彝族平頂土掌房における住様式の持続と変容—中国雲南省·伝統的陸屋根住居の空間構成に関する研究，日本建筑学会，2002.

③ Knapp，Ronald G. China's Old Dwellings. Honolulu：University of Hawaii Press，2000.

④ Knapp，Ronald G. & Lo，Kai-Yin (ed.). House，Home，Family：Living and Being Chinese. Honolulu：University of Hawaii Press，1999.

结合了对聚落形态成因的解释，“社会—空间”研究得以兴起。

（一）“聚落研究”的起步

我国聚落形态研究真正开始要上溯至20世纪50年代对西安半坡新石器时代聚落遗址[①]的发掘。张光直将其表述为“是在社会关系的框架之内来做考古资料的研究”。在聚落考古中，逐渐形成了聚落形态结合社会结构的思路，对社会结构研究起到了推动作用。

聚落形态研究可以分成共时性研究和历时性研究两种，它们又各自可以分成微观研究和宏观研究两类。

1. 共时性研究。是研究同时期的遗存，有微观研究与宏观研究之别，前者是指一个聚落中同时存在的各个居住址之间及其与其他遗迹之间的关系，以及所反映的社会组织结构的研究；后者是指一个聚落群中同时存在的各个聚落或同时存在的不同聚落群之间关系及其所反映的社会组织结构的研究。

2. 历时性研究。是研究不同时期聚落形态的变迁，从中探索其所反映的社会组织与结构的变化。历时性的聚落形态研究有四个层次：（1）不同时期聚落位置和地形的选择是否有所不同，这些不同往往与人地关系的变化有关。（2）不同时期聚落内部的布局是否有变化，分析导致这些变化的原因，或许可以得到当时社会组织与结构变化的信息。（3）各个时期相近聚落之间关系有何变化，如规模和数量的变化，是否出现了规模和等级不同的中心聚落和附属聚落，从其规模可以分出的等级数量是否有变化，它们之间的分工和交易是否有变化。（4）不同时期聚落群之间关系的研究，如不同时期聚落群内聚落的数量和一个聚落群的分布面积是否有明显的变化，如果有所不同，导致这种不同的原因，是否反映出不同势力集团力量对比的变化等等。[②]

考古学传入中国至今，中国考古学家十分关注古代都城遗址田野考古的发展与研究，取得了丰硕的学术成果，基本明晰了古代国家的政治架构与社会形态。中国社会科学院开展了中华文明探源工程（第一阶段），其中包含课题“聚落形态反映的社会结构”，在此课题研究中，采用了聚落形态的工作思路和方法，重点对新砦、陶寺、二里头等遗址的聚落形态加以发掘与研究，取得了突破性进展[③]。20世纪80年代，学者们对传统村落进行过大量的调查和研究工作，出版了一批优秀的村落研究论著，这些论著中所提及的研究方法及研究视角至今仍有重要意义。纵观这一时期对村落的研究，视点主要落在村落中的民居本身，而且大部分的研究主要是围绕民居的结构、构造、材料以及空间组成等方面来进行的，尽管这些研究也涉及了有关村落的整体和聚合状态方面的内容，但那里所谈到的

① 中国科学院考古研究所、陕西省西安半坡博物馆，西安半坡，北京：文物出版社，1963.
② 王巍，聚落形态研究与中华文明探源，文物，2006，（05）.
③ 王巍，聚落形态研究与中华文明探源，文物，2006，（05）.

整体基本上是为说明民居个体而作的整体概述①。

（二）聚落研究与“社会—空间”研究的多学科展开

聚落形态主要指聚落各个组成要素的位置以及相互之间的关系，包括的范围很广泛，如乡村中的祠堂、村口、水井等；城内的祭祀空间、庙学、衙署、街道、市场、居民区等。大陆学者对于聚落研究的关注要追溯到彭一刚的研究生梁雪的硕士论文《地方性传统农村聚落的形成》（1984年），1992年，彭一刚又出版了专著《传统聚落景观分析》，虽然名为聚落景观分析，但其中对聚落的分析较多关注了与聚落形态相关的社会文化因素。建筑学专业的聚落研究，关注的侧重点及研究取向与人类学不同，不可能也不应该简单重复人类学者常年的周期性田野调查。因此，也不排除另外一种方法，即以过客的眼睛来观察事物，以尽量广泛的聚落为研究对象，比较不同地点的丰富多彩的聚落形态。通过积极借鉴人类学和社会学丰富的研究成果，考虑到聚落丰富多样的形式、广泛的分布，以及受近代化的影响而不断变化的样态，从而避免“博而浅、认识事物停留在问题表面”的危险。在交通工具发达的今天，这种方法仍是行之有效的。沈克宁的《富阳县龙门村聚落结构形态与社会组织》，通过对于浙江省富阳县龙门村的具体分析，来揭示传统聚落形态与社会组织结构之间的关系，指出中国传统村落的构成原则在于它深刻的社会组织内涵。②

贺业钜著有《考工记营国制度研究》（1985年）、《中国古代城市规划史论丛》（1986年）、《中国古代城市规划史》（2003年）等，在他的研究中，重点考察了城市的建设中营国制度等制度因素的影响，在城市史方面各个历史阶段城市规划体系传统的发展。他对于营国制度影响中国古代城市营建的分析，精彩地论证了“社会—空间”关系在城市规划领域的实现。

东南大学潘谷西从事明代建筑研究，其1986届的毕业研究生所写的《明清徽州祠堂建筑》（丁宏伟）、《风水观念与徽州传统村落之关系》（张十庆）、《宗法制度对徽州传统村落结构及形态的影响》（董卫）等一系列论文，打破了之前研究仅限于表层特征的僵局，采用社会文化理论，对传统民居文化内涵与表层特征之间的关系进行有益的探讨。

华南理工大学的陆元鼎提出了一种地域性建筑研究的概念，认为民居研究应该以社会文化领域作为背景，综合运用建筑学、文化人类学及社会学等理论和方法，研究传统民居的形制、演化和社会文化结构的互动关系，并提出了“历史民系地域综合分析法”。

同济大学常青多年来致力于运用建筑学与文化人类学交叉的视角对建筑文化进行研究，在1992年第5期《建筑学报》上发表了《建筑人类学发凡》，指出了建

① 王昀，传统聚落结构中的空间概念，北京：中国建筑工业出版社，2009.
② 沈克宁，富阳县龙门村聚落结构形态与社会组织，建筑学报，1992，2：53-58.

筑人类学的要旨是“为建筑历史与理论研究提供一种方法论的补充，从文化生态进化的高度，重新认识传统建筑的内在价值与意义所在”[①]。常青的博士研究生张晓春在《建筑人类学之维——论文化人类学与建筑学的关系》中运用文化人类学的理论和方法，分析习俗与建筑、文化模式与建筑模式、社会构成与建筑形态之间的关系，说明了建筑人类学的定义。

1996年，张玉坤在其博士论文《聚落·住宅——居住空间论》中运用结构主义方法对居住行为中的社会—空间问题做了探讨，他改变了以往建筑学研究中以类型为主的做法，其研究将居住空间分为区域形态、聚落、住宅、住宅的组成部分或构件本身这四个层次，并对居住空间的结构加以概括。整个研究贯穿着层次的思想，建立了一个整体与部分相互关联的居住空间层次系统。并从自然环境的限定与社会结构的空间化表现两个角度对这个居住层次系统的组成与结构规律加以分析。自然科学基金项目“中国北方堡寨聚落研究及保护利用规划”与“明长城军事聚落与防御体系基础性研究”以及王绚的《传统堡寨聚落——兼以秦晋地区为例》（2004）、陈顺祥的《贵州屯堡聚落社会及空间形态研究》（2005）、李贺楠的《中国古代农村聚落区域分布与形态变迁规律性研究》（2006）、李严的《明长城“九边”重镇军事防御性聚落研究》（2007）、林志森的《基于社区结构的传统聚落形态研究》（2009）、王飒的《中国传统聚落空间层次结构解析》（2011）等博士论文都是在居住空间层次体系思想下对社会—空间研究的深化。

王鲁民、韦峰的文章《从聚落形态演变看里坊的产生》（2002）以聚落形态的演进为基本脉络对里坊的起源进行了逻辑上的分析。

20世纪90年代起，清华大学陈志华、李秋香等人开始进行以乡土建筑为主题的民居与聚落研究，研究过程中，实地调研与测绘了一批乡土建筑与村落，从聚落整体的角度对聚落的历史、形态、民俗、风土等加以记录与研究，并出版了“乡土建筑”系列图书，在国内学界有较大影响。陈志华在《建筑师》第81期（1998年第4期）上发表了《乡土建筑研究提纲——以聚落研究为例》，对聚落的研究方法作了提纲挈领式的概述。清华大学王贵祥主持的国家自然科学基金项目“合院建筑尺度与古代宅田制度关系对元大都及明清北京城市街坊空间影响研究”（2003）、“明代建城运动与古代城市等级、规制及城市主要建筑类型、规模与布局研究”（2008）聚焦城市，将社会层面的制度与空间结合起来分析，实际上也是将社会结构问题与空间关系相结合的研究。贺从容的《考工记模式与希波丹姆斯模式中的方格网之比较》（2006）、《唐长安平康坊内割宅之推测》（2007）、《（隋大兴）唐长安城坊内的道路》（2009）等文章和李菁的《乾隆京城全图中的合院建筑与胡同街坊空间研究》（2009）都是此类研究的深入。

① 常青，建筑人类学发凡，建筑学报，1992，第5期：41.

台湾学者郭肇立对于聚落“实质空间”加以分析，认为空间层级聚落建筑可以按照聚落（或城镇整体）、角头（或区域）、社区（或邻里）及居住单元四种尺度来研究；空间元素可以分为主要元素与居住环境；空间组织关系则以形态学、空间关系学和地势学来描绘。

基于上述分析，他提出了“图—实质空间关系分析模型”（图1-1）

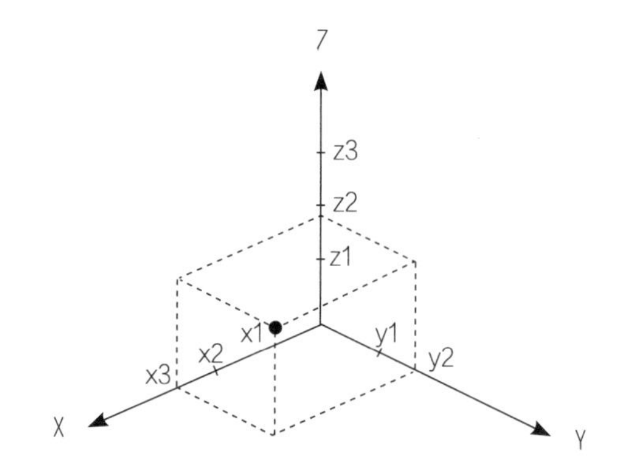

图1-1　图—实质空间关系分析模型
（资料来源：郭肇立，传统聚落空间研究方法，台北：田园城市&文化事业，1998.）①

图中的变量含义如下：

x1=居住单元；x2=邻里；x3=角头（区域）；x4=聚落；

y1=主要元素；y2=居住环境；

z1=形态学；z2=空间关系学；z3=地势学。

这样就建立起一个整合不同学科研究方法以描绘聚落空间—社会关系的理论模型。值得注意的是，这个分析模型是对研究方法而不是研究目标的系统归纳与总结，对于传统聚落空间的研究尚待进一步开展。

前文提到，以日本学者藤井明、原广司为代表的一批日本学者在20世纪末对世界聚落进行实地考察和研究，当时在东京大学攻读博士的王昀在聚落调查的基础上，对聚落形态与人类的空间概念之间的关系加以研究，并在其博士论文基础上出版了《传统聚落结构中的空间概念》。论述从发现聚落的空间概念与进行定量分析的可能性，并对定量化的分析方法的开发过程进行详细说明。此研究指出了聚落的空间组成与居住者的空间概念的相关性，同时，认为空间概念在聚落的空间组成当中是通过住宅的大小、方向以及住宅之间的距离表现出来的，在此基础上将表现聚落空间组成的各个数学的关系量进行分析并完成了数学模型化的开发过程。王昀的研究，在实地调研资料的基础上对于聚落形态与人类观念之间的问题进行了合理分析，并将聚落中住宅面积、住宅方向、住宅之间的距离作为聚落空间组成模型化的基础，对聚落数理化分析方面作出了有益的探讨，但是，上述三个方面的数据既不包含聚落内部道路，对聚落边界考虑得也不多，是否能较完整地反映聚落的空间特色还缺乏有力的论证，而且，其研究的聚落概念似乎并未涵盖结构相对复杂的村落和城镇。以聚落住宅相对聚落中心分散程度的数理分析如何在复杂结构中应用有待探讨。

兴起于20世纪80年代的空间句法，在进入21世纪后逐渐发展为建筑组构理论，并在全球保持热度，至今仍是学界研究的热点，中国学者也有一些采取空间

① 郭肇立，传统聚落空间研究方法，台北：田园城市&文化事业，1998：7-24.

组构理论的相关方法，对聚落（包括城市）的发生和发展加以探讨。

考古学与历史地理学也有丰富的聚落研究，特别是城市研究成果。杭侃在其博士论文《中原北方地区宋元时期的地方城址》（1998年）中综合运用考古资料和文献资料对宋元地方城市的街道布局进行了分析，认为丁字街出现于宋代，其原因是军事防御的需要。成一农认为：军事防御的原因历朝历代都是存在的，因此用于解释街道布局的演变显然不够充分。成一农的博士论文《唐末至明中叶地方建制城市形态研究》（2003年）采用“元素分析法”，利用现存的古代城市地图对聚落内部元素进行统计分析，得到聚落主要要素：衙署、城墙、祭祀地、庙学、仓库、街道、居住区等。相比以上研究，着眼于宋代以后聚落内部形态的研究相当缺乏，只是在某些著作中有零星提及，如韩大成《明代城市研究》（1991年）、姜守鹏《明清北方市场研究》（1996年）等。

（三）聚落研究中里坊制相关研究

虽然不是一个专门的学科，但作为聚落形态表征社会结构的直观表现，里坊制的研究一直以来都是学界的热点，此类研究取得了丰富的成果，其研究的焦点主要集中在以下几个方面：

首先，里坊制的起源。当前学界对于里坊制的起源主要存在三种观点：第一种观点是现阶段得到普遍认可的观点，认为魏晋南北朝时期由于社会动荡，人口流散，政府在城内建立防弊的坊墙以加强对人口的控制，进而形成了里坊制。第二种观点，以加藤繁、杨宽为代表，认为坊制与先秦、秦汉时期的里制密切相关。第三种点，是孟凡人提出的，认为北魏洛阳整齐的里坊制是受到中亚地区城市的影响。

其次，里坊制本身的特点。自从加藤繁对唐代的里坊制进行研究之后，学界一直遵循其提出的里坊制的观点：封闭的居住区即坊、具有围墙的固定的交易场所即市、按时启闭的居住区和市场。

最后，里坊制解体的时间和原因。学界对于里坊制解体的时间主要有两种不同的观点：第一种观点以斯波义信、梅原郁为代表，认为里坊制崩解于唐代后期。刘淑芬在其《中古都城城坊制的崩解》一文中有过很好的分析，认为当前对于坊市制解体的研究多注重经济原因的探讨，但如果要真正解释里坊制解体的原因，只集中于经济因素的分析是远远不够的，应该进行多因素的综合分析。第二种观点以加藤繁为代表，认为唐代的里坊制一直延续到北宋初年，至神宗熙宁年间才衰退，北宋末年彻底崩坏。第三种观点以张玉坤为代表，他通过对于中国北方现存的可称为“里坊制”活化石的堡寨的实证研究指出：里坊制肇始于西周、源于乡村，可以从物质形态和社会结构两个层面来理解，其影响比我们通常认为的更为广泛，大规模的里坊形式崩溃在唐宋，但地方城市中延续的时间也更为久远，直至清末甚至民国时期，仍有物质形态的依存，而其社会结构层面上，作为居民管理制度，直至明清，仍起着重要作用。

唐宋之际，中国城市经历了“城市革命”，封闭的里坊制城市内部渐趋开放，这是中国聚落形态演变的一个重要阶段。“里坊制”这一概念主要包括了封闭的居民区即“坊”、市场和用来隔离坊的街道，过去对于里坊制的研究多注重探讨里坊制本身及其解体的原因，对于以后的聚落中的居民区、市场以及街道布局注重得还不够。

由于与中国历史上的渊源和地域上相接近等原因，日本学者对我国历史上的聚落问题作了大量探索，他们多注重史料解读，辅以实地考察，对里坊制研究的贡献甚多。里坊制与里坊的研究取得了相当丰富的成果，与之相对的是，宋、元、明等朝代聚落内部的坊、街道与市场的研究显得相对薄弱，有价值的成果不多，加藤繁在《中国经济史考证》中曾对宋代坊的演变作了一定的分析，认为坊在宋代逐渐演化为坊表，同时也作为街道名称存在，但不久就被街巷名取代。

三、空间理论与“社会—空间”问题研究与评述

简单说来，“社会结构空间化”这一研究领域在过去的一个多世纪中起步与发展，经历空间转向，研究逐渐增多，此类研究的内在要求使其成为跨学科的研究热点，主要集中于社会学、人文地理学与建筑学领域，并且难以简单地按照学科归类。社会—空间研究从整体上说，是被忽略的一环，这方面并没有成熟的理论体系可以借鉴。

此类研究的开先河者是19世纪的摩尔根，其研究从考古领域起步，最早将社会结构与聚落结构方式加以关联考虑，在实际上建立了人类空间关系学，这使其得以从更深层次上探索聚落的生成与发展问题，他的研究方法开拓了建筑与文化研究的新领域。19世纪末，涂尔干提出了“社会空间”概念，之后，此概念不断发展，研究日益增多。

进入20世纪后，西方社会理论界出现了“空间转向”，这是社会理论界的一件大事，这一时期，列斐伏尔、福柯、齐美尔、索亚等社会学家纷纷关注空间问题，这些研究都涉及人类社会与空间的关系问题，列斐伏尔的空间生产理论认为城市空间是时、空、人、物的流转及其背后权力架构之组织与管理规划，所有资本主义关系通过城市空间组织作为载体实现再生产；福柯的权力空间理论是从政治中统治技术的角度来谈空间与人的关系，认为权力借助空间发挥作用而空间又展开它自身特有的权力实践；齐美尔的研究缺乏历史分析，但其空间社会学发现了社会行动与空间特质之间的交织；而索亚则为空间注入了历史和社会维度，是对之前研究的深化。从研究方法上来说，社会学家在研究空间—社会问题时，切入点多是通过分析空间和空间属性来研究社会。总的看来，社会是他们关注的主

体，空间是用来研究社会的手段之一。20世纪末叶，社会理论学界经历了引人注目的“空间转向”。从空间的角度研究对象，认清和拓宽人类自身生存的状况和环境，是当代哲学的迫切任务，也可能成为未来哲学的新取向。在社会学的空间—社会问题研究中，从最初的将空间与社会截然对立，认为空间作为社会生活的产物，作为具体的物质形式可以被感知、被把握；到将空间也视为社会关系的容器将观念投射到经验世界；再到将空间的物质维度和精神维度同时概括在内……空间的概念演化展示了一个认识不断丰富的过程。

列维・施特劳斯认为：正因为有结构上的意义，人类文化才具有普遍性，在对人类活动的研究中，结构人类学是通过对空间客观清晰的外在分析来剖析社会的、精神的过程的。其方法论也被应用到建筑学中。实际上我国台湾学者在20世纪80年代的一些聚落与社会的分析中也运用了这样的方法。

在建筑学领域，一些杰出的建筑理论家认识到空间与社会问题的密切关联，他们认为，建筑师是一个特殊的职业，其特殊性在于不仅要把握社会脉搏以设计出适应社会要求的建筑，也要预测与把握引导人们改变其生活空间习惯，设计出引领时代发展的建筑，他们试图以建筑实践引领社会改造。20世纪柯布西耶等一批建筑师在建筑设计实践中认识到研究社会问题的必要，他们试图用自己的建筑与城市设计作品来适应或引领社会生活。而20世纪后期，以比尔・希列尔为代表的建筑理论家创立了空间句法，并随着研究的深入，逐渐发展成空间组构理论，与几乎同时期以藤井明为代表的学者从对世界聚落调研归纳而发展的聚落数理分析都关注到社会与聚落形态的关联，并且在聚落形态的定量分析上作出探讨。不同的是，前者对于城镇较为关注，而后者则主要聚焦于原始聚落。

四、“社会—空间”研究面临的问题

通过以上简单回顾，国内外关于社会结构空间化问题的研究已大体明晰[①]。马克思曾说过：“怀疑一切”，这并不是说要对世界始终抱有不信任的态度，而是说对于前人，不能人云亦云，亦步亦趋，应该以历史的观点进行检查，结合现实确定以后的工作目标。目前，传统建筑社会结构空间化问题的研究主要面临以下三方面的问题：

① 由于与本书研究方向不太切合以及篇幅的缘故，笔者不得不很遗憾地放弃对几位极其出色的学者的介绍。他们包括：布迪厄、滕尼斯、德赛都、戴维・哈维（David Harvey）、卡斯特尔（M.Castells）、鲍曼（G.Bauman）、德里克・格里高利（Derek Gregory）、奈杰尔・斯瑞福特（Nigel Thrift）以及高特第纳（Mark Gottdiener），其中卡斯特尔由于其关于网络社会的理论亦对本书有重要意义，将在第三章提到。

1. 概括抽象与复杂的社会

社会无疑是复杂而抽象的，对于社会结构加以理解与分析的理论难以胜数。翻开社会学理论发展史，就是人类在理解社会和人类中的否定与自我否定的艰难过程，与自然科学的很多学科不同，社会学学科体系还不完善，总体来说，是分歧大于共识，这使我们有机会对基本问题给出自己的见解。我们需要在一个因果关系中把握各种社会现象的本质，从因果论的角度来看问题，采用归纳或者演绎的方法来进行研究，并不是要复述社会，而是通过对社会现象的归纳和演绎来把握社会的抽象特征，具体说就是可能投影于物质空间的特征，这样才能够指导我们有目的地认识社会。

2. 抽象“难以言说”的聚落空间

从空间概念的发展过程来看，它最开始曾被认为是最纯粹、最本质、最不可缩减的概念，后来在学者的研究中不断得以丰富，列斐伏尔、福柯、齐美尔等人的努力使其概念与社会密不可分，随着后现代主义和理论空间转向的发展，空间需要从新的维度来认识与把握。我们分析空间，目的不是得出定义，而是科学地把握它。

3. 在社会分析与空间分析间架起沟通的桥梁

社会结构空间化问题被多学科领域的学者广泛关注并取得了丰富的成果，但必须看到，由于思维方式和知识背景的限制，大部分的研究还多未能跨越社会分析与空间分析的鸿沟，缺少具体的操作手法与明确可理解的解释方式。我们应该尽量避免就理论谈理论和机械地功能主义分析这两种倾向，对聚落形态与社会结构加以合理抽象，深入其本质，从逻辑上建立起沟通的桥梁。在具体分析中，既应该着力避免牵强的生拉硬扯，也要防止见树木不见森林般过分纠缠于具体实例。

面对历史的社会结构空间化研究不可避免地要涉及大量资料，这既包括对聚落物质实体的了解与分析，也包括对文献资料的整理与把握。但由于研究的回溯性质，很多历史的物质形态已不复存在，文献资料也存在不详尽、不准确的问题，应有效应用已有资料，获取更准确的实证材料，而在此过程中尽量避免历史变迁带来的变化的干扰。

第三节 研究缘起与相关学科启示

一、研究缘起

聚落形态研究丰富多彩，人们从不同角度追求对聚落更加深入的了解。本书从社会结构入手，以其为线索，分析聚落形态的生成与演化规律。由于此类分析的材料基础很大程度上有赖于聚落考古学支持，在此对聚落考古学加以简要回顾。

“聚落考古”或“聚落形态式的研究方式”，译自英语“Settlement Arehaeolo”群和“Settlement Patterns Approach”，有人认为应译为居址考古和居址形态式的研究方式。这一词最早见于美国学者威利在1953年发表的《秘鲁维鲁河谷史前的聚落形态》一文。当然这并不是最早进行的聚落形态的研究，美国民族学家摩尔根对印第安人聚落居址的研究以及柴尔德的著作中都透露出了对聚落形态研究的极大兴趣，而柴尔德的研究在很大程度上受到苏联考古学的影响。苏联科学院和乌克兰科学院联合组成的特里波列考古队在1934年至1940年间，对乌克兰境内特里波列文化进行了一系列的调查与发掘，奠定了世界考古学聚落形态研究的基础，因此苏联是最早采用聚落考古方法的。

西方考古学中聚落考古的概念自20世纪80年代由张光直首先引入中国，已经有约30年的历史。在这30年中，聚落考古学在中国有了很大的发展，大家对聚落考古的理论、方法和技术已经比较熟悉，在实践方面也取得了相当大的成就。可以说，聚落考古学当前已经与地层学、类型学一样成了中国考古学的基本方法之一。

欧文·劳斯与张光直的同名文章《考古学中的聚落形态》都是发表于 1972年。在那个年代，西方考古学中的聚落考古研究正方兴未艾。虽然同为全面介绍聚落考古学的论文，但劳斯在概念的理解与运用上与张光直却有很大的不同。张光直主要侧重聚落考古在社会关系研究方面的作用，与威利和特里格一样认为聚落考古就是运用考古资料进行社会关系的研究。[①]而劳斯则从另一个角度出发来看待聚落形态概念在考古研究中的作用，受系统论的影响较大。他认为一个人群的生活是由三个系统所组成，即生态系统、文化系统和社会系统。生态系统反映了对环境的适应和资源的利用，文化系统是指人们的日常行为，社会系统则是指各类组织性的群体、机构和制度。在针对过去人类生活的全部问题中，聚落形态的概念在与此三个系统有关的研究中特别有用。运用聚落形态方法，不仅可以研究文化的社会关系方面，也可以研究文化的生态和行为方面。在实践中，可以从这三类系统所拥有的亚系统入手，寻找证据以重建以上三类系统，复原人类的生活。[②]

可见，聚落考古是一个由特殊推及一般的过程，通过对遗址或遗迹的考古发掘，来推演聚落的生活系统，包括生态系统、文化系统和社会系统。对于史前考古学家来说，他们只能凭借考古遗存来重建社会系统，而对于研究历史时期人群的考古学家来说，这个过程要容易得多，因为可以通过文献获得证据。

研究聚落形态的变化，就要面对资料取舍的问题，数量极为庞大的各类聚落

① 张光直，考古学中的聚落形态，华夏文物，1972.
② 欧文·劳斯，考古学中的聚落形态，南方文物，2007（3）.

在漫长的历史进程中发生了重大变化，其形态的形成与变迁受到政治、经济、文化、军事等多方面影响而呈现出复杂的变化。我们现在看到的聚落，常常已经与其历史上的本来面目大相径庭。仅凭借实地调查研究和考古的方法，难以得到清晰的记录和复刻它的本来面目。

这就带来一个思考：是否可以采取聚落考古的逆过程，通过对史料的挖掘，掌握历史时期的社会状况，进而通过演绎的方式推测聚落形态演变的历史，并通过与聚落考古的成果相比较验证的方式，最终得到较接近历史真实的聚落形态?

我国是个文献资料异常丰富的国家，大量关于社会状况的史、志、文集、笔记为我们了解社会结构提供了丰富的资料，而社会结构作为聚落生活系统的三个组成部分——生态系统、文化系统和社会系统之一，与聚落形态间必然存在一定的互动关系。对于一些由于历史损毁而再无从考证的聚落，这样的工作无疑是有意义的。

二、相关理论与研究的启示

前述社会结构空间化研究面临的问题是引发、激励本书进行思考的起点，如何着手研究这些问题，仍然需要充分的理论准备工作。完全从无到有地建立社会结构空间化的理论大厦是不现实的，而且事实上确实有为数不少的学者已经做了大量卓有成效的工作，对这些理论遗产的继承和运用，使本书的完成成为可能。

下文简要介绍对本书理论框架有重要启示作用的几个理论基础。

（一）皮亚杰对“结构”的分析

本书将社会形态作为传统社会结构的表征来理解，探讨的问题是从结构角度理解的聚落形态与社会结构的关系，就不可避免地涉及对于“结构”的认识。“结构主义”20世纪五六十年代形成于法国，是继存在主义之后出现的一个庞杂的科学哲学思潮，对“什么是结构?”以及另外一些与“结构”相关的概念作了大量探讨。瑞士著名学者皮亚杰是其中有代表性的人物，他认为：结构是一个由种种转换规律组成的体系，它具有整体性、转换性和自调性。

整体性表明事物结构尽管是由若干成分组成的，但它并不同于各成分的简单相加，它体现了各种成分按照某种内在程序或规律组合的关系，使事物的各个组成成分具有与其自身独立性质不同的整体性质。转换性是结构中构造整体的那些规律的特性。支配结构的转换规律不仅形成结构，而且还起到不断整理和加工新材料、调整旧结构和构造新结构的作用——这说明结构不是静态的，也不是一劳永逸的。自调性表明结构是自我调节的，并不需要借助外来因素。组成结构的各个成分相互制约、互为条件，其中任何一个成分的变化都会引起其他成分的改变而不受外界因素的影响，所以，结构具有自身满足的性质。整体性是结构的基本特征，转换性是结构运动的基本规律，而自调性则是结构在发生、维持和由简单向复杂过渡的过程中主体行为不断适应客体作用（经过同化与平衡）的方式。由上面可以看出，皮亚杰的结构是一个通过自调以实现主客体适应的、不断由简单向复杂过渡的转换系统和构造过程。

皮亚杰以前的结构主义往往片面强调无意识结构，忽视主体人的地位和作用，针对这一观点，皮亚杰提出并论证了结构与功能的关系，他把人类主体看作功能乃至结构的中心，并指出个体发生学对种系发生学的重要作用。他批判了以列维・施特劳斯为代表的非功能主义倾向，指出，随着结构主义的发展，人们将日益看清结构与功能、发生与历史以及个人与社会不可分割的联系。这些思想有鲜明的唯物主义和辩证法色彩。

皮亚杰的思想仍是不完善的，主要表现在两个方面：

首先，在社会整体与个人的关系上，只肯定了个人整合社会共同价值的作用和对集体目标的选择方面，而不承认人类个体对整体的能动作用，因此，他实际上是在承认了人类主体在结构中的地位的同时，又试图排斥人类个体对整体的能动作用。其次，在主体与结构的关系上，尽管他一方面主张在结构功能中的地位，但另一方面却始终将主体的作用归结为主体的下意识行为和活动，排斥主体意识对行为的指导。这一认识成果，事实上割裂了主体意识与行为、充满个性的主体意识的人类精神活动与内在认知结构之间的联系。这同样削弱了他希望在认知结构的构造过程中给人类主体以重要地位的努力。[①]

如果说当代西方的整个结构主义思潮给人们的启发是引导人们从对事物的整体性认识进一步深入到事物的内在结构，那么皮亚杰的贡献则主要在于：（1）摒弃了结构的先验性、静止性和孤立性，恢复了对事物结构固有的运动、发展和变化过程的认识；（2）提出了主、客体“会合”的结构观，启发人们对主客体关系作新的思考；（3）重新肯定了人类主体在结构中的地位和能动作用。

在今天的西方，结构主义作为一种哲学思潮已日趋沉寂，但作为一种科学认识方法，却日益广泛地渗透到许多学科的研究领域，在研究中运用各种方法来深入事物的内部结构，几乎已成为每一位研究者所努力追求的目标。从这个意义上讲，批判地吸取皮亚杰乃至所有结构主义思想中有价值的东西，是件很有意义的工作。[①]皮亚杰的结构主义思想，对于本书中对社会与聚落两种不同结构体系的特性与关联起到关键作用。

（二）社会学—社会网络分析理论

前文提道：涂尔干开始将“集体关系”和“集体表征”界定为社会结构的两个层面，启发了不同的思想传统，成为制度结构和关系结构两个重要概念的源

① 滕复，皮亚杰的结构主义，探索，1987，（06）.

头。20世纪70年代以后，从社会关系和社会网络的角度来看待社会结构的社会结构观出现并逐渐发展起来。

所有的关系在任何个人身上都能够反映出来。个人与个人之间从出生开始就与其他人之间发生着各种不同的社会关系，有先赋性的社会关系，也有选择性的社会关系。长期以来，社会学家们忽视了社会关系也是一种结构制约，西方社会学家们逐渐认识到，人的社会关系实际上是制约社会结构的重要因素之一。从社会网络与社会关系的角度来讲，就叫作社会关系或者社会网络学派。

如果我们总结这两个完全不同的社会结构观，就会发现这两个结构观存在质的不同，这可以从几个角度来看：

首先，可以看到个人方面的不同。从社会地位的角度来分析个人，看到的是个人的特征、性别、年龄、学历、相貌、收入等等。但要从社会网络的角度来看个人的时候，我们看到的不是个人的特征，而是看到个人与其他个人的联系，这就包括联系对象、联系性质、联系的强度、联系的频繁程度等等。

其次，社会学通过研究个人来研究群体现象。从社会地位的角度来讲，我们看到的是不同类别的群体，例如，我们看到的是学生、教授，看到工人、干部，看到的是人以类聚的“类”。但是从社会关系的角度，我们看到的是不同网络里的人，网络内部的人是联系的，不同网络之间可能是分割的，也有可能是联系的，我们从个人和其他个人的联系当中来看这一种群体现象。[①]

正因为诸多领域都是在人类社会中运行，作为社会学方法的社会网络分析（Social Network Analysis）应用不仅仅局限于社会学领域。由于社会网络分析理论对复杂的社会现象进行抽象准确把握的优势，20世纪70年代，随着社会网络学派的兴起，该领域一经拓出，便波及多个人文甚至自然学科而一发不可收。社会网络可以作为分析框架、分析视角，来研究社会学关心的一些社会学之外的东西。1988年，出版了《经济社会学手册》（*The Handbook of Economic Sociology*，是Smelser和Richard Swedberg合编的），从宏观的角度来看待网络和经济，以社会网络的视角对经济以及经济生活加以研究。这类研究实质上是将社会网络作为分析工具使用。现在国内的社会网络研究也广泛涉及物理学、经济学、控制学等多个学科门类。

王韡的《权力空间的象征——徽州的宗族、宗祠与牌坊》[②]（2006）、《传统宗族村落中的“权力”空间初探》[③]（2006），曹国媛、曾克明的《中国古代衙署建筑中权力的空间运作》[④]（2006）都是基于福柯的权力空间理论，对聚落加以分

① 边燕杰，社会网络分析讲义，2007，1-67.
② 王韡，权力空间的象征——徽州的宗族、宗祠与牌坊，城市建筑，2006，（04）.
③ 王韡，传统宗族村落中的“权力”空间初探，小城镇建设，2006，（02）.
④ 曹国媛、曾克明，中国古代衙署建筑中权力的空间运作，广州大学学报（自然科学版），2006，（01）.

析。陈薇的社会学博士学位论文《空间·权力：社区研究的空间转向》[①]（2008）也是从权力的角度关注了空间。由于社会网络分析与福柯权力空间理论的渊源，上述研究都与社会网络分析具有或多或少的关联，但明确地在聚落研究中运用网络分析的理论成果，笔者尚未见到。实际上，聚落作为人、人的行为以及人的行为环境的综合体，其形态影响因素错综复杂而且与社会关联度甚高，而分析这样多种因素错综影响的事物正是网络分析理论的长项。但社会网络分析聚落现象，尚无成型经验可循，理论框架需要建立，思想方法和操作策略还有待完善。

（三）人类空间关系学

摩尔根的《印第安人的房屋建筑与家室生活》曾经作为《古代社会》的一章，是一本人类学家用聚落和住宅所表达的空间意义来阐释它们与社会结构和生活习俗关系的著作，其重要性直到20世纪60年代之后才逐渐被社会学家、人类学家以及建筑学家所了解。摩尔根从考古工作出发，对印第安人的氏族、胞族、部落及部落联盟等加以推断，并介绍了印第安人中普遍存在的交往礼仪，生活中的共产制，以及土地使用和饮食习惯等问题。摩尔根说："我的目的是要解释这些建筑和印第安部落的风俗习惯是协调一致的。对于不同聚落和住宅，将其平面布置和结构方式进行比较，以指出它们代表同一体系。"[②]摩尔根创立了人类空间关系学，将空间与人类社会联系起来。

（四）库尔特·勒温的拓扑心理学

拓扑心理学是德国格式塔心理学家勒温（Kurt Zadek Lewi）根据动力场说，采用拓扑学图形，研究人及其行为的一种心理学体系。勒温说，"从爱因斯坦这位著名的物理学家后，大家知道欧几里得几何学向来是应用于物理学的唯一几何学，不适用于陈述经验的物理空间。就心理学来说，近来发展的一种非数量的几何学叫拓扑学，可满意地适用于心理学领域的结构和地位的问题的讨论。"[③]勒温否定了刺激——反应的公式，而认为行为可表示为人和环境的函数，行为是随人和环境的变化而变化的。勒温将人和环境描绘为生活空间。这个生活空间不包括人生的一切事实，而仅包括指定的人及其行为在某一时间内的有关事实。

必须指出，勒温的研究超出了格式塔心理学原有的知觉研究范围。他要致力于人的行为动力、动机或需要和人格的研究，为格式塔心理学开辟了新的园地。人是社会的基础，也是聚落形态形成的关键，对于社会机构空间化研究来说，勒温的拓扑心理学从人思维模式的角度为社会与空间建立起一座桥梁。

① 陈薇，空间·权力：社区研究的空间转向，博士，华中师范大学，2008.
② 路易斯·亨利·摩尔根，印第安人的房屋建筑与家室生活，北京：文物出版社，1992：129-130.
③［德］库尔特·勒温，社会科学中的场论，150-1.

（五）小结

对上述理论重点关注，是出于本书构建理论框架的需要——本书研究的核心问题是聚落形态如何作为社会结构表征而存在，分析其内在联系，试图寻找一种方法，通过对史志等历史资料的深入发掘，对社会结构有较深的了解，进而考察社会结构对聚落形态的作用来了解和把握聚落形态。社会结构与聚落形态这两者不是同一类型的结构体系，如何分析其对应关系是个不易把握的问题。我们不能从个别到个别，逐一罗列两者的相关之处，而要从理论上较为科学和相对全面地分析这两种结构的相同、相似与相异。

皮亚杰的结构主义研究方法使这样的工作有章可循，通过对相似与转换以及两者的差异分别分析，研究建立在一个完善的理论框架之上而不是表现得零散与随机。接下来的问题是如何分别科学把握中国传统聚落社会结构特征与聚落形态特征这两方面。对于前者，需要结合中国传统社会的突出特征——关系本位加以考虑，对费孝通、梁漱溟等人的合理观点加以借鉴成为自然的选择，而近二三十年逐步发展起来的社会网络分析方法有利于对差序格局的观点加以系统化地理解，又可能对应着从定性讨论到定量分析的趋势与方向，是分析社会结构的较理想选择；而对于聚落形态的分析，则需要借鉴历史地理研究的方法，文献与图像相结合。这就要深入理解中心地学说与施坚雅理论，尽管该模式的研究中存在过于强调经济因素等问题，但其利用史料还原社会经济结构，进而解释城市结构的技术路线给本书的写作以重要的启示。

在对社会结构与聚落形态分别作出分析之后，怎么将二者加以联系的问题提上日程。由摩尔根首开先河的人类空间关系学提供了启发，以比尔·希利尔为代表的学者创立与发展的空间组构理论则是将社会结构与聚落物质结构的关系加以探讨的新思路，结合皮亚杰对于两种结构体系相关性分析的框架，引发我们对社会—空间研究的认识。此外，由于人与人之间相互关系模式的延续形成了社会结构，这样的相互关系具有空间性，所以聚落物质结构与人的活动密切相关。这提示我们不应忽略一个明显的事实：人正是聚落社会结构与空间结构联系的纽带，而如何认识空间关系则显得关键。库尔特·勒温的拓扑心理学恰在这方面带给我们系统的认识。由此，上述几种理论对本书理论体系建立与完善带来最关键的启示。

第四节　论文构思及研究框架

一、构思

上述四方面的启示与社会结构空间化问题研究所面临的三个主要问题密切相关。探索社会结构空间化的问题，首先要对社会结构加以分析，其次要用科学的理论理解空间问题，更重要的是找到二者的内在联系，最后要让社会结构空间化研究面对社会现实。这一系列的过程环环相扣，却很难在单一理论的框架下解决，需要综合社会学、人类学、建筑学以及其他跨学科研究的理论成果。

本书拟以结构主义的研究方法，将视为两种不同结构系统的社会结构与聚落内部结构分别加以表述，对其进行数学特征的抽象，再进一步从其结构本质的角度建立起逻辑联系，并在结构主义方法框架下具体分析此种联系的结构整体性特征、转换规律与自身调节性的差异。从而把握两种结构的相互关系，并结合实例具体加以分析。

二、研究框架和步骤

基于上述，本书拟从“网络分析”的角度，对社会结构空间化的一般问题加以探讨，社会与聚落空间不能视为简单的空间同构，在数学抽象的基础上理解，两者表现出拓扑同构关系。基本框架和步骤如下：

1. 理论分析

进行社会结构空间化研究，首先要从实例出发，并寻找其蕴含的普遍意义。通过实例发现，构成社会结构的社会关系表现出暂时、不连续的特点，而社会结构与聚落空间则是相对长久的、有延续性的存在，寻找社会结构与空间关系的联系，实质上就是要解决短时关系与长期结构的关联问题。对二者进行分析，实际上都可以抽象成“群”“网”“拓扑”等数学结构，而作为其共同能动主体的人是联系社会结构与聚落空间两者的客观纽带。

2. 中国传统社会结构分析

社会结构空间化可由一些以聚落为对象的社会学调研引出，但对于社会结构空间化问题的深入理解则需要对社会结构延续的矛盾与手段加以分析。基于关系网络认识与理解社会，并不是把社会看作层级分明的僵化体系，避免由于社会的复杂性和内在多元联系带来的社会结构类型过多而表现为复杂化、导致无法穷尽分析，而是将社会结构看作各种社会关系组成的网络，用社会网络的特性了解把握社会结构的特点，以不同关系为中心来分析不同类型的网络，对社会加以合理地数学抽象，把握理想状态下的主要矛盾，简化分析社会问题。

3. 中国传统聚落结构研究

空间与实体是互为存在的一对哲学范畴，人们通过分析实体来把握空间，对于聚落空间的把握，可基于结构主义原理，将其抽象为群、网、拓扑等结构以反映其层级、组构与次序等关系。从聚落空间而不是从聚落的建筑类型出发，研究聚落的组构特性，并找出社会结构与聚落内部结构的拓扑关系，避免机械地将社会结构模型套用于聚落内部结构的空间组成，实现聚落内部结构的科学理解。

4. 传统聚落社会结构空间化的实现

社会结构空间化常常在观念或制度的作用下实现。社会与聚落这两种不同范畴结构体系的差异，可以从结构整体性、转换规律、自身调节性几个角度加以分析。可见，二者是结构意义上的拓扑同构，并且存在着一定程度的不同步性。

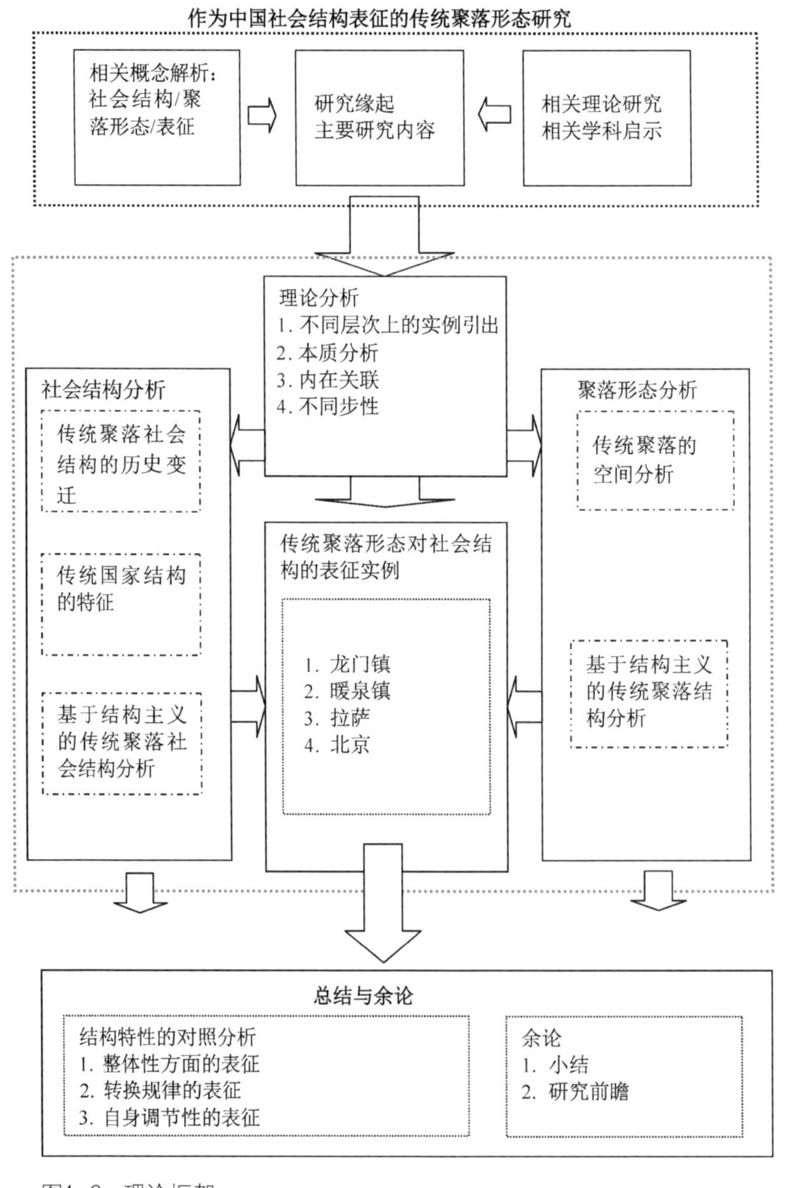

图1-2　理论框架

本书是一个对于聚落内部社会结构空间化理论框架的搭建过程，首先对既往研究成果加以追溯与概括，找出存在的问题，并找到引发思考、可供借鉴的几个理论启发；在对于社会结构空间化做出基本的理论分析之后，分别分析传统聚落结构与传统聚落内部结构；在最后从相似与差异两个方面阐述社会结构空间化的实现中两种结构体系的相关特性。

三、材料获取

理论体系的建立，不仅仅需要科学的理论指导，更需要大量真实可信的材料作为其坚实的基础。

对于具体聚落的分析，从材料的内容方面看，主要包括：

1. 聚落实质空间的调研

聚落地图（最好是具有比例尺的地图）；

公共空间平面图；

住宅社区平面图；

建筑单元平面图、立面图、剖面图。

2. 社会结构与社会空间的调查

历代人口统计资料；

历史年表；

行政体制变迁；

主要姓氏的系谱；

主要的社团角头；

产业分布与经济地理；

各公共空间、机构或庙祠的地点、主祭神的历史；

民居建筑的类型及其分布。

• 现状分析（共时性研究）

可分为：1. 建筑实质的空间的研究；2. 社会结构与社会空间的调查。①

基于对本书研究对象“中国传统聚落”的考量，从材料来源看，材料准备主要从以下几方面入手：

（一）文字记载：我们研究聚落形态的变化，就要面对资料取舍的问题，数量极为庞大的各类聚落在漫长的历史进程中发生了重大变化，其形态的形成与变迁受到政治、经济、文化、军事等多方面影响而呈现出复杂的变化。我们现在看

① 郭肇立主编，聚落与社会，台北：田园城市&文化事业，1998：17.

到的聚落，常常已经与其历史上的本来面目大相径庭。凭借实地调查研究和考古的方法，难以得到清晰的记录和复刻它的本来面目。我国文献资料十分丰富。表面看来，每一位学者都是直接面对由各种资料组成的客观对象从事研究，实际上这只是一种错觉，我们都是在自己接受的前人研究所积淀下来的问题意识与分析框架的指引下进行工作。[①]正如托马斯·库恩指出的：一定时期的科学研究（常规科学）存在着一定的“规范”，在规范的作用下，凡不适合这个框架的现象，实际上往往根本看不到。[②]这带给我们的启示是，要尽量放弃已有的思维框架，寻找材料时重视第一手的资料，对于转述、印证资料的客观性加以多方比较，分析研判，尽量避免先入为主的主观导向。

（二）古地图与古代工程图：包含着丰富历史信息的古地图及工程图[③]具有直观、承载信息量大的特点，是古代聚落形态研究中的重要资料，其作用非一般文字资料所能替代。另外，它们不仅反映了古代的聚落形态，也反映出制图者的思想观念和关注对象。虽然古地图流传不易，保存分散，但仍可作为重要资料推动传统聚落的研究。目前，国内外的图书馆、博物馆收藏有一部分古地图，地方史、志资料中同样有大量能反映古代聚落形态的地图存在，对其编目、整理和出版工作也有很大的成绩，用好古地图，可以有利于我们更深刻地理解传统聚落形态特征。

（三）调研测绘资料：20世纪30年代起，营造学社就开始着手对我国古建筑进行调研与测绘工作，成为我国建筑测绘工作的开拓者。中华人民共和国成立后，在原国家建筑工程部的统一部署下，以行政区划为单位，由建筑科学院、各地建筑设计单位和大专院校等共同合作，对全国各地的传统民居进行了较全面的普查、测绘，收集了大量珍贵的资料。20世纪80年代后，聚落研究开始进入视野，民居的保护与发展问题开始提上议事日程，之后，高等院校、文物保护单位进行了广泛的测绘与调研工作，这部分资料也对本书的研究有重要意义。

（四）地理信息系统：当前可用的对外开放的地理信息平台主要是复旦大学和哈佛大学联合制作的CHGIS（中国历史地理信息系统）。所提供的数据有两种格式，分别对应ArcGIS和Mapinfo，使用起来非常方便。但这套系统只提供了1820年、1911年、1996年时段的完整数据，之前的数据正在开发，尚未完成。不过这套平台目前只提供了基础地图，或者说仅仅是将历史地图转化为可以使用的地理信息系统，除了政区边界、河流、城市位置之外并没有提供其他数据。尽管如此，此平台仍可以应用于中国古代城市的研究。[④]

① 沃尔什，历史哲学——导论（何兆武等），南宁：广西师范大学出版社，2001：115-9.
② 托马斯·库恩，科学革命的结构（李宝恒等），上海：上海科学技术出版社，1980.
③ “样式雷”是我国古代工程图纸的杰出代表。样式雷图样的整理，有力反击了“中国古代建筑无设计”的片面认识，对认识清代皇家建筑与园林设计乃至我国古代建筑与规划理论都有重要的意义。
④ 成一农，古代城市形态研究方法新探，北京：社会科学文献出版社，2009.

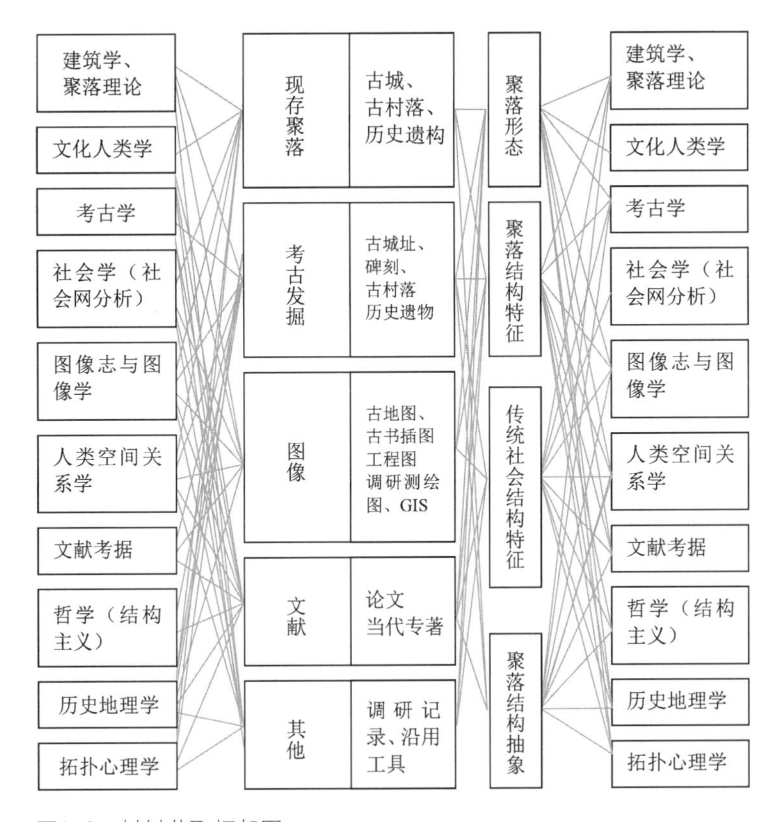

图1-3　材料获取框架图

材料获取框架图（图1-3）反映了本研究中材料获取方面的途径、介质、方法等问题。

第五节　本章小结

国内聚落研究中的社会结构空间化问题起步较晚，尚无成熟的理论体系，但近年来正逐渐为学界所重视和研究。国际上的社会结构空间化在社会学、人类学、历史地理学、建筑学等多学科都有一定的探索，但由于此问题的综合性，很难将其限定在单一学科中研究与理解，所以目前的研究普遍存在的问题是虽然都做了大量研究，也取得了一些有价值的成果，但在很大程度上还是各自为政，学科间的联系还比较松散。虽不能说是泾渭分明，但确实缺乏能将各学科的理论和实践紧密联系起来的纽带。

然而，认识到各学科间缺乏联系并不代表找到了解决办法，要综合各学科的成果，明晰聚落研究中社会结构空间化问题，还需要做一定的理论准备工作，不同领域的几个重要理论可以帮我们思考。

社会网络分析理论是20世纪70年代以来发展起来的社会学理论，可以帮我们认识错综复杂又相互影响的人类社会结构，其优势在于，将社会关系作为社会结构的主体来理解，既有助于在研究具体社会问题时排除干扰，又可以分析错综复杂的社会网络中各种关系的相互影响。比尔・希利尔等人的空间组构理论则以空间本身而不是建筑物或其他物质环境为主体认识空间组构，这样把握了聚落空间的实质，其一整套的分析方法使我们开始真正地“分析”而避免了以“规范”和“描述”来代替分析的模糊方法。摩尔根创立的人类空间关系学则带给我们如何将社会结构与空间特性建立其联系的启发，事实上，社会网络分析方法与空间组构理论本身也有着相似的网络思维方式，具备了建立起直接联系的客观条件。能够对现实有所启迪的方法主要来自费孝通的应用人类学，将人类学与经济、文化等中国农村社会现实相结合的思想方法带给我们启示，时刻提醒我们聚落研究不能脱离中国社会生活的真正现实。

上述四个理论可以说与传统聚落社会结构空间化的四个问题基本对应，但将其“完美无缺”地联系起来既不现实，也无必要，我们工作时应从中汲取营养，以实事求是的态度寻找社会结构与聚落内部结构的内在联系。

本书的构思和研究框架受到传统聚落社会结构空间化研究面临问题的激励和社会学、人类学、建筑学相关理论的启示。以网络思想为线索，借鉴历史研究、人类学研究的思想方法和实证资料，相应地联系到聚落形态分析的现实。这就可以在社会结构与聚落内部结构之间搭起桥梁。具体的操作步骤则是一个从形态描述，功能分析到意义阐释的不断深入过程。

第二章　传统聚落社会结构空间化的理论分析

我们常常在寻找建筑、聚落空间与社会的关系，却往往忽略社会关系本身就是空间化的存在，建筑或聚落不过是作为空间的凝固，把某一个社会关系的一个片段固定下来了。例如：陕西姜寨遗址的聚落布局（图2-1）由4块居住片区拱卫中心，反映出姜寨是一个具有严密血缘秩序的部落，部落由五个胞族组成，而每个胞族又分为数个由若干对偶家庭组成的家族。[①]

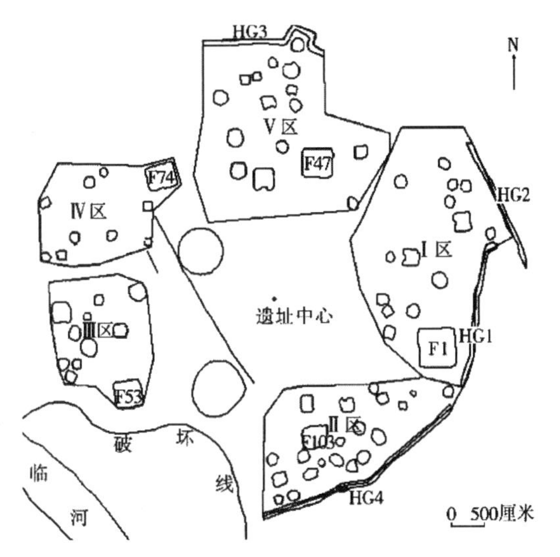

图2-1　姜寨聚落居住组团空间分布图

尽管如此，但作为社会结构的抽象关系系统显然不能与作为物质实体展现在人们面前的聚落结构简单拼合。社会结构如何做出这样的跨越，而反映于空间呢？

第一节　传统聚落社会结构空间化的实例（不同层次）

不妨仔细观察一下时间坐标上相互关联的自下而上、由小及大的居住空间层次系统，通过对其分析，来建立对社会结构空间化过程与规则的感性认识。

一、下岬村住宅——从“南北炕”到“单元房”

人类学家对于家庭结构与住宅布置之间的关系做了较多调查研究，已经比较清楚地揭示了其相互关系。阎云翔从1989年到1999年十年间对黑龙江省南部下岬村进行的多次调查就是其中有代表性的一例。

调查显示，从20世纪50年代到20世纪80年代初期，这个村村民的居住条件相差无几，房了基本上是土坯墙草顶，内部分为三间，分别称为东屋、西屋和外屋（图2-2a）。外屋（即中间的房间）被用作厨房、过道和临时储存场所。除非万不得已，西屋只用作储藏室；全家人都挤在东屋之内。当人口增加时，就在东屋南炕对面加上一铺北炕，形成南北炕的格局。

① 西安半坡博物馆，仰韶文化纵横谈，北京：文物出版社，1988：22.

社区作为地域生活共同体，其本意源于一定地域的人群对“社”的认同。它强调人们对居住环境的认同和归属，以及通过共同生活所形成的共有文化价值观下的社会关系与社会生活方式，是人们实现完整意义上的居住的具体化，体现出居住的内在本质。认同感是形成社群的基本前提。传统社区的生活状态，正反映了居住的内在本质。

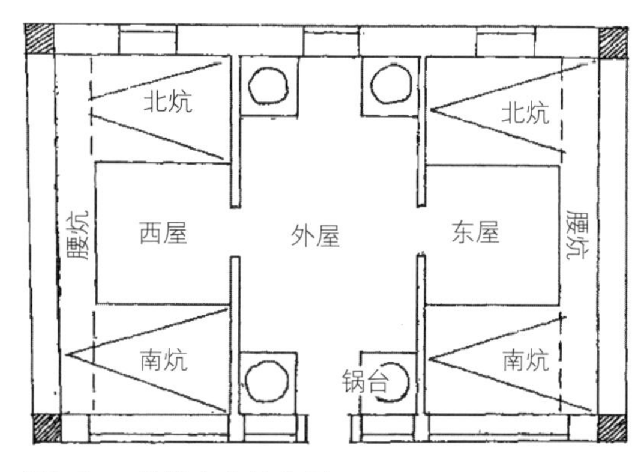

图2-2a　传统南北炕布局

这样的空间反映了一种公共化的私人生活，或者从相反的角度来说，这样的居住空间客观上规定了一种缺少私密空间的生活——外屋仅供交通、煮饭和临时储存使用，“南北炕”形式布局的东屋不仅是睡觉的地方，也是会客的场所。在这样的居住形式中，十分有限的空间意味着家庭内只能有一个活动中心，南炕靠窗向阳，冬暖夏凉，是全家人日常活动的主要空间。客人来访时，主人也会热情邀请客人脱鞋上炕，至于是否要脱鞋上炕则视来访者的社会地位而论，地位高者常被主人力邀免去脱鞋的麻烦。这种公共化的私人生活对于夫妻关系有着不利影响[①]，并促进男性中心的性别意识。在这样布置的房屋中，老年人一般占据东屋南炕的最好位置，这反映并在一定程度上强化了以长幼为秩序的传统伦理观念。

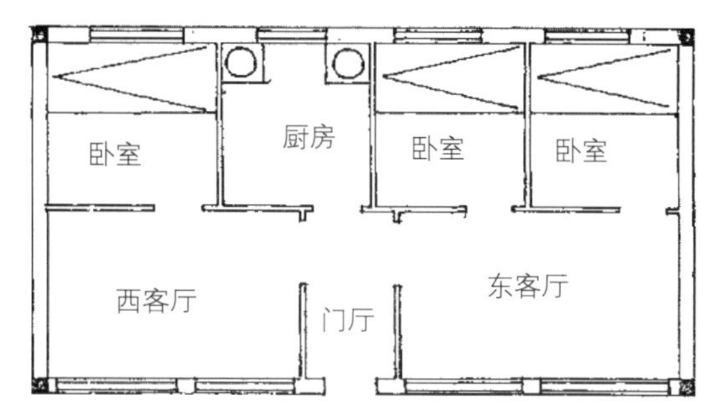

图2-2b　20世纪80年代单元房布局

20世纪80年代农村经济改革的成功促进了农民的消费需求并掀起房屋修建的热潮，新房子一律是砖瓦结构并引入了钢筋水泥等现代建筑材料，这不仅使村民能够建造更大的房子，更重要的是，一些不满足现状的村民开始尝试新的住宅设计。

下岬村村主任在1986年建的房子在很多方面突破了传统设计（图2-2b）。

房子的使用面积75平方米左右，最具革命性的变化是室内空间被安排成3个功能区域。整个南半部由两个大客厅组成；北半部分成三个大小相近的卧室，中间由厨房相隔。此时，卧室已经不仅仅是一铺大炕，而是一个有睡觉、梳洗等多功能的独立房间。这所三卧两厅的房子被村民戏称为“单元房”。

20世纪90年代末，最流行的房子是在“单元房”内加上一间浴室，如（图2-2c）

① 不利影响主要在于缺少私密空间。

所示：这所房子面积达到110平方米，其东卧室的面积远远超过其他卧室。浴室是相对较新的设计。

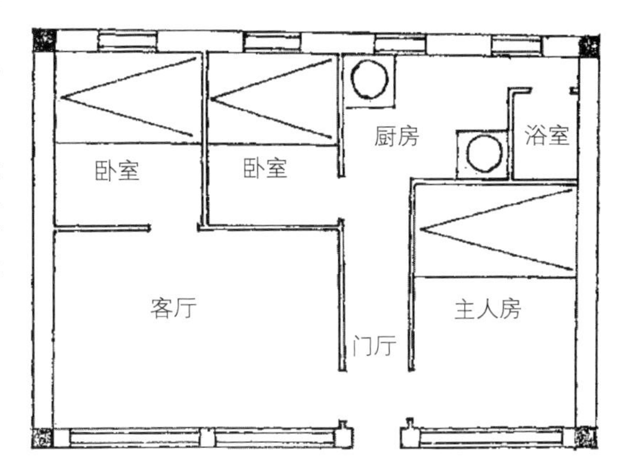

图2-2c　20世纪90年代末单元房加浴室布局

住宅不仅仅是物理空间，也是社会空间。具象的房屋空间背后蕴含着更为深刻的社会空间原则。我们不妨从家庭内部关系、内外关系和人际关系三个角度来理解。

对于家庭内部来说，住宅空间格局的变化，对于家庭成员之间的关系产生了较大影响。这些改变也就意味着家庭成员要就空间的使用而重新调整自己的位置和行为方式。例如，过去在农村清晨起床似乎是天经地义的，事实上，全家人挤在一处的老房子中，除非生病，没有谁能赖在床上不起来，而在新式“单元房”里，年轻人却可以躲在自己房间里睡懒觉而不必担心受到老年人或来访者的干扰。不少家庭纠纷往往由此产生，而最后占得上风的往往是年轻人，老年人除了抱怨以外并无良策。实际上，老年人在住宅结构变化的过程中失去的不仅仅是干预别人私事的权力，更重要的是，老年人发现自己不再是家庭生活中心的象征，也不再享有空间使用方面的特权。随着南北炕一起消失的还有以辈分、年龄、性别为基础的传统家庭等级关系及其在空间安排上的反映。这才是对老年村民打击最大的变化。①实际上，伴随着住宅形式变化的是老年人在家庭中心地位的失去与儿童为中心文化在农村的崛起。此外，随着新式住宅对隐私保护得更好，夫妻关系的重要性也得到加强。

在传统的住宅格局中，东屋为上，西屋为下。如果全家人都住东屋，南炕的炕头一定是老年人的位置；如果分家，老年人一定住东屋。但是这些尊老习俗正随着南北炕一起被年轻一代抛弃。同时，新式住宅结构为家庭的个体成员创造了一定的私人空间，从而也促进了个人隐私权的发展。对于自由独立的私人空间的追求是促使当代农村青年夫妇与老人分家的主要社会原因②。村民的解释是“日子总是自己过着顺心、方便”。分家后，小夫妻能当家作主，独立地拥有和使用家庭财富，自然会感到顺心。而“方便”则应该是指私人空间为夫妻隐私权带来的方便或保护。对于回忆在老式住宅与公婆一起过日子的情景，最常见的抱怨是：“在老房子里，一天到晚都有人盯着你，一点儿都不方便！”

① 郭于华，代际关系中的公平逻辑及其变迁——对河北农村养老事件的分析，中国学术，2001，8：221-54.

② Yunxiang Y，The Triumph of Conjugality：Structural Transformation of Family Elations in a Chinese Village，Ethnology，1997，36（3）：191-212.

空间关系格局变化的另一个方面是妇女和青少年获得更多的私人空间与空间使用的权力。青年人普遍喜欢新式的住宅结构，特别是拥有他们自己的卧室。青少年在自己的房间里与朋友聚会已经是日常生活的一部分，而一个相对独立的青年亚文化也在迅速形成[①]，并由此而产生出不少自由恋爱和婚前性关系的故事[②]。

《礼记・内则》有这样的论述："礼，始于谨夫妇，为宫室，辨内外。男子居外女子居内，深宫固门，阍寺守之，男不入，女不出。"内、外这两个词用来明确男女两性在社会生活中的职能，帮助我们理解住宅传统空间组织和住宅形态结构基础上深层的社会因素。客厅的意义在于它同时具有排斥和接受的功能，可以在公共社区和私人生活之间建立一个转换区域，在私宅之内划出一块半公共的空间，从而确保家庭隐私不必受到外界的窥测或侵扰。缩小甚至取消了火炕的"单元房"设计进一步加强了这种住宅里边的内外之别。在中国传统社会中，上层社会的家庭从来都享受某种形式的隐私保护；所谓"侯门深似海"就是指官宦人家的私宅与公共社区之间的物理和社会距离。据老年人回忆，在土地改革之前，地主家的人可以随意闯入佃户家中，上炕从不脱鞋，佃户只有笑脸相迎，根本不敢介意。但是，佃户到地主的大院要处处小心，"规规矩矩的，可不敢东张西望"。这说明，隐私权在那个时候只属于社会"上层"。在家庭内部，父母可以随意查看儿女的个人物品，而反过来儿女却要尊重父母的隐私，甚至连父母的名字也要尽量避免提及（避讳）。

隐私权是从"privacy"翻译而来的概念，与中国传统文化中的"私""内"等概念有重合之处但又不尽相同。在西方的自由主义传统中，privacy的观念在社会平等、亲密关系、政治自由和个体自主性的发展史上曾发挥过极为重要的作用；它又是个人主义以及社会关系形成的不可或缺的社会行为准则。就个人而言，独立自主和亲密关系是生活中最重要的组成部分，而二者都是因为有了隐私权的保护才免受公共权力的干预[③]。隐私权与私人空间互为依托，缺一不可。如Patria Boling所指出的，我们可以将私人空间的感觉加以延伸，想想我们每个人都有一个与生俱来的"自我的领地"[④]。显然，下岬村民追求的也正是这样的"自我的领地"。

为什么下岬村民会在对隐私权的新观念一无所知的条件下便在实践中追求家庭生活的隐私保护和私人空间呢？这可能与中国传统的伦理观念有关，隐私权与私人空间实际上与中国人传统的伦理本位意识和社会关系呈现的以个人为中心的

① Yunxiang Y，Rural Youth and Youth Culture in North China，Culture，Medicine，and Psychiatry，1999，(23)：75-97.

② Yunxiang Y，Private Life Under Socialism：Love，Intimacy，and in a Chinese Village，1994-1999，Stanford：Stanford University Press，2003.

③ Boling P，Privacy and the Politics of Intimate Life，Armonk：Cornell University Press，1996：19-31. 以及Moore，1984；Warren and Laslett，1977.

④ Yunxiang Y，The Flow of Gifts：Reciprocity and Social Networks in a Chinese Village，Stanford：Stanford University Press，1996：27.

差序格局的要求相符合（第三章将对此进一步论述）。

阎云翔认为下岬村的住宅装修热是“在阶级差异和个体差异两个层面上突破了传统文化的局限。村民将过去只属于精英阶层的私人空间和个人隐私观念变为普通老百姓日常生活中的必需，并以较为平等的新型私人空间安排取代过去的等级化空间关系结构。”[①] 本书认为，传统社会结构中的差序格局实际上具有相对普遍的意义，普通百姓私人空间与个人隐私观念的相对缺乏更多是受到客观生活条件的限制，当条件具备的时候，能够适应伦理本位观念的私人空间观念就逐渐得到实现。而较为平等的私人空间安排逐渐取代过去的等级化空间关系结构。

实际上，与其说是新式住宅空间变化导致了人际关系的变化，不如说是人际关系变化的要求导致了住宅空间关系的变化，经济发展促进的不断发展、调整的人际关系凝结在居住空间中导致了新式住宅的出现和普及，而住宅空间变化反过来进一步深刻影响了人际关系。

让我们从空间组构的角度来对这一系列的住宅空间组成加以分析：

首先，将建筑的住宅空间加以抽象，经过对比研究发现，“南北炕”形式的老房子，可以表达成一个简单的二级拓扑结构，外屋作为这一结构的枢纽，连接着东屋、西屋与室外。由于结构过于简单，加上外屋作为枢纽是一个相对破碎的空间，并不适合交流、居住使用，所以里屋的南北炕就责无旁贷地承担了从睡觉、用餐到会客的一系列功能。但住宅演化到“单元房”阶段时，住宅则表达成一个相对复杂的三级拓扑结构，原来由外屋完成的功能空间分为两部分，厨房与门厅功能专门化，而原来承载了睡觉和会客等多重功能的南北炕则分化为客厅与卧室，分别承担会客与起居这两种对私密性要求有所不同的功能。住宅进一步发展成单元房加浴室结构，住宅保持三级拓扑结构的同时，功能进一步展现出其丰富性（进一步的分析见第四章第二节）——仅承担组织交通功能的门厅面积进一步缩小而化为直接联系不同卧室、客厅、厨房的走廊，卧室开始区分主次，增加了原来未分化出的专门的浴室（虽然因使用成本较高，大部分改作储藏室用）。

考察同一时期社会关系的变化，我们发现：在经济相对不发达时期的家庭中，以老年人为核心的家庭结构占据统治地位，家庭内部的位序主要依据年龄、辈分、性别等排定，老年人由于掌管着家庭的日常事务（包括财政权）。这时期，大家庭比小家庭更显得重要，家庭长幼位序和伦理关系在一定程度上掩盖了亲密关系（夫妻关系），同姓村民之间联系密切甚至超过夫妻之间的交流。到了20世纪90年代，儿童中心文化在农村崛起，带来的结果是老年人在家庭里的中心位置被淡化，长幼位序被冲击；夫妻关系在家庭生活中的重要性增加，对于夫妻关系有重要意义的隐私权和私人空间日益得到重视。这一切社会关系凝结在建筑空间中的表现就是“单元房”逐渐取代了“南北炕”。

① 黄宗智主编，中国乡村研究（第一辑），北京：商务印书馆，2003.

下岬村从南北炕到单元房的变化模式并非特例，类似的变化也发生在黑龙江农村其他地区[①]。而从南到北更多的居住模式的变迁与这样的变化从本质上是相同的，这或许可以作为中国绝大多数城乡居民在过去20年中发现隐私权与拓展私人空间生活经验的一个缩影。

二、北方城村

上一节中的例子，比较清晰地表现了从房间层次看，社会结构是如何凝聚在空间中的——“南北炕”的传统房屋空间格局转变为“单元房”，村民对私人空间的需求与房屋结构变化互相影响。河北蔚县北方城是长城防御性聚落中一个有代表性的村堡，天津大学长城防御性聚落调查组于2005年将北方城聚落层次上的调研所得到的资料与之形成了有趣的对照。

北方城实际上是与下岬村相似的中国北方农村，它位于蔚县县城的西北方，城内居民以白、赵、马三姓为主，其中又以白姓居民的数量最多。解放前，城堡内居住近百户人家（人口约三四百），居住堡外的只有四户，“文革”期间，堡内日渐拥挤，直到1980年前后，掀起一股建房高潮，大部分居民搬到堡外居住，居住在堡内的居民只有30多户（一百多人）。北方城平面呈矩形，南北走向长135米，东西宽116米，堡墙高约5米，底部厚约3米。城堡内一条南北走向的大道（正街），三条东西走向的巷子，把村子划分为整整齐齐、大小基本相等的六片，每一片又用围墙分成四到六户住宅的小片。每一户住宅，都是矩形，大多为两进院落，整个城堡的结构就是方中套方，层层嵌套（图2-3）。

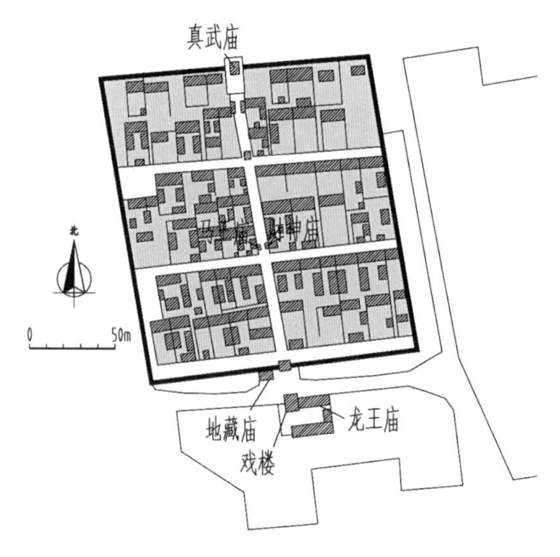

图2-3　北方城总平面图

北方城正街上，真武庙南边第一个十字街口的北方正中为一佛殿，名曰“三觉圆”，外观看为三开间（前檐加两颗小檐柱），实际为一间，进深（4.8米）大于面宽（3.1米）。根据清光绪九年《创建伽文佛殿碑记》，“三觉圆”建造原因：“地不得神，不能合其宜……我村后街正中堡内为一地也，特少神庙……今者里与公举，人发善念而曰：或不建庙，焉以祀之。”

北方城北端的真武庙，是统治

① 王雅林，张汝立，农村家庭功能与形式——昌五地区研究，社会学研究，1995，(1)：78-79.

整个城堡村落的建筑群，整个庙宇由三层台地组成，最上一层台地，部分突出于背面的堡墙之外。三开间的真武庙正殿高高伫立在最高一级台地的中央，掌控着城外北面一马平川的大片土地，宣告着真武大帝的权威。

北方城北部的几个庙宇，按照村里人的说法是："没什么节目"，而南部几个庙宇，则有很多不同名目的戏曲活动，名为娱神，实为娱人。北方城南门前的戏台是个很有特色的建筑，它依附于龙王庙，龙王庙位于戏台东侧，与之平行布置，但朝向正好相反，戏台朝北，正殿朝南，两者之间以两侧的围墙连接。围墙挨近龙王庙正殿的位置开一院门。进入院门，就是由正殿、戏台与东西两侧厢房组成的三合院。

龙王爷离戏台虽近，却不能直接欣赏到戏曲演出。能有此享受的神灵是阎王爷和观音娘娘，因为地藏庙和观音阁（东侧，已毁）就位于城门外的两侧，[①]背靠城墙，斜对着戏台。其实，真正要欣赏戏曲表演的还是村民自己。地藏庙和观音阁也许恰恰是得益于规模小，不占过多的地方才被村民摆到城堡门的两侧。明清之际，民间的杂神淫祀受到朝廷的严加限制，尤其不允许将戏台建到空旷之处，因为它"蛊惑人心"，不合礼仪。市民或村民要看戏都必须假借宗教祭祀的名义举行，因此几乎所有的戏台都要面对神殿。或者说，正是村民观戏的需要才促成了北方城戏台附近的现有格局。社会生活这样凝聚在空间中，得以存续，以公共空间为基础的交往需求被进一步创造出来，而这样的空间，自然是对社会结构的表征（图2-4）。

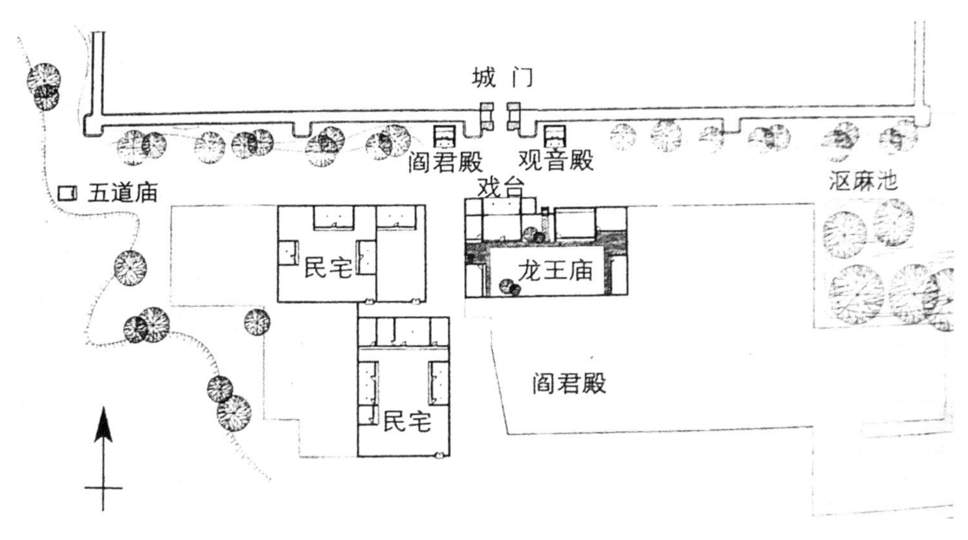

图2-4　北方城村口平面复原图
（图片来源：罗德胤，蔚县古堡，北京：清华大学出版社，2007：84.）

① 这两座庙都是面阔3.9米，进深3.6米的小殿。

三、本节小结

虽然以上两个例子只是截取我国农村社会生活的片段，但具有一定的普遍意义。在我国传统社会生活中的社会关系就是这样在柴米油盐的生活中反映在物质形态中从而实现了空间化，这使我们意识到，社会结构空间化其实就是一个空间化社会关系的自然表现过程。要分析这个过程的实质，仅仅依靠从形式到形式的解说是不够的。聚落物质结构与社会关系相关联，社会关系却并不是一个长期延续的存在，如何将这样的短时段关系与长期结构关联起来，是我们无法回避的问题。

第二节　传统聚落社会结构空间化问题的本质分析

一、社会结构延续的矛盾与手段

“城市的社会真实性不是被简单赋予的，它是被构建的并在交流和共享符号化的半封闭世界中保留着相互主观性。日常生活的惯性创造了一个观察世界的特殊视角以及行动的指令。正是生活世界非自我意识和一切想当然的特点，使得它如此依赖其成员，并保证了它的真实性将延续下去。”①

如第一章所述，当我们谈论社会时，从地位的观点或是以关系的视角有很大区别，本书采用关系的视角，认为社会结构就是人类社会关系的综合系统，人、组织在社会网络中所处的位置及其与其他主体的相互关系表达了社会的结构。但是，不难发现，这些社会关系从长期看实际上都是暂时的、不连续的关系。那么，社会结构就是这些关系的总和是否意味着社会结构本身也是个缺乏持续性的存在?

实际上，由于这些关系缺乏连续性，它们本身并不是社会结构——社会在变化时，不仅对某个历史片段的个体起作用，也与不同历史时间的个体相关。在某个历史时期的个体全部消亡后，尽管可能发生了一定的改变，社会结构仍然继续存续下来。于是，我们不能把社会结构简化为个体或组群之间的相互影响，毕竟，社会结构的存在持续地超越了任何构成它的个体和组群。

因此，尽管社会结构是非物质化的，但是它在时间中延续的手段却是物质化的。虽然社会的物质形态在任何时刻都不是那个社会本身，但它却是让那个社会得以延续到未来的手段。聚落的物质形态是抽象事物在时空中的具体表达，它与社会不同，社会实践是由人类的即时行为和思考过程组成的，但是建筑物是真实世界长时间的演变，甚至是几乎永远不断的演变，折射了抽象事物支配着真实世界的形式。②

① Ley D，A Social Geography，New York：Haper and Row，1983.
② [英] 比尔·希利尔，空间是机器——建筑组构理论，北京：中国建筑工业出版社，2008.

二、空间性的层次

社会生活的时间可以分为三个相互关联的层次：长时段属于制度（法律、家庭等）的历史发展范围。在短时段中，社会生活受到个人和家庭生命周期的影响，也受到特定时代社会条件特征的影响（与长时段相互作用）。在日常生活时段上，个人的惯常性既与社会的制度框架结构相互作用也与个人的生命周期节奏相互作用。类似的，社会生活的空间性也可以分为三个层面。在最广泛的尺度上存在着制度上的空间时间，这是空间社会建构的集合层面。“地方”可以被看作与依附于城市空间的人类直觉和社会意义有关。最后，个人的空间实践指的是个人和团体的物质表现与空间相互作用。空间性的这三个层次，依次可以与社会生活时间性的三个层次相对应，如表2-1所示。因此，“时空惯常”或许能够将相互主观性固定于人们生活世界所依赖的思维框架中。

空间性与社会生活时间性的对应关系　　表2-1

时间、空间	长时段	短时段	日常生活时段
制度的空间的实践活动	社会空间的发展（历史地理学）	空间背景下的生活战略	日常路径的地理影响
地方	地方的历史、文化和传统	在时空标识中的生命历程	基于“自然态度”（Natural Attitudes）的空间性
个人的空间的实践活动	空间实践活动的历史影响	生活战略和空间实践活动之间的关系	日常时空路径（时间地理学）

公共空间是社会交往的容器和结果，而“社会交往的形成与否主要取决于居民之中是否在经济、政治或意识形态方面有共同兴趣。如果找不到这些因素，就没有相互交往的基础。”①所以，我们需要分析人们在哪些方面有共同的兴趣，这样，实际上就找到了公共空间的行为基础。

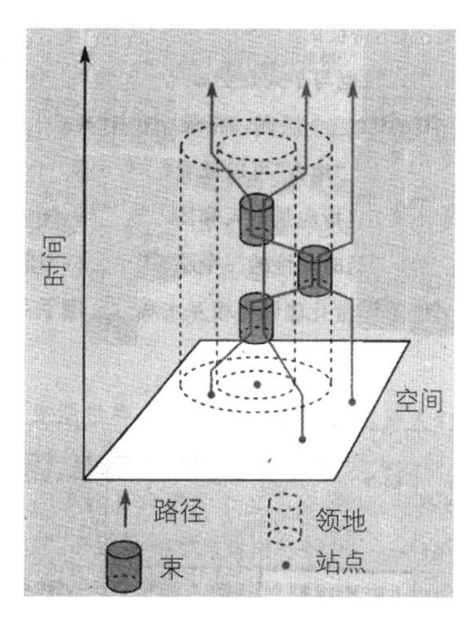

图2-5　时间地理学中关于社会活动空间化的概念模型
（图片来源：《城市社会地理学导论》）

时间地理学中，社会活动空间化过程被认为是人们为了达到特定目的（或“计划”）而从一处（或“停留点”）向另一处移动而产生时空间“路径”的方式。这样的认识可以形成概念模型（图2-5）。

这个理想模型的实质就是形象化地表述了社会活动空间化的“不可见”过程。在这一表述

①［丹麦］扬·盖尔，交往与空间，何人可译，北京：中国建筑工业出版社，2002：203.

中，人行为的路径与领地之间建立起了关系。不同的社会活动过程有可能在某一时间段内相互聚集，而这些可能在不同的空间领域内发生。

三、空间实践研究框架

戴维·哈维（David Harvey）的空间实践网格为我们提供了一种适用于更广泛、更丰富的研究课题的方法，这些课题包括地方作为物质性人造物而被构建和体验的方式、地方被表述的方式、地方作为空间符号在现代文化中被使用的方式。该矩阵有助于将我们的注意力集中到体验、感知和意象之间的辩证关系上，同时也有助于阐明地方的延展、地方的占用、地方的通知和地方的生产之间的关系。但是，它并没有简化为一个理论：它仅仅是一个框架，可以通过它来阐释阶级、性别、社团和种族的社会关系。

空间实践的“网格”[①] 表2-2

	可达性与延展化	空间的占有和利用	空间的统治与控制	空间的生产
物质空间的实践（体验）	物流、资金流、人流、劳动力流、权力流、信息流等；交通与通信系统，市场和城市等级；聚集	土地利用和建成环境；社会空间和其他“地盘”显示；交流和相互帮助的社会网络	土地私人财产；空间的国家和行政划分；排外社区和排外邻里；排他性规划与其他形式的社会控制（管辖与监督）	物质基础设施的生产（交通与通讯，建成环境，土地清理等）；社会基础结构的地域组织（正式的和非正式的）
空间的表达（感知）	距离的社会、心理及物理衡量；制图；“距离摩擦”理论（最小作用原理、社会物理学、良好状态法、中心地理论以及其他形式的区位论）	个人空间；占据空间的意境地图；空间等级性；空间的符号表述；空间的“话语”	禁区；“领土扩张”；社区；区域文化；民族主义；政治地理学；等级性	制图、可视表述和通信等的新系统；新艺术和新建筑的“话语”；符号学
表述的空间（想象）	吸引/厌恶；保持距离/渴望；同意/拒绝；超越“媒介传播讯息”	熟悉程度；叫停生活；开放空间；公共场景的地方（街道、广场、市场）；插图和找贴图、广告	不熟悉程度；恐惧的空间；私有财产宅地；仪式的传承和建构空间；符号障碍和符号资本；“传统”的结构；压抑的空间	乌托邦计划；想想的景观；科学摩擦本体论和空间；艺术家的“素描”；空间和地方的神话；空间的诗意；渴望的空间

① 资料来源：David Harvey，The Condition of Postmodernity，Wiley-Blackwell，1989，220-221.

第三节　聚落形态与社会结构的内在关联

处于宽广的城市物质结构之中的形态感，会不可避免地反映其内在的组成关系。如果抛开物质要素的具体形态而只谈连通性、邻近性及界限的问题，许多形态各异的空间要素的群和序结构便通过拓扑特性发生了更紧密的关系。甚至属于不同领域，表面看上去并无直接联系的社会结构与聚落内部结构在拓扑意义上建立起内在联系。伦理本位基础上的社会空间与传统聚落的物质实体空间实际上是拓扑学性质上同构的两种结构体系。

一、抽象的结构与结构的抽象

聚落形态的实质是空间结构，分析社会结构对聚落形态的作用，就首先要把握“结构”。皮亚杰（Jean Piaget）指出结构主义的共同特点有二：第一是认为一个研究领域里要找出能够不向外面寻求解释说明的规律，能够建立起自己说明自己的结构来；第二是实际找出来的结构要能够形式化，作为共时而作演绎法的应用。于是他指出结构有三个要素：整体性、具有转换规律或法则、自身调整性；所以结构就是由具有整体性的若干转换规律组成的一个有自身调整性质的图式体系。[①]而本书就在寻找社会结构与聚落形态这两种结构整体性特征、转换规律或法则的联系，以及自身调整性的差异。而寻找这些内容的最好办法，就是将结构问题进行概括，抽象成数学结构加以分析。

在数学界可称为结构主义学派的，也就是布尔巴基学派（Les Bourbaki），他们通过对结构的抽象，发现了三种被认为是不能互相合并的结构：原型是群的“代数结构”、原型是格[②]的“次序结构”，以及建立在邻接性、连续性与界限概念上的拓扑。这实际上是从横向、纵向、拓扑变换性三个方面对结构进行了全面整体的抽象。[③]

我们所研究的各种基本结构的数目和形式都并不是先验地推演出来的。这种归纳法，导致发现了三种“母结构”，即所有其他结构的来源，而它们之间被认为是再不能互相合并了。首先是各种“代数结构”（包括群、环、体等），其结构原型就是“群”。最早被认识和研究的结构，是由伽洛瓦（Galois）所发现的“群”。一个群是一个诸成分的集合或整体。几乎在所有的与结构相关领域里，都可以应用“群”。因为群可能被看作是各种结构的原型，而且，在某些人所提出的东西必须加以论证的领域里，当它具备了一些精确的形式时，群能提出最

---

① [瑞士]皮亚杰，结构主义，北京：商务印书馆，1984.

② 格是抽象代数学的重要概念，主要研究集合的次序与包含等性质。可参考：洪帆编，离散数学基础，武汉：华中工学院出版社，1984：192.

③ 段进先生认为横向结构与共时性相联系、纵向次序关系以历时性为基础，本书认为这样解说有勉强之处，历时性关系并不能涵盖所有的次序关系。

坚实的理由。①

其次，我们可以看到有研究关系的各种“次序结构”，它的原型是“网”（Lattice或 Network），也是一种普遍性可以和群相比拟的结构，“网”用“后于”和“先于”的关系把它的各成分联系起来，因为每两个成分中总包含一个最小的“上限”和一个最大的“下限”。换言之，事物中任何两个要素间总存在着比较性的次序关系。次序结构是研究事物关系中各种比较基础上的次序关系。

最后，第三类母结构是拓扑学性质的，是建立在邻接性、连续性和界限概念上的结构。群作为转换与构造中的适当工具，是由于群分化为其子群或通过这些子群之一过渡到另一些子群，这些转换在某种程度上是可以加以配方的。就是因为这样，除了被位移图形的大小改变而保持其余一切不变，就得到一个较普遍的群，而原位移群成了这个更普遍的群中的一个子群：这就是相似群，可以在不改变形状的情况下放大图像。接着，人们可以改变图像的各个角，但是保持它原来的平行线和直线等，这样就得到了一个更普遍的群，而上述相似群就成了它的一个子群，这就是“仿射”几何群。例如，把一个长方形变成一个平行四边形，进而变成一个不平行的四边形，就得到一个“射影”群（透视等），最后，将这个四边形的边变成有弹性的曲线，唯一被保留下来的是图像上各个点之间一一对应的或对应连续的对应关系，就形成了最普遍的群，即拓扑学所特有的“同型拓扑（Homéomorphies）”群（图2-6）。于是，原先看起来静态、分散的模型，通过群结构，形成了一个巨大的子群间嵌套结合（Emboetement）②。

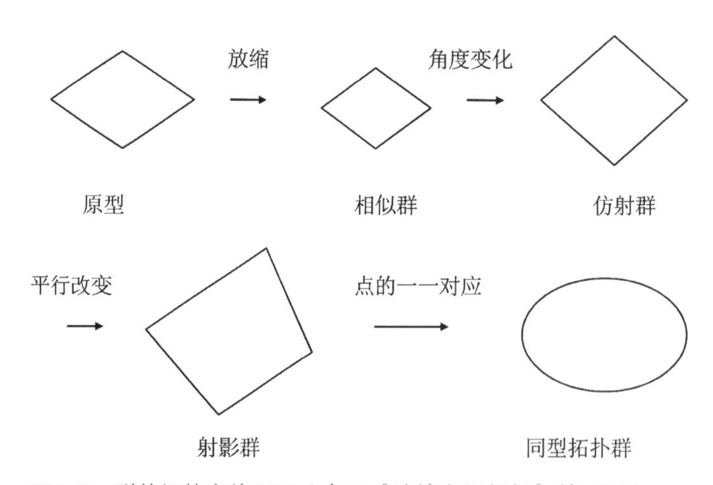

图2-6　群的拓扑变换图示（参见《城镇空间解析》第18页）

① 这些理由包括：首先，从中引出群的数理逻辑的抽象形式，它解释了群的使用的普遍性。其次，群是转换作用的基本工具，而且还是合理的转换作用的基本工具。

② 嵌套结合用来指一系列大类套小类、小类又套更小类的关系。例如欧氏几何成为投影几何的一部分，投影几何又成为拓扑学的一部分，就是这种情况。这种互套关系，可以从两方面来看：从小到大，是小的镶嵌在大的里面；从大到小，是大的套在小的外面。

这样，聚落社会研究中的人—人群—共同体—国家的关系与聚落空间研究中的从低到高的层次关系就都可以理解（或抽象）为子群与群之间的等级关系。而聚落与聚落、人群与人群之间的关系则可以认为是并列子群的关系。

在"群""网""拓扑"三种数学原型中，前两者与空间要素的形状、大小、空间位置等物质形态密切相关。[①]但空间结构中还同时存在着空间要素在空间范围上的连通、临近、包含等抽象的关系，以及在组织关系上相似相仿的对应和变换关系，这些关系与空间具体精确的度量属性没有太紧密的关系，而是与拓扑学中一一对应下的连续变换的性质息息相关；这些关系是以点与点之间的联系、线与线之间的相交、面与面之间的界定为基础。拓扑学作为数学的一门分科，主要研究的是几何图形在一对一的双方连续变换下不变的性质，这种性质称为拓扑性质[②]。利用拓扑学的一些方法和概念可以揭示聚落空间构型关系的本质。

社会结构与聚落形态是意义不同的两种结构，聚落形态并不能视为社会结构从空间或时间上具体精确的度量，只有对两者在组织关系上相似相仿的对应和变换关系做考察，才有可能寻得拓扑学意义上的变换关系，才是有意义的。

（一）群

一个群（Group），就是由一种组合运算（例如加法）汇合而成的若干成分（例如正负整数）的集合，根据结构主义的观点，要素之间的关系首先是静态上的构成关系，可分为：逐级构成、并置组合、链接依附三种最基本的关系。例如，系统A是由B和C两个要素组成，而B与C又分别由b′、b″和c′、c″两个更次一级的要素所组成，其中，从b′、b″到B再到A（或c′、c″到C再到A）的组合关系是逐级构成；而b′与b″可以通过d的链接产生进一步的关系，同时d依附于二者，则d与b′之间是同层次的链接依附的构成关系。因此，三种关系的复合式系统中各种要素呈网状关联的体现（图2-7）。[③]

一个结构中会包括许多要素，从共时性上来看，结构是由这些要素按照特定的构成关系排列组合而成的，其整体结构原型就是一个体现构成关系的"群"。在图示的A系统中，各个级别的元素存在着（直接或间接的）逐级构成关系、同层次要素之间的（直接的）并置构成关系，以及同层次或同层次之间的（间接的）链接依附关系。这些构成关系可抽象为三种结构模式——子群，不妨称为等级子群、并列子群、链接子群，三种子群的具体分析就是要揭示各要素在无主次、无先后（即可逆性）的情况下，以同一性、共时性为基础的非线性多重网式相关的构成关系。

① 参见：段进等著，城镇空间解析：太湖流域古镇空间结构与形态，北京：中国建筑工业出版社，2002：第3、4章.
② 参见：辞海编辑委员会，辞海，上海：上海辞书出版社，1999.
③ 段进、季松、王海宁，城镇空间解析：太湖流域古镇空间结构与形态，北京：中国建筑工业出版社，2002.

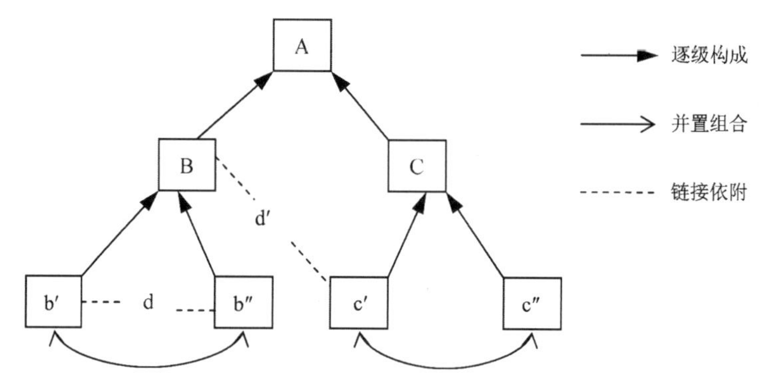

图2-7　要素以三种方式构成群
（参考段进等《城镇空间解析：太湖流域古镇空间结构与形态》绘制）

社会结构与聚落物质形态同样可以作类似的抽象，如宗族体系中的族、房、支、户和基本家庭，从共时性上看，是按照一定的血缘关系联系起来；聚落中的街区、宅院、街道、广场等，也有一定的空间构成关系，因此可以利用群结构的模式进行分析（具体分析见本书第三、第四章）。

（二）网

上面对群的分析主要是建立在结构体系中元素的同一性基础之上，但它们不但不同层次上的元素存在着差异，同层次上的不同要素也存在区别，这些差异不同于“群”的结构方式，使结构呈现出有序的一面。“用‘后于’和‘先于’的关系将‘上界’和‘下限’[①]限定的不同成分联系起来的方式实际说明了事物中任何两个要素之间都存在行动的比较次序关系。”这实际说明了事物中任何两个要素之间都存在比较性的次序关系。理解网的关键在于分析结构元素之间的次序关系。网和群一样，适用于相当大量的情况（例如，我们可以用网来分析人类社会中社会结构的差序特征，也可以用网的概念来分析聚落研究中常见的空间先后和建筑体现出的时间上的继起性。）网的可逆性普遍形式不再是逆向性关系，而是相互性关系。如用加号（+）替换乘号（×）、用“先于”替换“后于”的关系，就使“A×B先于A+B”这样一个命题转换成“A+B后于A×B”的命题了。

在社会生活中，人与人之间的关系不可能是完全平等的，它们在社会系统中所处的位置也各不相同；同样，在聚落结构中，宅院、街道、广场……各要素在功能、位置和次序上，不仅存在差异，也有一定的次序关系。对于这些结构元素之间的次序关系，我们可以归纳为“网”来分析（具体分析见第三、四章）。

① 参见：[瑞士]皮亚杰，结构主义，北京：商务印书馆，1984.

（三）拓扑

“群”反映了元素之间的静态构成结构，“网”体现了元素之间的次序和限定的关系，而对于结构内部与结构之间的相似相仿的对应和变换关系作出描述的，主要是拓扑。这些关系与具体精确的度量属性并没有太紧密的联系，而是与拓扑学中的一一对应下的连续变换的性质息息相关，拓扑几何学中不可量的空间也表示可量空间的所有基本要素。拓扑几何学以联系的概念为其中心，讨论分离和联系的空间，不同种类的联系，不同区域之内各部分的关系等。这给了我们启示——拓扑心理学不仅能帮我们寻找同一结构体系下（如聚落内部结构）元素的联系，而且也有可能为寻找不同结构体系间的内在联系开辟道路（具体分析见第五章）。

实际上，社会结构与聚落内部结构之间的联系纽带是人。人的心理和行为的表现既形成了社会结构，也塑造了聚落内部结构，成为这两种拓扑同构关系的共同基础。

二、社会空间与聚落空间的相对位置

人类社会结构也是空间性的，这是由于人类社会结构由社会关系所构成，这些社会关系的形成离不开空间，它们的片段凝固下来反映在场所与建筑中，聚落是由场所与建筑构成，凝固了大量的社会关系，是社会结构的反映。通过前文的分析，我们了解到，聚落实际上是社会结构得以延续的物质手段，折射了抽象事物支配真实世界的形式，其形态所直接反映出的街道形态、功能分区等在一定意义上体现了聚落部分结构特征，却不能直接作为内在的结构来看待。聚落内部结构实际上是街道、市场、居民区、衙署、寺庙等相互位置和转换规律的结合，可以用拓扑来进行抽象与表达，拓扑关系中体现出来的连通、邻近与界限的问题，不仅存在于物质空间，也对应于人类社会，与社会结构中的联系、邻近与界限其实是基本一致的。表现出这样的特征恐怕并不是源于什么神秘的规律，而是在于聚落内部结构逐步形成的共同基础是人，过程对应着社会变迁的过程，内在的互动关系决定其必然存在一定的同构特点。

无论是空间结构还是社会结构研究关注的重点都不是要素本身，而是要素之间的各种关系。“群”“序”“拓扑”既不是空间的物质和非物质要素，也不是要素的集合，而是空间结构的三种原型，是各要素之间关系的三种基本模式[①]（图2-7）。

不难从一些古代律令中发现关于社会空间与聚落空间相对位置关系的记述。《大唐令》载：“诸户以百户为里，五里为乡，四家为邻，五家为保，每里置正一

①［丹麦］扬·盖尔，交往与空间，何人可译，北京：中国建筑工业出版社，2002：203.

人，若山谷险阻，地远人稀之处，听随便量置。掌按比户口，课植农桑。检查非违，催驱赋役。在邑者为坊，别置正一人，掌坊门管鑰，督察姦非，并免其课役。在田者为村，别置村正一人，其村满百家，增置一人，掌同坊正。其村居如（不）满十家者，隶入大村，不须别置村正。即以百户外标准的村中，置村正一人，从事劝农、课税、救恤等活动，辅助官治。村的下级基层组织有邻保。”

从更大的层面上讲，一个国家的各级行政机构也与其统辖的地域范围存在层级对应关系，这样的对应关系向上可延伸至国家级，向下则具体到四五户的几家邻里，社会空间与聚落空间确实存在一些实际关系，在这样的关系下，社会空间与聚落空间对应起来。

三、聚落结构的拓扑分析

对于聚落结构的研究，我们试图采取一种方法，实现空间或形式系统的再表达，使得系统可以被分析。这样，聚落结构的分析，可以由一个经典的建筑图底分析实例（图2-8）引出。

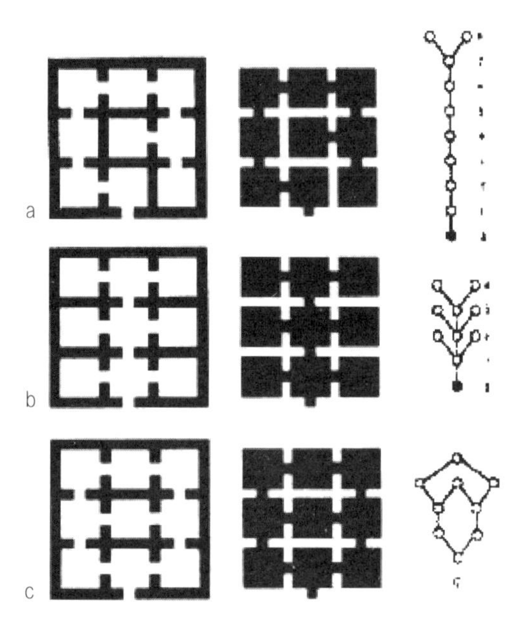

图2-8　一个经典的建筑图底分析实例，最右侧的列为“J”型图[1]（引自《空间是机器：建筑组构理论》）

图2-8中第一列的三个建筑平面，其形状几乎一样，只是内部隔墙开门略有不同。但在接下来的分析中，会发现其空间构形有着巨大差异。第二列的三个平面，是将第一列平面进行图底反转，以强调我们的研究对象——空间。再用圆圈（即节点）代表矩形空间，用短线来表示它们之间的连接关系，就可转换为第三列的三个结构图解。从中可以清楚地看到a是个很深的“链形”结构，b则是相对较浅的“树形”结构，而c是套接起来的两个“环形”结构。这种用节点与连线来描述结构关系的图解被称为关系图解。关系图解为空间构形提供了有效的描述方法，同时也是对构形进行量化的重要途径。关系图解是一种拓扑结构图解，它不强调欧氏几何中的距离、形状等概念，而重在表达由节点间的连接关系组成的结构系统。

---

① 型图：一种直观的方法，用以有效地捕捉两种空间模式之间一些关键的不同，也可称为调整图，是一张从某一个特定点出发的所有空间的“拓扑深度”的图示。

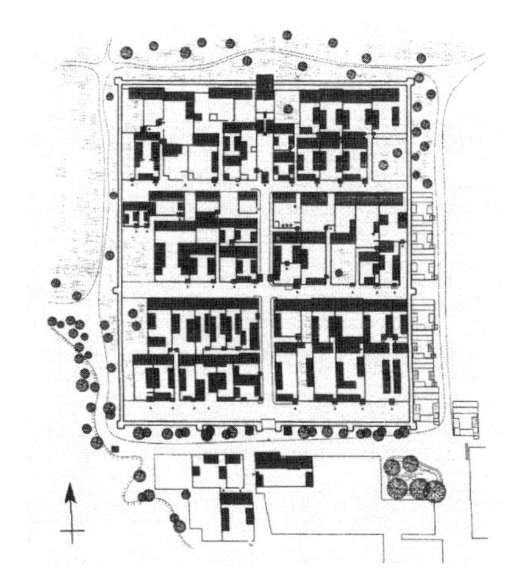
图2-9a　北方城平面图
（资料来源：罗德胤，蔚县古堡，北京：清华大学出版社，2007.）

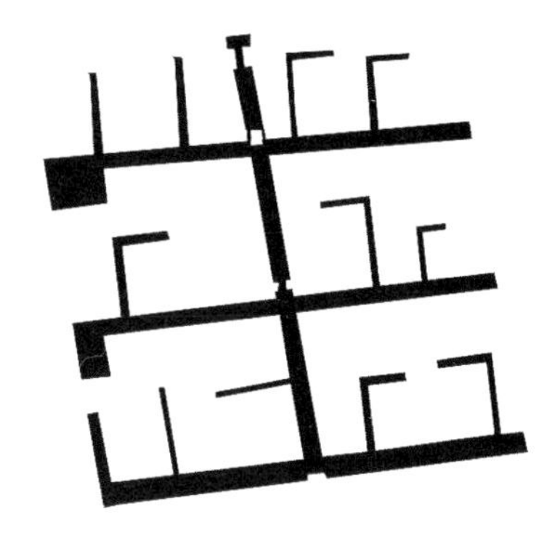
图2-9b　北方城街道结构图

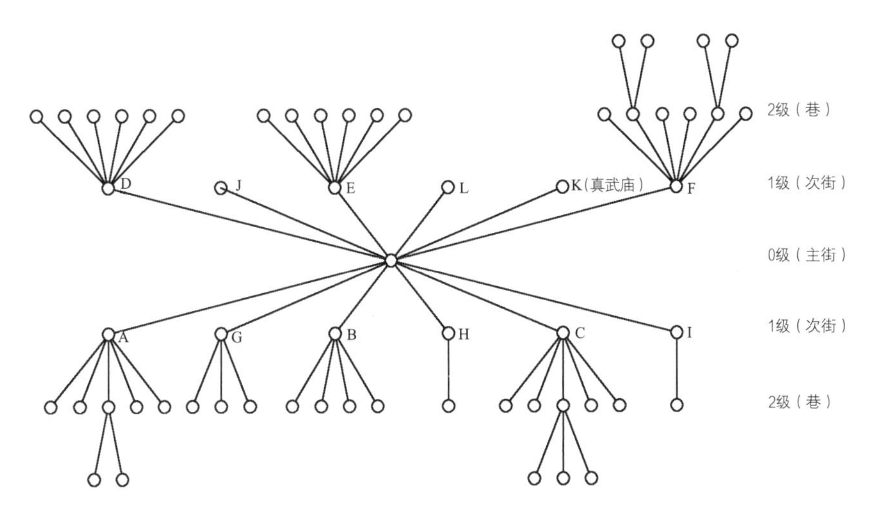

图2-9c　北方城聚落结构内在构型关系

图2-9a为河北蔚县北方城平面图，该平面近似成矩形，南北长135米，东西宽116米[①]。城堡内，一条南北走向的大街（正街）、三条东西走向的巷子，把村子划分成大小基本相等的六片，每一片又用围墙分成四到六户住宅的小片，其中住宅大都是两进院落。图2-9b为经过反转得到的街道结构图，图2-9c表示出北方城拓扑结构的结构图解。a反映的是聚落的平面形态，b反映的是其街道结构，c反映的是其内在的空间构型。

在传统的分析中，一般把街道作为分析聚落结构的主体，但在分析中，我们必须认识到这样一个事实：街道并不是决定聚落结构的唯一物质基础，相似的街

① 此数字见：罗德胤，蔚县古堡，北京：清华大学出版社，2007.

道，可能由于多种原因衍生出差异相当大的聚落。仅通过对街道的分析实际上是难以表达这些差异的，而拓扑结构分析在很大程度上忽略了空间距离，可以很敏感地反映出这些差异。我们同时看到，空间距离虽不对聚落结构造成实质性影响，却也是聚落结构不能忽视的重要因素，这就需要我们对拓扑关系中拓扑距离与空间距离的关系加以研究。

将北方城的平面形态（图2-9a）中的路网结构提取出来（图2-9b），可见北方城有一个“丰”字形的路网结构，但仅归纳出其路网形式尚不能帮我们了解北方城住宅之间的组构关系，这就需要我们进一步将其表达为“J”型图的形式（图2-9c），该图中的线并非代表道路，而是反映了空间元素之间的联系，而住宅、庙宇、道路都表示为小圈，可见一级道路上直接联系着12个元素，它们分别是次级道路或在一级道路上的公共建筑，住宅最多经过3级与主街相联系，而且住宅基本没有直接对主街开门，而是通过次街或连接次街的巷与主路相联系。公共建筑与住宅不同之处在于，它们基本上都与主街直接相连，全部位于拓扑层级最低的地方。显然，对聚落结构这样加以分析比简单地按形态或道路形态归类更能反映聚落的真实结构。

可以说，聚落结构实质上就是聚落要素与聚落中人类活动空间之间的组合与互明关系，它反映着聚落中人类活动的特征。

第四节　社会结构对聚落结构自身调整性的差异

虽然聚落被赋予了深层的社会意义，但是这种意义很少是单纯、直接或统一维度的。首先我们要知道聚落的意图意义与聚落环境的感知意义之间的重要区别。这个区别是争取理解聚落社会意义的关键。聚落形态对于社会结构的表征除了表现出相似、拓扑的同构特点，有时也表现出时间上的不同步。

如果说将人的行为的各个阶段进行抽象处理，直到简单到“感觉—运动”图式，以及这些图式的特殊情况知觉图式等，都能找到一些形式，那么是否可以从中得出结论说，一切都是“结构”，并且就此结束我们的陈述呢？在一个意义上也许可以说是的，但是只有在这个意义上，一切都是可以有结构的。可是，“结构作为种种转换规律组成的自身调整体系，是不能跟随便什么形式混为一谈的。”[①]我们说一堆砖石也有一个形式，但是，只有当我们给这堆砖石作出一个精致的理论，把它整个“潜在”运动的体系考虑在内，这堆砖石才成其为一个“结构”。可事实上这样的理论几乎无法建立——这让我们看到社会结构与聚落结构实际上也不可能简单地实现“完美”对应，而难免存在一定的不同步。

---

①［瑞士］皮亚杰，结构主义，北京：商务印书馆，1984.

一、社会结构改变

社会结构的一般变动关系很大程度上反映在意识、制度及“上层建筑”上，通过它们可以理解人作为聚落形态主宰者、创造者和操作者的角色。在社会结构发生变化的同时，聚落内部结构因其物质属性而显得不那么容易变化，对于社会结构表现得相对稳定。

传统聚落的发展具有随时间沉淀的特点，一个聚落的建立和繁盛时期，其新建房屋较多，聚落结构变化较快，但外部社会动荡时，社会结构动荡可能会较大，聚落却往往因为步入衰落阶段，建设量减少，形态则能够保持相对稳定，平遥、宏村都是这样的例子。

已被认定为世界文化遗产的安徽宏村从南宋绍兴元年（1131年），汪氏彦济公定居于此以后，历经700多年，逐渐发展壮大，南宋德佑二年，西溪改道，雷岗山下形成一块“北枕雷岗，三面环水，南屏吉阳山”[①]的优良环境。后在宗族长辈七十六世祖思齐公夫妇带领下利用村中心天然泉眼扩大成月沼，并挖水圳引西溪水进村基地，流入村子基地中心的月沼，同时又在月沼北边建造宏村第一幢汪家总祠堂——乐叙堂。

在村落的发展阶段，出现了宗族总祠堂及各房支祠，在明清由于徽商兴起而进入鼎盛后，村落中汪氏族人大都集中在村落的中西部居住，而村内的万、吴、韩等姓氏宗族则集中在村落的东侧居住，虽然杂姓聚居在同一村落，但地域范围却明显分隔，这一点也可以从各姓氏宗族祠堂分布（图2-10）中看出。

徽商在道光十二年（1832年）清政府改行票法后，丧失了他们世袭的行盐专利权，从此在经济上一蹶不振，村落也因此开始逐渐衰落。此后在19世纪末至20世纪前半叶的战争和混乱局面下，“徽商”渐成历史，村落的人口和经济进一步被削弱；村民自顾不暇，更加无力修缮村内的建筑。新中国建立后，宏村人逐渐回到土地上，农业成为大多数村民赖以为生的基础，很多建筑的产权发生变化。随着宗族制解体，虽然汪氏仍是村中的大姓，但已不再聚居在村落的中西部，各姓氏间已混杂居住在村落内。虽然宏村建筑在历经战争、社会运动后损毁较多，但村落的水系、巷道及空间格局基本保留下来了（图2-11）。

由宏村的历史不难看到，聚落结构在社会历史变迁中显示出相对稳定的特点，不容易因各种原因而迅速破坏，由此，常见社会结构改变但聚落结构变化较小的情况出现。

---

① 见《开辟宏村基址记》。

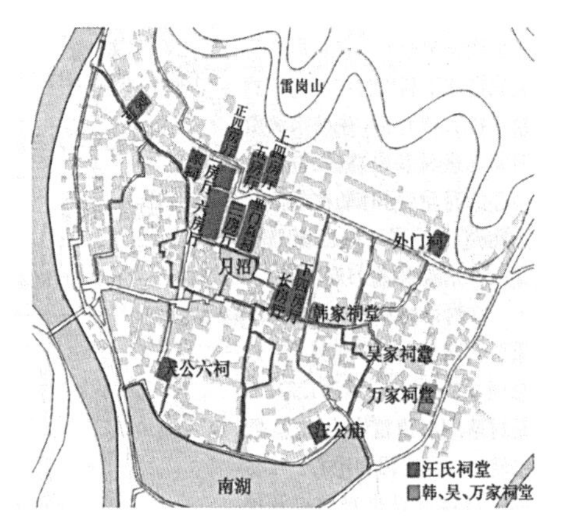

图2-10　各姓氏宗族祠堂分布

（引自《世界文化遗产宏村古村落空间解析》P12）

图2-11　宏村总平面图

（引自《世界文化遗产宏村古村落空间解析》P141）

二、聚落形态改变

原本稳定的村子因居住环境改变而造成社会结构基本不变的同时，聚落形态也可能会改变。唐总章二年（669年），泉、潮一带蛮獠[①]啸乱，唐高宗为巩固东南边陲，结束军事上的对峙局面，派陈政、陈元光率近万中原府兵与奋力抗击的“蛮獠”武装接战。在军事上获得优势之后，陈元光奏请“置州县以控岭表”。唐垂拱二年（686年），唐廷准奏在泉、潮之间增置一州，定名漳州，诏令陈元光为第一任刺史，因此陈元光被称为“开漳圣王”。所以，漳州的建立是与军事对峙、战事骚乱分不开的。

在频繁的战争环境中，北方南下的58姓要落籍安家建宅，如果照搬中原四合院形式已不可能。当地的“蛮獠”那时还处于氏族社会末期，生产落后，“刀耕火耨，结竹木樟复居息”。当时建造宅第的形式虽然没有记载，但是在这种动乱环境中，居住建筑具有防卫功能是完全必要的，目前只能从漳州各地现存为数不少的古城堡和山寨来考证。《漳州政志》中提到唐代陈元光的“营寨”“牧马场”（即屯兵处）是记载最早的山寨之一，因此，可以推断漳州的山寨可能起源于1300多年前的陈元光时代。宋元以后史书中有关漳州山寨的记载更多。从陈元光时代屯兵的兵营到圆形城堡和圆形山寨，再演变到圆寨（即圆楼），形成了一个清晰的发展脉络。[②]

① 周秦时代漳州地区居住着闽越人，在唐代称为“蛮獠”，是非常强悍的民族。

② 漳州的山寨多将小山头顶部削平，筑成近圆形的寨墙。在南靖县地图上有很多用“岽”命名的山头，如大山岽、上马岽、碗坑岽、尖岽等，岽在闽南话中就是指小山丘顶上削平处。在漳州还有很多以“寨”字为地名的村寨，很多山寨遗迹也是近二三十年才消失。漳州特定的历史环境，加上北方58姓入漳，曾经引发汉畲激烈的武装冲突，直到陈元光建漳，最后汉人同化异族的过程……这样的社会环境出现防卫性极强的圆形兵营、城堡、山寨，继而辟地置屯，仿照城堡、山寨来建造便于防卫的圆楼，是顺理成章的。

虽然客家土楼的形态已与传统的汉民族聚居形态有了很大的差异，但其社会结构却依然保持着早先的特点，宗祠是村落的核心，是同宗同祖的族人聚会的场所，土楼聚落的社会结构保持了其迁入之前的组织结构和作用形式。从客家土楼的例子中可以看到，虽然通常情况下，聚落表现出延续性特点，有时在社会结构改变的情况下仍呈现出相对稳定的形态，但是在另外一种情况下，战乱、迁徙等状况在没有根本改变社会结构的情况下，却改变了聚落的形态。

第五节　本章小结

本章从不同层次的聚落社会结构空间化实例出发，分别按照社会因素和历史时代对社会结构空间化问题加以归类分析。进而发现社会结构延续的矛盾在于：以短时性社会关系为基础的社会结构却是长时间的客观存在，并找出其内在原因在于社会关系以聚落结构的形式得以凝聚，并保证了社会结构得以延续。

接下来，本章结合结构主义理论，认为将社会结构与聚落形态联系起来的关键在于对其结构内涵的抽象——无论是社会结构还是视为一种结构表现方式的聚落形态，都可以抽象简化为结构的三种最基本型式：群、序与拓扑。这样，聚落内部要素的量的累积、时空次序和空间分布与社会结构的群体组成、沿革位序和组织构成等不难从根本上找到同构联系。值得注意的是：这样的同构不是，也不可能是严格的对应，社会结构改变与聚落形态改变在不同条件下可能存在差异。对这些有了较清晰的认识，才能够深入探讨社会结构与聚落形态的关联。

第三章　中国传统社会结构分析

前文（第一章第一节）已对社会结构这一难以精确定义的概念加以简要解析，下文将具体分析中国传统社会结构的特征及其影响因素。

第一节　传统聚落社会结构的历时变迁

在原始社会中，成员之间表现出相对平等的关系，随着剩余产品的出现、私有观念的产生，以及酋邦的产生，聚落出现了等级分化，表现在：聚落内部出现了统治阶级与被统治阶级的阶级分野；聚落之间出现了中心聚落与普通聚落的等级分化。

一方面，原始氏族内部成员间的相对平等关系被打破了，聚落内少数的权力拥有者渐居于社会上层，占有较多的生产资料，而多数的氏族成员则落到了社会下层，较少占有或不占有生产资料，统治与被统治者开始了阶级分野。另一方面，当时已经产生了源于氏族部落，又凌驾于氏族部落之上的高一级的社会形式——酋邦。由于征服和掠夺性战争频繁发生，各酋邦部族及其权力中心在优胜劣汰中此起彼伏、迁徙不定。这带来了两方面的影响："一方面破坏了此前聚落定居生活的稳定状态，另一方面导致了人口、财富、生产技术和知识文化等的集中。这就使得一部分统治者居住的具备一定政治中心功能的中心聚落的出现，反映在聚落形态上就是中心聚落与普通聚落的分化。等级分化的中心聚落与等级分化的普通聚落之间是征服与被征服、控制与被控制的关系，控制或在一定程度上相互依存的内容可以分为政治的、经济的、文化的、宗教的等几个方面。作为一定地域内政治实体统治中心的等级分化的中心聚落，其统治地域的大小取决于实力的强弱，并处于一种扩缩变化的动态过程中。"①

一、宗周建国与秦汉时期

（一）邑制国家转化为专制国家——分封与营国制度，国、野之分

自从周战胜殷起，西周奴隶主贵族为了加强奴隶制国家的统治，在原有家族组织、血缘关系、祖先崇拜基础上，建立起一套完备的宗子制度。《管子》中称"宗者，族之始也"，《尔雅·释亲》称："父之党为宗族"。宗子制度就是以血缘关系区别嫡庶亲疏。

《左传·昭公七年》中记载了宗法等级关系的基本状况，"天子经略，诸侯正

① 韦峰，先秦城市空间格局研究，硕士，郑州大学，2002.

封，古之制也。封略之内，何非君土？食土之毛，谁非君臣？故诗[①]曰：'溥天之下莫非王土；率土之滨，莫非王臣。'天有十日，人有十等，下所以事上，上所以共（供）神也。故王臣公、公臣大夫、大夫臣士、士臣（上白下十）、臣舆、舆臣隶、隶臣僚、僚臣仆、仆臣台。马有圉，牛有牧，以待百事"。这里宗法政治的等级关系与人身隶属关系合而为一，在这些等级之上还有天子作为国家的代表和化身。

春秋以前，支配者或被支配者，都是以氏族组织为单位加以集结的，所以支配方式采取氏族支配氏族的方式。这就是所谓"邑制国家"的支配结构。此时尚未出现将各个人直接作为支配对象的情况。所谓周代封建制，是将这种邑制国家群，以周王为中心，以同姓异姓的统属关系作为视点，给予体系化的表现。因此，真正意义上的统一国家并不存在，也不存在具体的专制统治事实。一方面，各个邑制国家即诸侯，拥有统属邑的土地、人民，周王的统治并不能直接到达基层；另一方面，周王与诸侯均需接受他们所属氏族的规制，所以权力并非集中在个人。

春秋战国时期，随着社会生产力的进步，尤其是铁器的广泛运用，宗法等级的社会结构被打破，地主及独立农民阶层涌现，世爵世禄的贵族政治结构也随之瓦解，宗室贵族阶层被保留下来，并且与新出现的官僚阶层组成新的统治阶级。邑制国家在战国向专制国家演变，但是这种变化，在自古以来的中国历史意识里，被理解为由封建演变到郡县。秦汉皇帝直接统治人民的方式，就政治制度而言，正是这种郡县制。因而，郡县制的成立与专制君主的支配的成立是同义语，但郡县制的出现标志着邑制国家变革其体制。清初学者顾炎武在《日知录》卷二二郡县条指出：县从春秋时代以来就已出现，所以从县最早出现于春秋时代到秦始皇统一中国这段时间，是郡县制形成过程与君主制形成过程的过渡时期。[②]

由秦汉帝国的形成而出现的皇帝对人民的支配，包含两个性质：其一，这样的皇帝与春秋末到战国时代所出现的家长式的君主在系谱上有关联。他们至少与春秋以前的诸侯是不同的，即克服了氏族的规制，任意地将其族人归隶于其统御之下。为了这样的君主出现，任何诸侯等支配氏族的氏族制解体是必要条件。其二，由这种情况而出现的君主统治对象，即人民，也已脱离了氏族制，而成为个别化。于是支配者与被支配者，均自氏族制的解体中出现，两者的结合规定了支配的方式，即所谓的"个别人身的支配"，或者称为"人头的支配"。例如，秦汉时代，皇帝对人民支配的方式，并非以氏族所形成的地域作单位，而是由皇帝对于人民的每一人直接支配。结果，出现人民不论男女均被征收人头税、男子在徭役与兵役上被动员起来的事实。这个时候，被支配的人民，当然构成了家族；其家族人数大致在五人左右，由家长统率。统治权力深入到这种家族内部，将

① 参见《诗·小雅·北山》。
②［日］西屿定生，关于中国古代社会结构特质的问题所在，北京：中华书局，1993：32.

每个家族成员一一掌握。[①]值得注意的是：理论上的皇帝对人民的直接支配，由于国家规模的巨大，实际上是通过县、乡等行政管理层次过渡后实现的，后文对“上分下治”的论述中会进一步讨论这个问题。

不过，如果仅仅将秦汉国家的统治关系简化为皇帝直接统治人民，就显得过于单纯化了，实际上，我们不能忽略一些其他阶层（如豪族、豪侠等）的存在。当时的豪族，实现了大土地所有，成为追求商业利润的社会势力。豪侠则“纠结党徒于其私门，是为闾里之雄”。他们以社会的势力，有时阻碍皇权的贯彻，有时在妥协之下成为皇权渗透地方的媒介者。因此，地方的下属僚佐，甚至中央官吏，也有由他们出身的官僚，或者直接由他们对这些官僚进行请托，这是众所周知的事实。有的地方，特别是豪族势力强大之处，由中央派遣来的官僚，对其进行镇压也是常见的事。但秦汉帝国的基本结构，并不是皇帝与这些豪强之间的关系，而是皇帝对人民支配的关系，这些豪强与一般庶民同是作为皇帝支配对象的“民”。

在秦汉，户籍监控和赋役征收主要由乡官直接操纵[②]。在乡亭制下，乡是作为次县级的政权机构出现的，特别是大乡的“有秩”还是由郡一级长官委任。乡级机构有对民户的狱讼审判权、赋役的征收权和治安的维护权。其中的“乡三老”“啬夫”“游徼”都是高其他编户齐民一等的乡官。但在户役制（宋以后典型）下，对民户的狱讼权、赋役征收权等都归县级政府支配，乡不再是一级政府权力机关，而是作为征收赋役和编制户籍的基本单位。乡里的政府公务多由职役性质的里正等人员来完成。在选择执行乡里公务人员的方式上，已与乡官制下凭德行或勋品为资质的标准不同，完全变为以户等高低亦即以贫富为标准。这客观上造成了行政治理与宗族势力在一定程度上的结合，但总体说来，乡亭制下，基层治理主要是依靠行政管理。

（二）里的社会秩序，本质上是“礼”的秩序

“加官晋爵”是古人的常见理想，其中“爵”这种称呼中体现出一种社会结构的秩序。本来，“礼”的原意是饮酒的仪式。因为氏族共同体的秩序，是祖先神前举行共同饮酒的礼仪所形成的紧密联系，因而礼成为规范日常生活秩序的规范。属于礼的形式之一的饮酒礼，可以理解为规定乡内长幼之序的阶层秩序。在神前共同饮酒，就是形成神圣秩序的场所，而这个场所的器物，如属于饮酒器的“爵”，就成为行礼之器，它本来是形成秩序的媒介物，后来这个称呼就成为秩序本身。

爵中含有的仪式意味，在秦汉时仍然存在。为赐爵所举行的宴会，同样是一个严肃的礼制仪式。高爵者居上位，低爵者居下位，而无爵的妇女则是：“妇人

① ［日］西屿定生，关于中国古代社会结构特质的问题所在，北京：中华书局，1993：31.
② 见《礼记·郊特牲》。

无爵，从夫之爵，坐以夫之齿。"[①]此处由爵位所决定的席次，也对应着社会生活中的阶层性身份，它构成里内的社会秩序。[②]魏晋时代的庾峻，说到秦以后民间爵制的情形，提到"闾阎以公乘侮其乡人"，闾阎是里的意思。这句话的意思是：在里中有民间最高的第八级公乘的有爵者，仗着自己的爵位，俾视当地人。此时可以看出，里内爵位的高低，规定各个人的社会身份。由此可知，所谓有爵者的特权，并非规定公乘有何特权、上造有何特权，而是在共同饮酒的席上及日常生活中决定着里内人的等级序列。

"刑不上大夫，礼不下庶人"[③]，仅从这句话来看，似乎礼的秩序并不涉及庶人阶层，庶人中的秩序维持靠"刑"。实际上，刑只是强制性手段，并不是内在秩序，表明庶民世界中的自律性秩序的，是"朝廷莫如爵，乡党莫如齿"[④]中的"齿"，"齿"代表年龄，这种在聚落之内，依据年龄之别的阶层性秩序，大概是作为氏族制共同体的自律性秩序而存在的，那庶民世界里的齿的秩序，如何转换成爵的秩序呢？如前所述，"礼"的观念的起源不一定只限于统治阶级，而是起源于民间习俗，因此，爵制的秩序不应只为统治阶级所独占，它并未丧失其内在的原始性质，与观念化的齿的庶民秩序，本质上并不矛盾。汉武帝诏敕曾云"乡里以齿，朝廷以爵"，在意识上强调出里内的秩序就是"齿"。值得注意的是，民间的齿的秩序习俗是潜在性的，由于赐爵才规范化，庶民往往在从军、迁徙、纳粟的过程中获得授爵。涵盖了统治阶层与庶民阶层的秩序逐步建立起来。这正是"爵"与"齿"——统治阶层的秩序与庶民秩序的统一。[⑤]

二、唐宋社会剧变，城市里坊消解

历史上，六朝至初唐一般称为门阀社会，从统治阶层的权利秩序到社会生活都极大地受到族谱、累代官历和通婚关系的影响——这是3~8世纪十分显著的特色。按家族整理和编写的《魏书》《南史》和《北史》列传，如实地反映了族谱对这些家族的重要性。看一看被发掘出来的数以千计的北朝、隋唐墓志，我们注意到在记录被葬者本人行迹的同时，经常还要追述其共姓、远祖、曾祖、祖父、父亲的情况。对于属于统治阶层的他们来说，个人的存在是微弱的，他的姓、家系、父祖的业绩是决定其社会地位最重要的因素。这种社会体制同以皇帝为中心的王朝政治统治者的结合或是对抗的关系，是决定当时社会变动方向的重要原因之一。[⑥]

---

① 见《礼记·郊特牲》。
② ［日］西屿定生，中国古代帝国形成史论，北京：中华书局，1993：48-87.
③ 见《礼记·曲礼》。
④ 见《孟子·公孙丑下》。
⑤ 参见［日］西屿定生，中国古代国家与东亚世界，东京大学出版社，1983.
⑥ 谷更有，唐宋国家与乡村社会，北京：中国社会科学出版社，2006：296.

三、明代宗族统治成为基层政治主旋律

从宗族的确立这一点来说，16世纪是一个重要的时期，以共有地、祠堂（宗祠）、宗法为特征的宗族在华中、华南为中心的广大地域迅速发展起来。同时，为了设置族田、祠堂，编纂族谱，知识分子、拥有商业资本的有产阶层开始进行大规模投资。

之所以认为明代在宗族发展史上重要，是由于国家政权对聚落共同体中宗族力量和组织态度的转变。明嘉靖十五年，礼部尚书夏言向嘉靖帝提出了家庙制度的改革方案，希望对宗法主义应采取容忍的态度。他的提案虽然没有被纳入公定的家庙制度中，但从知识分子的角度来看，对皇帝提出要求承认宗法主义这一行动本身，就非常引人注目。这一行动的背景，就是这一时代前后在各地出现的充满活力的宗族形成运动潮流。

清朝乾隆年间制定的家庙制度沿袭了明朝方针，该制度没有体现宗法主义。但是，清朝对于宗法主义，与明朝相比采取了非常柔和的态度。雍正皇帝劝建家庙、义田、家塾、族谱[①]。另外，在乾隆时期，对于盗卖祀产、义田、宗祠的行为予以严惩，并制定了保护条例。清朝的制度表面上虽然对宗法主义有否定的方面，但在宗祠方面，将宗子以祭祀为媒介整合族人的行为和义田、族谱、家塾等置于礼制框架之外，所以在实质上应该是采取了一种容忍的态度，这与从16世纪起江南宗族形成的潮流有着密切的关系。

我们应该看到，16世纪以后，随着迁移、开发前线的南进以及西进，汉族的领域扩大了。同时，都市化与远距离贸易飞速发展，成为中国历史上划时期的年代[②]。这种都市化和商业化的大潮，给知识分子的成长提供了条件，同时也导致了宗族在广大地域上出现。由手工业和商业所积累起财富的家族上升为乡绅，以通过手工业和商业经营、土地经营等获得的家产为基础，通过诸如设置祠堂、族田等方法，将族人组织化。这种动向其实在明代中期以后就已经出现，到了清代，特定的“官族”官僚等大量出现，产生了与其他的“杂姓”相区别的结构。[③]

值得注意的是：宗族的发展从地域和时间上都显示出相对不平衡的特点。

16世纪以后，华中、华南的广大区域，宗族形成的运动虽然不断发展，但在不同的地域之间，宗族的普及和确立的状况完全不同。在经济较先进的地方，如范氏义庄那样长期存续下来的宗族在数量上并不是很多，但，相对来说属于边远地区的珠江三角洲、徽州山区、江西山区，以及东南沿海的广东、福建等地，宗

---

① 见《圣谕广训》。

② 参见：斯波义信《社会和经济的环境》(《〈民族的世界史5〉汉民族和中国社会》，山川出版社，1983)、《宋代江南经济史的研究》(汲古书院，1988)、《移住和流通》(《东洋史研究》第51卷，第1号，1992)等。

③ 中村圭尔、辛德勇，中日古代城市研究，北京：中国社会科学出版社，2004：231-244.

族的密度和规模已经超过了苏州等先进地区。或许边远地域与其边境性的环境是相适应的。因此，这种边境性加重了宗族的必要性。

另一方面，虽然从地域上来说，先进地域和边远地域之间，宗族的发展程度存在很大的不同，但一进入近代，由于王朝秩序整体上开始动摇，在这些地域的宗族发展更加迅速。从20世纪30～40年代，调查报告显示，以共有地为经济基础的宗族以都市（城、镇）为中心，呈非常紧密的分布状况。这一状况是从19世纪中叶开始兴盛的宗族形成运动的结果，可以说也是近代特有的现象。

秦晖曾从地名学的角度探讨过村落与宗族的关系。他发现：春秋以前中国是个族群社会，以封地为族姓，又以族姓为地名是常见的现象。但自秦以下，族群社会被官僚制帝国的吏民社会①所取代，乡村聚落的命名也就十分彻底地非族姓化了。秦汉时代的闾里、吴简中的丘、三国以下的村坞屯聚，几乎都与族姓无关。经过对《二十五史》的检索发现，宋以前无论是屯、聚，还是村或坞，都极少与姓氏相联系，隋唐两代情况大体相同。五代以后，以姓为名的村开始多见，至明、清更为兴盛。②因此，秦晖得出结论："在中国，乡村聚居以居民姓氏命名的历史并不很悠久。这种现象以前基本没有，隋唐始见其萌，宋元渐多，而明清，尤其是清代才大为流行。"③这样的研究令人信服，我们不难从中推测出村落共同体中宗族因素的影响情况——同姓相对聚居不是宗族组织形成的充分条件，但应该是必要条件。

第二节　传统国家结构的特征分析

一、传统聚落社会是"上分下治"的结构

传统的中国治理结构与西方的不大相同，呈现出一个"上分下治"的结构形式：可以大致分成两个部分，它的上层是中央政府，并设置了一个自上而下的官制系统，以皇权为中心；它的底层则是地方性的管制单位，由族长、乡绅或地方名流掌握，或者说是以族权或神权为中心。这种治理结构的基本特点是意识形态上的统一与管辖区实际治理权的"分离"。在基层社会，地方权威控制着地方区域的内部事务，他们并不经由官方授权，也不具有官方身份，而且很少与中央权威发生关系。表面上看，行政是一个自上而下的正规渠道，但实际运作中，经过各级人员的变通处理，中央政令并不真正触及地方管辖的事务，基层无法处理的

① 即官僚制帝国的编户齐民社会。参见《中国乡村研究》第一辑，第27页。

② 需要注意的是：正史中无记载并不等于不存在，从宏观判断而言，概率分析的意义更为重要。尽管检索所得概率也受到篇幅大小的影响，但即使作篇幅除权处理，上述趋势仍然能够体现出来。

③ 秦晖，传统中华帝国的乡村基层控制：汉唐间的乡村组织，北京：商务印书馆，2003，1-31：29.

事务才上达官方。

在对于我国传统社会的认知中，流行的主要有两大解释理论[①]：一是“租佃关系决定论”，把传统农村视为由土地租佃关系决定的地主——佃农两极社会。土地集中、主佃对立被视为农村一切社会关系乃至农村社会与国家之关系的基础；宗族关系、官民关系乃至两性关系和神人关系都被视为以主佃对立为核心的“封建”关系[②]。但这种理论无法解释类似我们在《水浒》中见到的庄主带领庄客（即“地主”率领“佃农”）造国家反的场面。二是“乡土和谐论”，这种解释把传统村落视为有高度价值认同和道德内聚的小共同体。并且认为这种小共同体是高度自治的，国家政权的力量只延伸到县一级，县以下的传统乡村只靠习惯法和伦理来协调，国家很少干预。应该说，这种说法有一定的合理性，但在文化论的意义上讲传统中国的小共同体本位、把它视为区别于异文化的中国特征，并且用它来解释历史与现实的主要基础，则是很可疑的。乡村和谐论无法解释农民战争现象，并且考古发现证明，国家权力并非在县以下就失去了作用[③]，国家权力虽非事无巨细地过问基层，但对基层实施有效管理的例子是很多的。那么，如何理解和概括中国社会结构的特征呢？

在20世纪初，马克斯·韦伯提出了关于传统中国“有限官僚制”的看法：“事实上，正式的皇权统辖只施行于都市地区和次都市地区……出了城墙之外，统辖权威的有效性便大大地减弱，乃至消失。”有中国学者把这个观点归结为：“在中国，三代之始虽无地方自治之名，然确有地方自治之实，自隋朝中叶以降，直到清代，国家实行郡县制，政权只延于州县，乡绅阶层成为乡村社会的主导性力量。”[④]

这样的机制直至今日仍未完全消失，在贵州安顺，一个姓氏家族家庭里的事由辈分高的年龄最长者做主，年长的族长们管理本姓的祠堂，可以决定对违犯本姓族规者的惩罚。在一个村寨中，如一姓人不能构成主体，则由几个较大姓氏中辈分高的年长者共同组成的寨老做主，决定村寨中大事。村寨庙宇、学校、道路、水井、森林等事情，即由族长或寨老来制定和执行。在屯堡村寨中，族长和寨老是历史形成的村寨权力。虽说有的权力已经随时代发展而消失，但尊老习俗的存在，至今影响仍无法消除。实行改革开放以后，屯堡村寨中的老年人协会，实际上是寨老会，在村寨中有很大的权利（图3-1）。老年人协会延续着族长和寨老的权力，成为今日屯寨村寨中的重要社会组织，始终是屯堡村寨中的权力和威望的象征，是屯堡人在黔中大地这个独特地域里生存选择的必然结果，也是传统聚落治理结构的新版。

---

① 见秦晖文章《大共同体本位与中国社会》，刊于《社会学研究》，1998年第5期。
② 此即把政权、族权、神权与夫权都归之于“封建地主制”的“四大绳索”论。
③ 见本节后文及表3-1。
④ 参见吴理财《民主化与中国乡村社会转型》，刊于《天津社会科学》，1999年。

图3-1　贵州安顺屯堡中的老人协会
（资料来源：引自《图像人类学视野中的安顺屯堡》第122页）

“上分下治”即从上、下两个层面上分别理解中国传统聚落社会结构，这样的结构在漫长的历史时期的变迁也就对应着聚落结构的变迁。

考察中国古代聚落形态，最具决定意义的大规模变化大致有三次。第一次是商、周更替中营国制度的确立和国野的区分。第二次是唐宋之际里坊形态的逐渐消解，此外还有明朝以后宗祠的普遍建立和重要性提高。而社会结构方面，西周开始的分封制和著名的“唐宋变革”，以及明代以后宗族制度庶民化。第三次是聚落形态的重大变化与社会结构的重大调整，不仅时间上相合，实际上也是互为因果的。当然，聚落形态反映于物质实体，有较强的延续性，其变化非一日之功，另外，社会变迁与聚落形态变迁也并非绝对同时同步，但按照这两次重大变化的时段将其稍加区分，犹如物理学研究中“理想状态”的提出一样，可以在一个相对单纯简单的条件下分析聚落形态变迁，这是有益的。

我们一般容易把上分下治结构中的“下治”简单地理解为宗族统治或宗族治理，实际上，地方治理宗族化在明清表现得最为明显，而之前的地方治理结构是否能简单化为宗族治理相当值得怀疑。而通过《长沙走马楼三国吴简》等资料的研究表明，我们不能简单地认为，地方治理完全是以宗族主导的。

秦晖通过《长沙走马楼三国吴简》中已发表的，出土于走马楼22号古井遗址的《嘉禾吏民田家莂》部分加以统计分析，得到表3-1。

143丘1532户的姓氏分布　　表3-1

丘名	户数	已知姓氏数	姓氏数	最大姓及户数	最大姓占户数百分比（%）
三州	10	10	7	邓、潘、谢各2	20
下伍	33	31	17	胡5	15
下和	7	7	3	邓5	71
下俗	11	11	4	五6	54.5
大田	1	1	1		

由表3-1可以看出：从聚落角度看，这些人户呈现出极端的多姓杂居状态。客观上对“中国传统同地方治理结构都是由宗族主导”这样的命题进行了证伪。[①]可以说，我国传统社会结构表现出“上分”与“下治”两套治理结构，但这两者并非截然分开，或者说，要理解我国传统社会结构，就要着重理解以聚落共同体为突出特色的社会结构，但同时绝不应否认国家行政体制的控制作用。

二、村落共同体

我国学者在研究中国古代史的过程中，试图从奴隶制—农奴制—资本主义制度发展的角度探寻中国社会的发展阶段，但是日本学者发现，与欧洲不同，中国社会中，这些社会形态并不以明显的样式出现，用欧洲的模式来套用并不能很好地描述中国的社会结构。一些日本学者（如谷川道雄）在研究后认为，中国史的特质，应从村落共同体本身的自我展开过程去理解。具体地说，就是不把阶级关系当成先天性的存在，而着力把握阶级关系与村落共同体之间的矛盾——这是基于关系而非基于地位的视角。按照他的观点，这样的共同体在殷周表现为“氏族共同体”；秦汉表现为里共同体，为中国古代的基本构成；在六朝主要表现为豪族共同体，为中世的基本构造；而同理推演，在明清更多地表现为宗族共同体或社共同体了。他将秦汉归纳为“里共同体”，内容不难理解，但这个称呼可以再商榷——他指的是基本以里坊制度为规则的相对平等的农民编户制度控制下的聚落共同体到私有制发展后豪族控制为主要特征的聚落社会结构特征的变化。但实际上，六朝时期，里坊制仍是重要的居住管理制度，单用里共同体为秦汉的居住形态命名似乎不够合适，也许称为狭义的里共同体更合适一些。另外，聚落是结合了人类社会与生存环境的综合体，所以，本书采用“聚落”代替日本学者共同体的说法。具体地说，就是认为中国传统社会结构的重要特质，可以从聚落本体的自我展开过程去理解。我们不妨将先秦聚落以“氏族聚落”作为标签，以在它

① 秦晖，传统中华帝国的乡村基层控制：汉唐间的乡村组织，北京：商务印书馆，2003，1-31.

的代称中表达出其最主要的特征，而秦汉聚落成为“里聚”；六朝至唐的聚落成为“豪族聚”，而明清则成为“宗族聚”……这样称呼虽不准确，但鲜明地表达了对聚落特质的认识。

这样理解中古社会的历史发展，不仅仅是摆脱了社会制度的僵化分析，而且由于范围接近，以聚落共同体的角度理解中国社会结构的特征与变化，有助于从聚落内部的角度把握聚落形态与聚落社会结构之间的关系。①

我们可以借鉴上面的观点，试着去比较秦汉的狭义“里聚”与六朝的“豪族聚落”，两者共同之处在于：都是以独立农民为主要元素的村落共同体。但是，后者是前者的内部矛盾衍生出来的，两者在组织原理上有根本相异之处。进而可以分析两者在聚落形态上的变迁与其社会结构的关系。而前者的“里聚”正是在商周社会基础的“氏族聚落”崩溃后，从其中游离出来的独立农民所成立的共同体，也就是“氏族聚”重编的形态。这一过程中，土地私有与兼并与独立农民无产化相伴进行，私有财产的发展，是人与人之间的共同体结合（里制）弛废、解体现象普遍化。具体到聚落形态来说，原来以较为严整的规则聚居的聚落形态，更倾向于受豪族影响，原来在里中居住位置主要靠爵位排定，新的聚落中则主要依据地位、财产来确定了。

三、聚落的规模

关于聚落的规模需要指出的是，聚落和聚落群规模的差别，并非进入文明社会才出现的现象，在文明形成之前便已存在，但那主要是由于自然环境的变化和人口的自然增长所致。文明起源和形成过程中的聚落或聚落群规模的差异，则主要是出于非自然的原因，即由于社会的（政治的、经济的或宗教的、文化的等等）原因。②

对于传统聚落而言，由于交通与通信欠发达，普通居民的政治与社会网络规模常与聚落大体相近，乡里包含了一个普通人主要的社会关系范围。汉代的选举，是以乡里之誉作为主要的根据，所谓“科别行能，比由乡曲”③。在这样的范围内，各种社会关系不一而足。例如：由于地域接近，同乡间通婚也是常态，如南阳地区刘、阴、邓诸族相互通婚、益州士人自成婚姻圈等都是这样的例子。④实际上，这样的关系网络由地域开始，却并不完全为地域所限制，在异乡时，同乡人往往更容易相互亲近——这种情况下，由地域而生的社会关系超越了地域范围发挥作用。

① [日]谷川道雄，中国社会构造的特质与士大夫的问题，北京：中华书局，1993.
② 中国社会科学院文史哲学部集刊编辑委员会编，中国社会科学院文史哲学部集刊（史学卷），北京：社会科学文献出版社，2009.
③《后汉书》卷四《和帝记》，第176页，永元五年三月戊子诏。
④ 刘增贵，汉代婚姻制度，台北：华世出版社，1980.

中国人的乡土意识极为浓厚，在统一国家的外貌下，仍存在强烈的地域观念，这是由共同的语言、风俗习惯、生活文化以及政府的行政区划交织而成的。对士大夫而言，同乡关系除了基于地域的认同以外，彼此由于政治、社会的活动而产生的实际联系更为重要，因此士人的同乡结合并非单纯的地缘结合，而牵涉到当时的政治社会结构。[①]

回顾中国传统的“上分下治”的治理结构，帮助我们认识到这样的事实：探讨社会结构对聚落形态的影响时，社会结构的探讨应该从两个层面上来看：一个是由国家来建立与规范，对每个聚落都起到一定作用的制度体系；另一个是聚落内部生成的关系结构。由于本书的研究主要聚焦于聚落内部，故对后者重点探讨。

上文以共时角度从微观论述了中国传统社会结构的基本特征，但是传统社会是个发展变化的动态体系，尽管它在较长的历史时期保持了相对的稳定，但我们不能不从历史角度来探讨其结构的变迁，在不同历史时期，国家统治结构是很不相同的，实际上，血缘、地缘、行政制度等因素带来的影响从未停止变化。中国古代聚落与社会结构变迁中，最具决定意义的大规模变化主要有三次：第一次是商、周更替中宗法分封制度的确立，这带来了一次史无前例的大规模营建城邑的活动，导致营国制度的确立和国野的区分。第二次是“唐宋变革”，这一时期门阀贵族没落、科举出身的官僚兴起、土地的耕作形态由部曲制改为佃农制等，经济发展带来大城市里坊形态的逐渐消解。此外，还有明朝以后经济迅速发展、思想上王阳明为首的早期启蒙思想兴起、政治上党社运动发展与市民抗争结合，民间宗族组织在官府许可下发展带来的市镇快速发展与宗族村落体系的形成与完善。当然，聚落形态反映于物质实体，有较强的延续性，其变化非一日之功，另外，社会变迁与聚落形态变迁也并非绝对同步，但按照这两次重大变化的时段将其稍加区分，犹如物理学研究中“理想状态”的提出一样，可以在一个相对单纯简单的条件下分析聚落形态变迁，这是有益的。

考察中国传统聚落社会结构变迁，本书认为还要从以下几方面着手：

1. 国家统治的实质与特征；

2. 经济变化下家庭与社会组织的职能改变；

3. 社会制度的改变。[②]

但我们不能因为研究需要就过分简单地理解聚落形态变化的社会因素，简单说来，就是具体情况具体分析，辩证看问题，避免走向极端。

这里不妨引用帕斯特奈克（Burton Pasternak）的一段精辟论述：“在所有的中国村落里，都可能存在两种以上或多或少互相对立的行为模式、制度和信仰。一种是广义的合作性、凝聚性的原则，其作用在于促使社区形成一个共同

① 刘增贵，汉魏士人同乡关系考论，社会变迁，北京：中国大百科全书出版社，1992.
②［日］谷川道雄，中国社会构造的特质与士大夫的问题，北京：中华书局，1993.

体。另一种原则是自我观照的、裂变的，其作用在于强调分立与差异性。在某一社区中，何种原则处于支配地位，取决于其所存在的场合，而有些场合（如族群起源、气候、土地资源）是长远性的，有些（如农业技术、农产品种、政府政策）是随时可变的。汉人社区就像复调音乐一样，其特点取决于何种音调成为主旋律。但是其他音调不一定没有声音，而且它们随着时间的推移也可能变成主旋律。"[①]

第三节　传统中国社会结构特征分析（共时）

对于中国的传统社会结构，梁漱溟提出"伦理本位、关系无界、阶级无涉"[②]，这三句话是合理的。

一、群结构

本书第二章中，对群结构作了简要论述。从共时性上来说，整体结构原型就是一个体现了要素按照特定构成关系排列组合的构成关系的群。群结构可以概括按不同关系组织起来的社会结构。

（一）群结构的组织基础——关系社会

人类社会是由人与人之间相互关系组织起来的复杂系统，群聚是人类的天性，俗话说："物以类聚，人以群分"。在"群"的抽象中，一个关键内容是要素间的构成关系。美国人类学家弗莱德（Fried），曾于1949年以前在中国的一个乡镇做实地调查，他发现导引整个乡镇最关键的就是关系，人的说话办事是否成功很大程度上取决于交往对象，以及交往中能否把握关系文化。他对关系的界定是根植于家族体系的，义务性的对行为的解说，认为能够把社会粘团在一起，同时又能够把资源运作起来的，就是"关系"[③]。

对于中国传统社会的关系，大致有三种不大相同的解释：

第一个，就是将关系定义为"从家庭拓展出来的有义务含义的人与人之间的联系"，他最核心的含义是基于家族主义的一些文化定义的，在关系当中的人是怎么做的，比如父子之间、夫妻之间、姐妹之间的关系。在关系当中强调一种基于家族主义的义务。[④]第二种解说认为关系在中国是一种交换性关系的凸现；第三种由林南教授提出，认为中国的关系是一种社会交换关系。三个模型有所区

---

① Pasternak B，Kinship and Community in Two Chinese Villages，P159.

② 梁漱溟，中国文化要义（全集），上海：上海人民出版社，2005：79.

③ 见文章 *Fiber of China Society*。

④ 1940年胡先缙先生写出文章《中国人的面子》，这篇文章在西方社会科学界影响较大，加芬克尔的一些理论也用到他的文章材料。

别。第一个重视义务和责任，但是是情感性的。第二个强调工具性，也未抛开情感性的基础。第三个是比较集中地看待社会交换关系。[①]

对我国传统社会关系的特性有一个基本的认识后，我们就可以以此为基础，具体分析社会结构在不同层次上的构成模式。

（二）群结构的组织模式——家

家与社会中的每个人是密切相关的，我们在日常生活中几乎每天都要谈到家。人们见面的时候经常互相问：你老家是哪儿的？一般人每天都要回家；我们常说到国家；学生上大学，校长在开学典礼上致辞中常说：你们从今天开始就要在大学这个新的家庭生活了……如果我们把有关家的词语放在一起排列组合，就会发现它们之间的有机联系：其特点是把家内的称谓扩展到家外的社会关系中。以下不同环境中的称谓，形象地反映了这一特点。如封爵上的称谓：公、伯、子、男……对神的称谓：天公、天老爷、太阳公公、月亮婆婆、龙王爷、土地奶奶、雷公……对上下关系的称谓：大人、大老爷、父母官、臣子、子民、老爷爷、老奶奶、师父、师母、师兄、师弟、师姐、师妹、弟子……地缘关系的称谓：同乡、老乡、我们是一家人……个人交往中的称谓：愚兄、贤弟、哥们儿……民族与国家间的称谓：保家卫国、民族大家庭、兄弟国家等。此外，对家内的人与物常冠以家字，如家父、家严、家嫂、家舍、家财、家信等。上述这些形形色色的称谓表明：个人隐藏在家中，个人的身份以家来代替，家成为个人身份外在化的符号，家内的人与事物都被视为一个有机的整体，这里的家是一种相对于社会整体的概念。家与家有关概念的外延无限扩大，推及社会的各个方面。在从个人到群体到社会这几个层次中，如果从结合关系中去考虑，它们之间的关系互动存在一个共同特点，就是以家的内在结构及其外延的象征秩序来建构其自身的位置，而家的伸缩性特质，正是这一种认同的体现。[②]

在我国传统社会中，最常见和基础的两种关系系统分别是：以血缘关系为基础的宗族、以地缘关系为基础的社以及以业缘关系为基础的行会，它们都有着类似于家的结构。费孝通的《江村经济》就是从家开始，推及社会生活的诸多方面，最后将以家为基础的社会结构和以家为基础的各种经济关系，在土地关系上结合起来。下面以最常见的血缘关系为基础的宗族为例，尝试分析社会结构中的群结构。

中国社会向来重视人伦关系，其中最受重视的当推《孟子·滕文公下》所说的物种人伦之教：父子、君臣、夫妇、长幼、朋友——即后世所说的“五伦”，汉儒又衍之为“三纲”（君臣、夫妇、父子）及“六纪”（诸父、兄弟、族人、诸

① 边燕杰，社会网络分析讲义，2007：1-67.
② 麻国庆，家与中国社会结构，北京：文物出版社，1999.

舅、师长、朋友）[①]。

1. 社会结构中等级子群的定义及其特性

等级子群：社会结构存在一定层次，各层次要素由小到大逐级向上，具有这种构成关系的结构原型称为社会结构中的等级子群。它体现了社会结构在静态构成关系上的层次。

2. 传统社会结构中等级子群的分类

（1）以家的模式为基础的宗族为例

等级子群：宗族是一个有确认的共同祖先、统一的祭祀仪式、共同的财产并可分家族、房份、支系的组织系统的继嗣团体。将宗族内部的人与人之间联系起来的是血缘关系。宗族结构示意图（图3-2）反映了一个宗族是如何构成的。家长所代表的家庭是一个我国传统社会的基本单位，作为一种扩大化的血缘组织，宗族纵向结构可以分为三个层次：宗族—房份—家庭。宗族结构就如一棵大树，树干即开基祖，是一个地方宗族的主干；各个房份犹如枝杈，枝杈不断又分化出新的树枝；家庭是一种最紧密、最基本的社会单元，是宗族结构的最小单位，即树叶。"房份"首先是兄弟之间互相区别的称谓。众房又涉及他们的根基，即"儿子为父亲的一房"[②]。"房"的横向扩展和纵向延伸就是一个立体网络的张开，一个宗族就是在这张网络上发展起来的[③]。

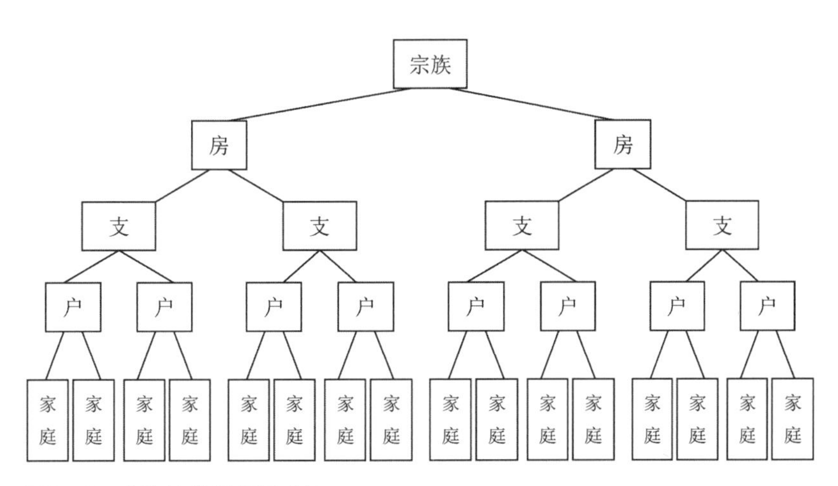

图3-2　宗族结构组织示意图

① 见班固《白虎通义》卷八"三纲六纪"条，《国学基本丛书》，台北：商务印书馆，312页。

② 陈其南，房与传统中国家族制度：兼论西方人类学的中国家族研究，汉学研究，1985，3（1）：127.

③ 何国强，广东三个客家村社的宗族组织之发展与现况//民族学研究所资料汇编，第14期，台北：中央研究院民族学研究所，1999：49.

“宗族—房份—家庭”这一系列宗族要素的结构原型就是等级子群。

（2）社土崇拜基础上的等级子群

中国古代社会长期以农耕为主，人对土地的依赖性渐增，其因在于“地，底也，言其底下载万物也”；“土，吐也，吐生万物也”[①]，即土地为各种谷物赖以生存之地，由此对土地产生膜拜。随着祭祀制度的变迁，社神的祭祀对象发生了改变，从句龙到大禹，再到后稷，社神逐步走向人格化。

3. 传统社会结构中等级子群的各层次要素

“家庭”：家庭是最基本的、最单一的亲子结构。

“房份”：在宗族体系中，兄弟间横向分支成为不同“房份”。[②]

“宗族”：是指同一男性祖先的子孙后代，绵延万世，按照一定的行为规范、组织原则结合而成的社会组织形式。家族是以血缘关系为基础，由若干家庭构成的基本社会群体，一般是具有同一血统的五代人生活在一起，这是和古代的五服制和“五世则迁”相关联的。

弗里德曼发表了许多关于中国宗族问题的论文，从社会史和社会人类学的角度研究中国宗族制度，我们必须注意到，弗里德曼所试图分析的是一种地缘化的宗族，或者更具体地说是宗族村落和具有共有地产、地方宗祠、族谱的庶民化宗族，这样的宗族形态并不具有悠久的传统，而是宋、明以后才产生的社会组织形式。宗族组织的元素包括祖先信仰与仪式，继嗣观念与制度、家族公产等，它们作为单独的元素在古代中国早已存在：商周时期贵族已开始祭祖活动；周代起，随着礼制的建立与完善，父系继嗣的原则作为意识形态已在国家上层建筑中占有相当重要的地位；对于分封的权贵来说，家族公田至汉代以后，便已十分流行。但是，在宋以前，这些制度元素只是零星地分布在贵族阶层中，在民间并非普遍存在。只有贵族被朝廷允许举行四代以上祖先信仰仪式并按照父系继嗣观念与制度拥有大量家族公产。这种贵族式的宗族制度的存在基础是所谓的“封建世袭制”，其政治功能在于区分“贵贱”，使贵族拥有特权，维护帝国的等级制度。[③]

（三）群的典型——聚落共同体

“无论出于什么原因，中国乡土社区的单位是村落，从三家村到几千户的大村”[④]，中国乡土社区的单位是村落，前文解说了作为国家结构基本单位的村落共同体的特征，以村落共同体为主的聚落共同体正是传统中国社会中典型的群。对

① ［汉］许慎、［清］段玉裁注，说文解字，十三篇下，六八三上，上海古籍出版社，1956.

② 陈其南，房与传统中国家族制度：兼论西方人类学的中国家族研究，汉学研究，1985.3.

③ 王铭铭，社会人类学与中国研究，北京：生活·读书·新知三联书店，1997.

④ 引自：费孝通著，乡土中国，北京：北京出版社，2005年5月第一版，第6页.

一个特定的聚落社会而言，编户齐民或是血缘社群都有可能的形式，可以用“聚落共同体”这一概念加以概括。[①]

需要注意的是，不应把聚落共同体简单化地理解为宗族。宗族在封建社会晚期，特别是在我国东南部曾成为聚落共同体的表现形式，但聚落共同体的主导因素是多种多样的，早期社会的“国”、边境地区军屯制度下的堡寨，当然也包括宗族，都是聚落共同体的表现形式。

（四）多元一体

费孝通在1998年提出了“多元一体”理论，对中华民族整体结构及其研究进行了宏观分析。与“差序格局”分析对象聚焦于单独的人不同的是，“多元一体”分析的核心对象是群体。费孝通是从当代中国各民族关系的大局来探讨和建构中国各民族相处和联系的历史过程，但同时“多元一体”的分析思路在分析聚落内部团体、族群之间的关系时，同样是有价值的。“多元一体”分析的对象是群体，而且是具有一定特征的群体，这些群体具有自己的发展历史和文化特点，群体成员彼此间具有某种共同的身份认同，这种认同意识和成员边界具有一定的稳定性。“多元一体”理论讨论的是这些特定的群体与群体之间的关系，它们之间的互动机制、融合与分离，研究的是整体各部分结构之间整体结构的变迁。离开了群体身份和群体互动，具体个人在这个分析框架中是没有意义的。[②]

对于聚落而言，人类活动空间的行为主体多是人群而非独立个体，以群体为核心对象分析聚落社会结构，有利于将其同聚落物质空间建立起联系，为分析社会结构空间化铺平了道路。

二、传统社会的“网”结构

（一）社会网络观

要研究与聚落形态相互影响的社会，首先要明确一个事实：我们研究的社会对象，是附载体为个人的群体行为。要想说清楚社会是怎样的，有两种不同的理论观点，其一是社会文化论，它以文化的观点解释社会行为，认为任何行为都基于内在的动机；另一种与社会文化论相对的观点是社会结构论，从结构的观点来揭示人们的社会行为：即认为人受到所处的社会条件的制约，受外在行为个体的条件和力量的制约，这个外在的力量就是结构。从结构的观点来讲，就是来看社会条件的状况是怎样的——整个社会有一个地位的分布和关系的分布，这两个分布造成了最主要的社会结构制约条件。“天子居中”，在我国古代是体现在建筑

① 此处参秦晖《传统中华帝国的乡村基层控制：汉唐间的乡村组织》。
② 马戎，“差序格局”——中国传统社会结构和中国人行为的解读，北京：社会科学文献出版社，2009.

和规划中的一个普遍现象，是礼制的要求。从文化论的角度来看，制度意味着一套对传统价值的认同，人们为此而结成一体①，这是沉淀在中国人思想中的文化传统潜意识使然；而从结构论的观点来看，天子居中的事实是由其在社会中所处的优势地位和优势的社会资源所决定的，制度意味着对社会中的人与事物的制约，是社会结构的一部分。本书主要以社会结构的观点来对社会加以解释，进而分析其与聚落形态的联系。

当我们把社会结构作为一个主题来研究的时候，发现从社会结构的角度就是要解释社会结构条件对个体行为和群体行为的制约性，如前文所述，有两种非常不同的视角来看待社会结构，那就是制度结构与关系结构。

马克思对于社会结构有狭义和广义两种理解：狭义的社会结构指由社会分化产生的各主要社会地位群体之间相互联系的基本状态。这类地位的群体主要有：阶级、阶层、种族、职业群体、宗教团体等。在阶级社会中，阶级结构是理解其他群体的地位和作用的基础，阶级关系决定着整体社会和各个社会群体的发展方向。广义的社会结构，是指社会各个基本活动领域，包括政治领域、经济领域、文化领域和社会生活领域之间相互联系的一般状态，是对整体的社会体系的基本特征和本质属性的静态概括，是相对于社会变迁和社会过程而言的。

不难发现，所谓狭义与广义，其实是基于两种不同的视角：狭义的理解是基于地位的分布来看社会结构的；而广义的理解，则把关系作为结构的主体，将社会结构理解为多元素相互联系的一般状态。

社会结构实际上来自两个方面：一方面是人的社会地位，另一方面是人的社会关系。从社会地位的角度来分析个人，得到的是个人的特征：他的职位、性别、年龄、收入等。但要从社会网络的角度来看个人时，得到的并非个人特征而是个人与其他个人的联系。包括与谁联系、联系的性质是怎样的、联系强度如何、联系的频繁程度如何，等等。我们生活的世界是一个关系度的世界，思想、行为、生活不是孤立的，这种视角体现了20世纪学术思潮的转向，即从实体论走向关系论。

必须注意的是：社会网络中的“网”与结构主义理论中抽象的“网”并不能混为一谈，前者是社会中人与人之间关系的总和，而后者是有研究关系的各种“次序结构”。但同时也应该注意到，社会网络正是人类社会结构中次序结构的表现形式，二者有内在的联系。

中国社会是一个重关系的社会，基于社会网络分析理论分析中国传统社会，就要把握关键概念“关系”，这是社会网络分析中的核心内容（图3-3）。那么，如何理解中国传统社会中的关系，将其与其他社会中的“关系”作出区分和界定呢?

---

①［波］马林诺夫斯基，科学的文化理论，黄建波等译，北京：中央民族大学出版社，1944.

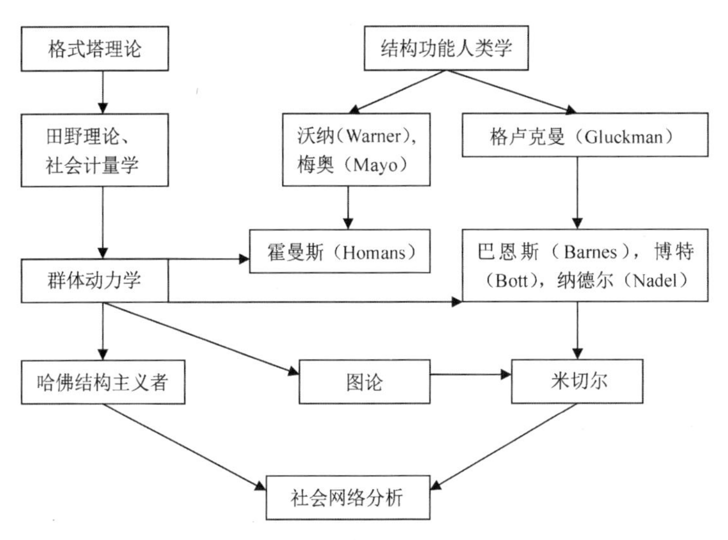

图3-3　社会网络分析发展的系谱图
（资料来源：《社会网络分析法》第7页）

首先，要审视中国传统社会的网络性质。社会网，实际上是对多种社会关系与人际交往过程中所形成的一种社会现象的形象概括。一个人从呱呱坠地，就进入到一个复杂的社会关系中，与家庭成员结成父子、母子、兄弟、姐妹等血缘关系；随着年龄的增长，与周围的人结成朋友、师生、同事、同乡等地缘或业缘关系并在一系列的社会关系中成长。①

（二）制度结构与关系结构

从职位分布的角度来看社会结构是比较传统的观点。关于制度结构最清晰和最系统的表述，是在塔尔科特·帕森斯和其他结构功能主义理论家的社会思想中。他们将制度结构看作是由基于一种价值共识的共有的“规范”所组成的。帕森斯认为：“制度模式就是社会系统的‘脊柱’。但是它们从来不是绝对刚性的实体，当然不具有神秘的‘真实’本性。它们只是在社会成员的行为过程中产生的相对稳定的统一体。”

社会制度通过明确人们能够占据的社会地位以及联系这些地位的行为来管理人们的行动。社会地位就是一个社会系统中明确的“社会位置”或社会空间。

梁漱溟认为，中国是一个伦理本位的社会，伦理本位就是以关系划线，以关系决定自己的行为方式，而不是以利益决定自己的行为方式，在关系主义社会中，特殊主义价值是非常浓重的。费孝通提出的“差序格局”，指出每个人都在经营自己的个人中心网络。②

---

① 孙顺霖，中国人的网，郑州：中原农民出版社，2005.
② 边燕杰，社会网络分析讲义，2007，1-67：16.

传统社会中的人际关系并非平等的关系，我们常听到“长幼有序”“尊卑有序”这类说法，这正是传统社会人际关系的“网（Lattice）”结构，客观反映出传统社会中人与人在关系、制度、观念、地位等方面的差异。

（三）伦理本位

任何社会，从其结构而言，都包括社会的关系体系、社会的制度体系和社会的观念体系三个层次。费迪南德·滕尼斯认为，在所有的文化系统中都存在着人类联系的两种基本形式[①]：一是礼俗社会（Gemeinschafe），与早期社会形式有关，其中的基本组织单元是家庭和宗亲，其社会关系以深厚、连续、内聚以及完满为特征；二是法理社会（Gesellschafe），它被看作城市化和工业化的产物，导致了建立在角色逐渐分化的个人之间理性、效率及契约约束的基础上的社会和经济联系。[②]实际上，在中国传统社会中，仍可以看到这两种特征的影子。

在中国传统社会中，“己”实体不是独立的个体、个人或自己，而是被“家族和血缘”裹着，是从属于家庭的社会个体。首先，家庭是社会的基本单位，也是作为社会的子群存在的基本单元。其次，“己”作为心理意义上的工具概念，它是人格自我。然而，在中国传统社会，“己”不具有独立的人格，而是被“人伦关系”覆盖，只有在“关系”中才有意义。从儒家伦理中来理解中国人的社会关系可以从两个方面：一是指人与人之间应建立的关系种类，诸如群臣、父子、夫妇、兄弟、朋友等。[③]这种分类的原则，规定了中国传统社会结构的构成。这种关系，不论怎么变化，都是以先天的血缘关系定夺人与人之间的亲疏，爱自己的近亲胜过爱远亲，爱亲人胜过关爱别人——这实际上就是儒家的亲亲理论。“亲亲”，就是“亲其所以亲”，是以血缘的亲疏为标准来决定人与人之间的关系。在人际交往中，人们与自己家族血缘关系越近的人越亲，也越容易相信并形成合作、亲密的人际关系；越是远离“己”的中心，就越容易被人们排斥，也就越冷漠。这是中国传统社会“网”结构的突出特点，构成了整个中国社会的人际关系基础，也在客观上持续地影响中国传统聚落的构成和演变。

中国社会伦理关系结构表现形式有两个方面：

一是把伦理关系延伸到社会各行业、领域、群体、组织、机构，全部社会关系一概家庭化，直接表现为二人之间的伦理情谊关系。梁漱溟敏锐地把握到中国社会关系这一本质特性。他指出：所谓伦理关系，就是“此一人对彼一人之间的情谊关系”[④]。而情谊关系就是一种义务关系，它使整个社会连锁为一个情谊义务的关系链条。在这样一种关系网络背景下，整个社会亦呈平面化、扁平化。没有

① Tonnies F，Community and Society，Dover Publications，2011.

② Tonnies F，Community and Society，New York：Harper，1963.

③ 潘光旦，政学刍议，上海：观察社：113.

④ Pasternak B，Kinship and Community in Two Chinese Villages，P159；梁漱溟，中国文化要义（全集），上海：上海人民出版社，2005：79.

西方社会所有的个人、团体、阶级，甚至也无真正意义上的国家，当然也不存在个人与团体的关系。

二是由于由家庭关系直接引申出社会关系，表现在政治架构上是家国同构。家国同构、家国一体是中国社会关系的一个最为重要的基础。而家国一体同构的本质就是把家放大为国，换句话说，是把国转化为家。把在西方社会本属于公共领域（公共空间）的社会关系转化为私人（伦理）关系。家庭关系本属于血缘关系、自然关系，社会家庭化是把关系的血缘属性、自然属性转化为社会关系的实质内容。对于君主，"朕即国家"是家长意义上的。天下（国家）都是皇帝家的东西，"普天之下，莫非王土，率土之滨，莫非王臣"。由此，君臣关系比照父子关系建立。对于百姓乃至文武百官来说，君主是家长，自己则为臣民。这样的政治架构必然无法产生如西方意义上的公共空间。或者说公共空间私人化（即家庭化）。①这样的说法过于绝对化了，实际上，团体格局在中国同样是存在的，但这样的分析，无疑把握住了中国传统社会结构的突出特征。

（四）差序格局

传统的中国社会是伦理组织社会，宗教和法律相对缺失。费孝通在《乡土中国》一书中指出："我们的社会结构本身和西洋的格局不同，我们的格局不是一捆一捆扎清楚的柴②，而是好像把一块石头丢在水面上所发生的一圈圈推出去的波纹。每个人都是其社会影响所推出去的圈子的中心。"③由此提出了"差序格局"这一极为重要的概念，以说明中国传统社会结构中社会关系的特点。概括了以自我中心的伦理价值观为基础的传统中国社会结构的主要特征。但他的投石入水形成涟漪的比喻往往被当成这个概念的精确比喻而引起误解，其实，差序格局是一种立体多维的结构，而不仅仅是一个平面多结的结构。而差序格局的概括则反映了在传统中国社会关系网络中的次序结构。④

作为表示亲属的亲疏和范围的规定，众所周知，就是服（丧服）制。所谓服制就是亲属死亡时确定服丧等级的规定，把丧服的样式和应该服丧的期间加在一起，被分为五个等级（斩、齐、大功、小功、缌麻），统称五服。这一服制的基本内容来自古礼。

---

① 赖志凌，中国传统社会结构的伦理特质，博士，复旦大学，2004.

② 费孝通先生在《乡土中国》中对于西方社会结构有如下论述："西洋的社会有些像我们在田里捆柴，几根稻草束成一把，几把束成一扎，几扎束成一捆，几捆束成一挑。每一根柴在整个挑里都属于一定的捆、扎、把。每一根柴也可以找到同把、同扎、同捆的柴，分扎得清楚不会乱的。在社会，这些单位就是团体。我说西洋社会组织像捆柴就是想指明：他们常常由若干人组成一个个的团体。"中国传统"差序格局"是通过与西方"团体格局"的对比而凸显的，对于"团体格局"的分析详见于《费孝通文集》第三卷、第五卷。

③ 费孝通，乡土中国，北京：北京出版社，2005：35.

④ 值得注意的是：费先生在将"差序格局"和中国社会现实比较后承认，像钱会那样的组织并不能归到差序格局中去，他得出"差序格局"与"团体格局"在中国社会和西洋社会中都存在，只不过比重不同的结论。（费孝通，《社会调查自白》，知识出版社，1985：36～37.）

服制中的亲属关系具有以个人为起点进行描述的特征。即以自己为起点，上有从父亲开始到祖父、曾祖父、高祖父为止的直系祖先及其配偶，下有四代后的玄孙为止的直系子孙；父亲的兄弟——伯叔父和其往下三代的男系子孙；祖父兄弟——伯叔父和其往下三代的男系子孙；曾祖父兄弟——族曾祖父和到自己的时代为止的男系子孙。这些亲属（即男性亲属及其配偶与同宗的女性亲属一起）被统称为九族[①]。

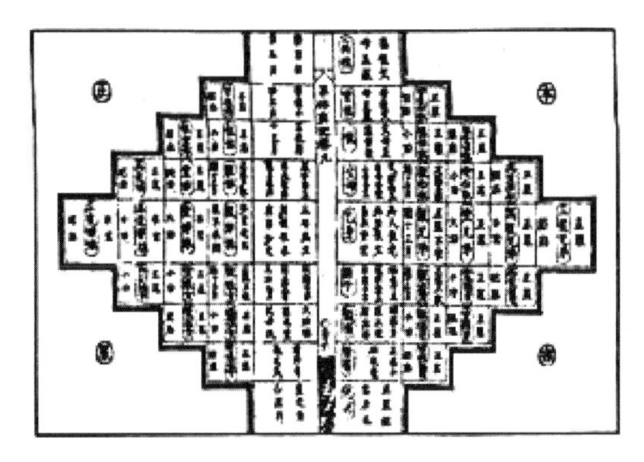

图3-4　九服图
（引自《事林广记》）

人们不管是谁，在出生的时候，就已经在九族之中，所谓九族，为从高祖开始到玄孙九代的直系男系亲和旁系的男系亲（也包括女系亲）以及男性亲的配偶的总称。另外，包括本宗、外姻，通常也把在自己上面的代称为尊，把自己这一代下面的称为卑，与自己同代的血族，年龄比自己大的称为长，年龄比自己小的称为幼。尊和长并称为尊长、卑和幼并称为卑幼。[②]《九服图》（图3-4）实际上就是传统文化中对以血缘关系排序的差序格局的形象化表达。

（五）社会网的范围与特性——熟人社会

既然中国传统社会是以个人为中心的关系网络，那么这个网络是否有边界？差序格局的涟漪是否无限地推展开去呢？如果有边界的话，这个边界是怎么限定的？限定自我中心网络第二点要考虑的就是网络的边界。目前对这一问题主要有两种看法，一种是肯定的回答，是有边界的，如果我们只测量直接关系的话，那回到自我中心网络中就是自我和他我的关系；还有人反对这种看法，这种人的观点认为有些关系是通过直接关系达到和建立与其他人之间的联系，走出自己的关系网络，也就是关系的传导性，因此有人说这个边界是不存在的。[③]

费孝通认为中国社会的基层是乡土性的。《乡土中国》中这样描述："以农为生的人，世代定居是常态，迁移是变态。大旱大水，连年兵乱，可以使一部分农民抛井离乡；即使像抗战这样大事件所引起基层人口的流动，我相信还是微乎其微的。"可见，费孝通并不否认中国社会基层流动性的存在，但是指出了定居是常态的事实。可见，中国基层社会关系网络是相对稳定的，这种情况的根本原因在于农业为主的生产方式。

①《春明梦余录》卷44，刑部1，"律制"。
②《译注·唐律疏议》附录"关于亲族称呼和服制"。
③ 边燕杰，社会网络分析讲义，2007，1-67：9.

那么，我们如何理解这样相对稳定的社会关系网络的规模呢？费孝通指出：“不流动是从人和空间的关系上说的，从人和人在空间的排列关系上说就是孤立和隔膜。孤立和隔膜并不是以个人为单位的，而是以住在一处的集团为单位的。”对于文中“住在一处”的理解要从中国传统居住习惯来考量。对于中国人来说，美国人那样常常以一户为单位、屋檐相接的邻舍是很少见的。

中国农民聚村而居的原因大致说来有下列几点：

1. 每家所耕的面积小，所谓小农经营，所以聚在一起住，住宅和农场的距离不会过分远。

2. 需要水利的地方，他们有合作的需要，在一起住，合作起来比较方便。

3. 为了安全，人多了容易保卫。

4. 土地平等继承的原则下，兄弟分别继承祖上的遗业，使人口在一个地方一代一代地积起来，成为相当大的村落。

无论出于什么原因，中国乡土社区的单位是村落，从三家村起可以到几千户的大村。孤立、隔膜是以村与村之间的关系而说的。“孤立和隔膜并不是绝对的，但是人口的流动率小，社区间的往来也必然稀少。也可以说，乡土社会的生活是富于地方性的。地方性是指他们活动范围有地域上的限制。在区域间接触少，生活隔离，各自保持着孤立的社会圈子。”①这样的孤立是相对的，区域间接触少并不意味着没有接触，婚姻、兵乱、迁徙等都使聚落内部与外部社会保持着联系。

相比农村而言，不同历史时期城市的情况是很不一样的，早期里坊制城市都被城垣包围，内部也存在高矮不一的垣墙，因此城市的封闭性对居民限制严格，采取关闭城门、里门与宵禁的方式对不同闾里之间的通行加以限制。因此，城市居民之间很难方便地来往与交流，作者推测，里内的情况与乡村的情况比较相似，基本上是个熟人社会，但不同里的居民之间可能比较生疏，其交流主要在商品商业、宗教、宗族等活动中体现。

“差序格局”的网络中，家庭的边界是不清晰的，具有伸缩能力，“穷人往往缺亲少故，富贵人家则常常亲友如云、高朋满座。”②有时范围远远超越了自然聚落本身。

农民生活在社会关系网中，同村、同乡之间知根知底，容易相互信任，俗话说：“跑得了和尚跑不了庙”，哪怕人走到天涯海角，家还在这里，所以不用担心，跑不掉。也由于这种了解底细，在相同地域的人群中能够彼此相互信任。因此，在农村中，基于地缘基础上的民间组织容易生长，种种名目的修庙、修路、庵堂庙宇的重修等等，多数是以特定的地域为基础进行的。

不同的关系网恰可对应不同的人群，正是各种类别的关系使社会中形成了各

① 费孝通，乡土中国，北京：北京出版社，2005：5.
② 费孝通，乡土中国，北京：北京出版社，2005.

种各样的群结构，而同一个人或家庭可能分属于几个不同的群，这对应了群结构的多重网式相关的构成关系。

第四节　本章小结

在对我国传统聚落结构进行历时分析后，不难发现，宗法政治、地缘关系、宗族体系此起彼伏地成为影响聚落结构的主要因素，从网络结构看，中国的国家结构总体上表现出与西方相区别的“上分下治”的结构，对于普通百姓起作用的主要是基层中表现出的“共同体”结构。

从整体层次看，以共同体为特征的群结构是中国基层社会的主要形式，在我国历史上的大部分时期，血缘共同体（所谓家族或宗族）并不能提供——或者说不被允许提供有效的乡村“自治”资源[①]，那种“国权不下县，县下惟宗族，宗族皆自治，自治靠伦理，伦理造乡绅”[②]的观点，起码放在较长的历史时期来看，是失之偏颇的。有的时期甚至是“国权归大族，宗族不下县，县下惟编户，户失则国危。”[③]

从个人层面看，差序格局成为对我国传统人际关系的恰当概括。以个人为中心，按照血缘亲疏排定的伦理关系，构成了整个中国社会的人际关系的网（次序）结构，也在客观上持续地影响中国传统聚落的构成和演变。

① 秦晖，传统中华帝国的乡村基层控制：汉唐间的乡村组织，北京：商务印书馆，2003，1-31.
② 这是温铁军先生的观点。
③ 中村圭尔、辛德勇，中日古代城市研究，北京：中国社会科学出版社，2004.

第四章　中国传统聚落形态分析

“空间不是人类活动的背景，而是这些活动的内在本质。”恩·卡西勒所提出的空间划分概念，已经暗示出，在原始巫术与神话中的空间，一种无形的存在，空间被赋予了意义与方位等内涵。同时，在任意特定意义上的空间，并不是各向同质，而是各向异质的。他认为：“人类从未在由数学家和物理学家们所设想出来的各向同性的那种空间中生活过。”[①]这种说法是有道理的。

第一节　聚落的空间结构抽象——聚落的结构和要素

从组构的角度来看空间，我们可以着手研究社会和文化模式是如何烙印到空间布局中的，空间布局又是如何影响建筑物和城市功能的。所以，对于聚落空间需要做出一定的抽象分析，从本体论的角度来理解与把握。

一、空间的抽象和描述

（一）空间与实体

“空间”与“实体”是互为存在的一对哲学范畴，没有空间就不存在实体，没有实体也无所谓空间。人们谈论空间时实际是以实体为背景，谈论实体时则以空间为背景，尽管人们经常忘记其中之一，但空间与实体始终互相依存、互为图底。[②]

（二）建筑空间与聚落空间

对于建筑而言，地板、墙面、屋顶之类的实体界面经过围合而形成建筑的内部空间，界面内侧的形状就是室内空间的形式，界面的特征就是空间的特征，界面建立之处就是空间终止之处。空间与实体的界面形影不离、互为图底，在围合出内部空间的同时，界面还不可避免地塑造出外部的形体并进一步限定、参与外部空间。无论设计者是否用心，外部的形体总是随之而来，应从内部和外部，实体和空间两方面来考虑建筑问题，把建筑视作既塑造形体又塑造空间的统一体。[②]

对于聚落而言，并不存在如建筑般完全围合空间的实体界面，但壕沟、城墙、建筑、街道等聚落要素的限定让我们感受到聚落空间。空间与实体互为图底

① 王贵祥，东西方的建筑空间——传统中国与中世纪西方建筑的文化阐释，天津：百花文艺出版社，2006.
② 张玉坤，聚落·住宅——居住空间论，博士学位论文，天津大学，1996.

的关系并没有根本改变，对于聚落空间的把握应当从聚落要素着手。把聚落要素视为塑造聚落形态和聚落空间的物质统一体。

空间是建筑设计的主题，不论我们是否承认，在建筑学中，实际上我们是在设计可以供人居住、使用的建筑空间。但对于空间的描述则不能脱离形体。

二、聚落的要素

对于聚落的要素，可从边界、领域、中心和结点几项的角度来考虑。而对于具体聚落的各项要素，我们可以通过日常的分类加以区分和解释。

成一农对《宋元方志丛刊》中的35幅地图加以整理统计，了解到：所有的地图里都出现了衙署，出现率高达100%；祭祀地出现率85%；庙学出现率83%；城墙出现率67%；仓库出现率66%；街道出现率57%；坊出现率29%；而市场、鼓楼、王府、书院、安养院等各只出现了一次。

元代流传至今的城市地图极少，所能见到的只是《奉元城图》，从图中所绘内容上看，总体上与宋代类似，有衙署、街道、仓库、城墙、祭祀地、街道、庙学和坊。此外，还有市场、民居和勾栏。

明代流传至今的城市地图为数众多，本书以方志中的地图为代表进行分析，对304张地图进行统计，衙署出现率98%；城墙出现率90%；庙学出现率89%；祭祀地出现率83%；街道出现率56%；仓库出现率48%；坊出现率11%；此外，养济院出现率21%；钟鼓楼和书院各出现了6次和14次。

以上是对地方城市要素做出的统计分析，实际上，虽然统计范围有一定局限性——主要针对唐—明地方城市，但对于不同层次和复杂程度的聚落而言，这一统计结果有一定的普遍意义——在相似的社会结构下，不同聚落的功能存在一定的相似性，功能更复杂的都城主要是增加了宫殿和中央行政衙署和王府，而对于乡村聚落来说，要素有所减少，不同的社会空间整合在相对简单的聚落空间中。

在近代广泛采用测绘技术绘制城市图之前，中国古代的城市地图大部分只是示意图，由于地图不同于摄影，其包含的内容是经过绘制人筛选的，也就是说它在一定程度上体现了当时人们的价值判断。因此，古代地图上所绘制的内容，可以看成是当时人们心目中城市最重要的要素，与此相应这些要素在城市形态中也占据较为重要的位置，它们的变化直接关系到城市形态的演变，而且与绘制在城市地图上的城市形态组成要素相关的文献资料也相对比较丰富。《唐末至明中叶地方建制城市形态研究》中，作者成一农对地方志中的“城邑图”和散见的古代城市地图入手，将大量城市图进行分析、总结，再结合文集、方志中有关城市布局的文献，分解出不同时期组成城市形态的要素。

成一农的研究方法基于历史图像资料，统计真实可信，反映出一些历史城市的面貌，对我们了解聚落内部组成要素有积极意义。但必须看到，这样的研究也存在一些问题：首先，我国的历史地图虽然数量很大，但由于保存不易，所以存世数量极少，仅依靠对《宋元方志丛刊》等少量文献记录中的古地图进行统计，很难保证统计结果的全面性。其次，由于古人对于不同聚落元素的重视程度与表达方式的差异，有些重要的聚落内部形态元素被有意无意地忽略了。

在成一农统计的“宋代地方城市地图形态要素”中，“街道”“城墙”“仓库”“坊”等被作为城市组成元素而并列，但这些古代地图中只有约50%对街道做出了明确表现。从常识来看，很难想象哪个城市是没有街道的，之所以这个数值不是100%而仅仅是50%，显然不是因为这些城市没有街道，而只是绘图者出于图面的考虑有意忽略了。另外，住宅、市场、鼓楼等只是偶尔出现，这也显然是经过了绘图者的主观取舍。图面上的出现概率并不能反映其真实的出现概率。所以，成一农的要素分析可以作为我们了解古代城市形态的参考方法，但这样受到多种主观因素影响的统计数值也难以作为分析聚落内部结构的准确依据。

（一）聚落的领域

聚落的领域表现为聚落占据的一定空间范围。这个空间范围不仅包含聚落的有形边界（包括城墙、河流等）所限定的区域，也包括支撑此聚落的资源地带。例如：在山地聚落中，山常常成为聚落的边界，限定了聚落的领域，在这里，存在着人对领域的支配概念，同时也因这种支配的概念规定了聚落和住宅的领域性。

在人际交往的泡理论中，认为人与人之间的交流实际上是某种范围与范围之间的重合与叠加，并由叠加区域的大小来决定现实中人与人之间所产生的距离大小。而这个因叠加所产生的距离应该说是人的支配范围的另一种表现方式。聚落之间的关系与此颇为相似：对于聚落而言，聚落的边界就相当于这样的泡，聚落的领域就相当于泡泡的范围。领域不一定有有形的边界，领域内外也会有物质、人员的交流，但其范围是一定的。

在我们的分析中，由于领域不易把握，常常将聚落的有形边界围合而成的空间作为分析的主要对象。

（二）聚落的边界

从数学上讲，边界就是一条约丹曲线（Jordan curve）。[①]约丹曲线（即边界）将平面划分为两个区域，即内区域和外区域，内区域一点与外区域每一点之间的每一条道路都和约丹曲线相交。例如：对宅院而言，宅院之内是内区域，而宅院外是外区域。门就是联系内外区域的道路。

---

① 约丹曲线：各点连续的环形，因此它是一条本身不相交的封闭曲线（与形状无关）。

边界往往是两个甚至多个区域的过渡区域，同时受到几个区域的作用，是内外力汇集的地方。当某个区域发生变化时，由于受力不均，边界必须努力保持内区域的稳定，表现为相当的阻力，要么限制内区域的扩张，要么限制外部区域的侵入。因此，边界具有动力属性，但是各个方向的阻力强度却并不一致。例如地块层次上，左右巷道的边界阻力弱于前后的街道，表现为房屋的改建更易侵占巷空间。不同层次上的边界，其阻力强度也有差别，宅院墙作为边界，界分性更明显，内外区域的连通只通过少数几个门，是硬性的边界；而街巷的界分性较弱，甚至是内外渗透的过渡区，是软化的边界。①

任何聚落都有边界，人工墙垣、木栅栏等构成的可称为硬质边界；围绕聚落周边开掘的壕沟可称为环壕边界；非连续性的村、寨门和牌坊等象征性的边界形式可称为象征性边界；将沟堑、坡坎、河流、山坳、圜丘等自然景观加以利用形成的边界可称为自然边界。而一些没有明显边界形态的村落或乡镇，与毗邻聚落体各有自己认可的边界而未达成协议的“多边界”状况中，其资源和空间具有领域性和领属感。②

一个聚落本身并不是均质的系统，如同细胞有细胞壁、细胞膜、细胞液、细胞核一般，聚落空间也表现出分层的特点。在人们印象中，村堡的土墙、城市的城墙或护城河……是聚落的边界。但实际上，一个聚落无论性质如何，都需要相应的资源作为运行与发展的基础。古希腊米利都的城市规模约为100公顷，大约相当于唐长安两个里坊的大小；古罗马的提姆加德和中世纪法国的米朗德比唐长安最小的里坊（如兴禄坊、殖业坊）面积还要小。唐长安的一个里坊与西方古代一个网格城市的规模大致相当。③之所以有如此大的尺度差异，主要在于为其提供资源、支撑其运转的腹地大小不同。这启发我们，考察聚落空间，不应该仅仅注意围墙内的部分，实际上，聚落的边界，更在于它的资源提供范围。

不同的聚落分层状况也各不相同，一个只有几户人家的小山村，可能这几户人家采集、耕作、狩猎的范围就可以看作其边界；一个村堡，除了村子耕种等活动的资源边界外，常常还有有形的边界——堡墙，用以保卫村里不受野兽或战乱的侵袭；一个古代大城市，除了城界外，城墙常常还分为外郭与内墙两层；而一个古代都市则更加复杂：除了上述几重边界外，城内皇宫一般还要有一道或几道宫墙环绕。这些事实提示我们，功能越复杂的聚落，其边界分层也常常越多。

1. 院落的边界分析

院落是聚落内部一个基本的层次，一个居住院落往往是与一个家庭相对应着的。芦原义信曾经对西欧与日本的住宅加以比较分析，指出两种文化影响下住宅

---

①［丹］扬·盖尔，交往与空间（何可人），北京：中国建筑工业出版社，2002：56.
② 张玉坤，聚落·住宅——居住空间论，博士学位论文，天津大学，1996.
③ 梁江、孙晖，唐长安城市布局与坊里形态的新解，城市规划，2003（01）.

对于“内”和“外”的认识有较大差异：“所谓穿着鞋生活的西欧气氛，就是由独立个体的对立而形成的外部秩序空间；所谓脱了鞋生活的日本的气氛，就是由一视同仁的个体的集合而形成的内部秩序的空间。”① 而典型的中国传统院落与西欧和日本都不尽相同——这里对于“内”“外”的认识既不同于西欧那种将城市和街道秩序引入内部，也有别于日本那种将外部秩序与内部秩序分开，而是在内部建立起多层次、不同私密性的空间。从整体上看，空间分层是通过院墙、门、内墙以及建筑本体共同实现的。

对于里坊制城市中的一般居民来说，他们至少生活在三重墙垣中：最外面的是城墙，其次是里墙，然后是各家的院墙。而对于后里坊制城市的居民来说，则少了一道里墙。

雷履泰故居（图4-1）位于平遥城内书院街11号，是一处有代表性的院落。其建筑单体、平面布置等都反映了晋中院落的特色。整座院子坐北向南，由两进主院、两个跨院组成。其主院为前后二进院，结构布局为轿杆式院落。建于高高的台基上，山墙顶部有砖雕鱼图案，中厅为双坡硬山瓦顶房。

里院正房面阔三间，带前廊，是下锢窑、上木构的建筑，房顶为双坡硬山瓦顶，雀替、挂落装修完整，前后两院厢房左右各三间，呈三三对应式。可由主入口跨院进入第一进院。同时，也可以由此跨院经东厢东侧由墙围合成的走廊直接进第二进院同时又不对第一进院内的会客等活动构成影响。人们不难发现，这个

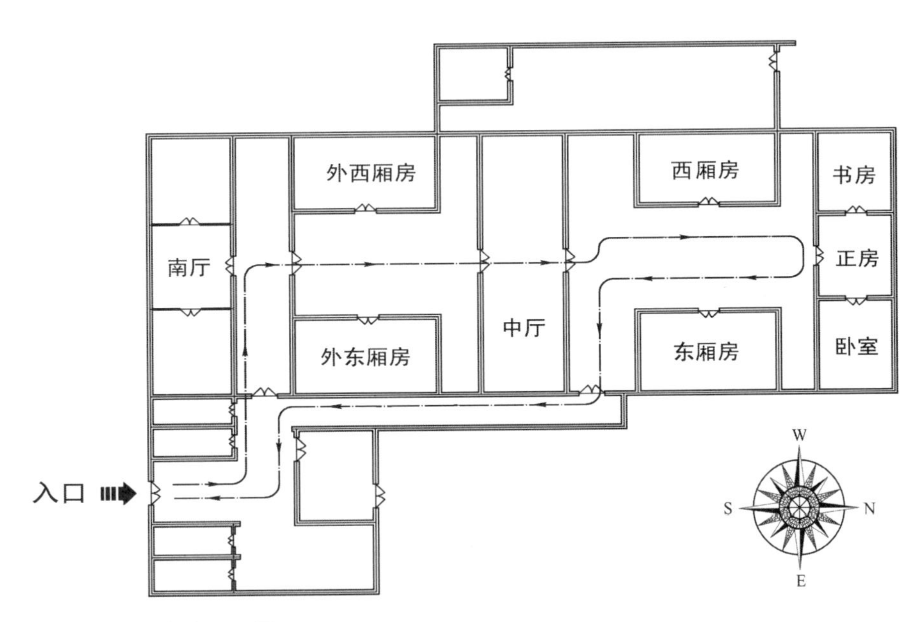

图4-1　雷履泰故居平面图

①［日］芦原义信，街道的美学，天津：百花文艺出版社，2006：351.

并不算很复杂的院落住宅实际上是有着自身特色的：第一进院主要供主人会客等对外交往使用，私密性较低；相对来说，第二进院主要供主人生活使用，私密程度相对较高。而使用中，由于西跨院和东廊的出现，空间的组合显示出了很大程度上的灵活性，同时也从使用的角度适应了伦理的要求。

从平遥现存的明清时期民居的主体建筑中我们发现，当住宅主体需要扩大面积时，一般采用三合院纵向串接的方式，而极少采用横向并接。① 在其他地方的民居中我们也不难发现类似的特点。纵向串接的院落更有利于保持礼制思想所规范的内外有别、尊卑有致的空间秩序。

传统院落“封”“围”之间，文化韵味尽出。在中国传统，家庭的概念往往把住宅和庭院密切地联系在一起，如“家”和“家庭”这两个词，两者都含有“家”的意思，但前者也指“住宅”，而后者多是书面用词，是“家”（住宅或住户）与庭（庭院）的组合。由于外部世界封闭，独家居住的庭院式住宅成为最符合中国家庭的自我封闭式的微型社会的居住形式。“家”所包括的空间里，庭院式住宅是安全的居住地和宁静的生产地。作为与家庭成为一体的圣地和象征，庭院式住宅还成为国家封建等级组织结构和传统社会集体独有特点的隐喻。②

2. 农村聚落边界分析

对于农村聚落的资源边界，本书不作重点分析，主要分析一下其有形的居住边界的存在情况。对于中国传统农村聚落，有多少存在有形的城墙或堡墙，一直是学界未厘清的盲点。这就要回顾中国古代聚落大量城墙的来历。

在上古时代的中国，万“国”应是实际存在的。③ 宫崎市定认为，古代都市国家的沿革，是汉代聚落多有城郭的原因。汉代不仅城市有城墙，即使是在县、乡、亭、聚体系末端的聚同样有很多有城墙。④《后汉书·郡国志》里屡屡可见某乡城，如鲁国的郚乡城、泰山郡的龙乡城、济北郡的铸乡城、山阳郡的茅乡城、南阳郡的丰乡城等，这些都是原来是乡，后来变乡为城，所以命名为某乡城，既然称为城，当然应该是有城郭的。反过来，济阴郡的鹿城乡，则是拥有城郭的聚落新升格为乡之后所获得的名称。

① 类似的情况也出现在徽州等其他一些地方，参见段进、揭明浩著《世界文化遗产宏村古村落空间解析》。

② ［意］路易吉·戈佐拉，凤凰之家：中国建筑文化的城市与住宅，刘临安译，北京：中国建筑工业出版社，2003：177.

③ 国的数量是逐步减少的。《续汉书·郡国志》序中梁刘昭的原注引用皇甫谧的《帝王世纪》，讲夏朝禹王时有万国，到了殷初则剩三千余国，周初有一千七百七十三国，春秋有一千二百国，其数目就是这样一点点减少。刘昭曾对此数目表示过怀疑。宫崎市定认为，这源于对国的定义的不同理解。在中国古代，存在着众多的“国”，而且越往古代数，保持独立的“国”的数目就越多。《续汉书·郡国志》中，县名下记载了很多乡、聚、亭或城的名字。在本注和刘昭注里，则记载了它们是上古时代，主要是春秋时代某国的后身。晋、南朝时期，上古时代的聚落作为废墟而留下的数量颇多。

④［日］宫崎市定，关于中国聚落形体的变迁，北京：中华书局，1993：1–29.

宫崎市定否认“汉以前的里，常常被认为是像自然村落”的说法，认为“里”是“城里的一个区域，像唐代城里的坊那样，周围环以墙垣，里中的人民只能从被指定的里门出入……农民大概是被吸收在城内之里中，因而，城外居住者才极为稀少”。他同时认为：平原地区的村因为缺乏天然屏障，必须修造防御设备，“大概村与田野之间用坞壁分隔，即使没有那么壮观，周围也有土墙环绕，由村门或村闾出入，里面地方相当狭小，人家密集。”[①]很多学者根据以上的一些论述及古代文献上关于乡村中存在封闭状态“里”的描述[②]，得出汉代在乡村也实行封闭性很强的里的结论。

宫崎市定的概括揭示了部分实情，但不能一概而论。相当一部分村落，乃至级别更高的府、县当时并无围墙。宫川尚志在探讨“村”的起源时指出汉代的“聚”是来源之一，承认汉代在“里”以外存在自然聚落，宫崎市定在论证的过程中也说“没有城郭的小聚落还是很多的”，但在很多其他学者的转述或自己的概括中却将这一事实忽略掉了，无形中夸大了汉代与三国以后的朝代在聚落上的差异。[③]

1996年在湖南长沙出土的三国吴简中发现了孙吴初年大量与乡里并存的名为“丘”的聚落，吴简中有“右吉阳里领吏民卅六户口食一百七十三人”（简10397）、“集凡乐乡领嘉禾四年吏民合一百七十三户口食七百九十五人口”（简8482）之类按“乡里”做的户口统计，吏民实际居住在名称各异的“丘”中，个别简中犹有“□居在阿丘”（简8136）之类的文字。同“里”的百姓往往住在不同的“丘”中，而一“丘”的吏民常分隶不同的“里”。此时与汉代时代相近，乡里仍作为人口管理的制度，可见里很可能主要是户口编制之用，未必能够与真实聚落一一对应。

《隋书·贺娄子幹传》载，隋开皇三、四年间，因陇西频被寇掠，文帝十分担心，以为“彼俗不设村坞，敕子幹勒民为堡，营田积谷，以备不虞”，子幹上书认为“陇西、河右土旷民稀”，不宜屯田，且“陇右右之民以畜牧为事，若更屯聚，弥不获安”，建议“但使镇戍连接，烽候相望，民虽散居，必谓无虑”，文帝最终采纳了子幹的建议。据此，隋初陇西地区百姓散居而无围墙卫护，这是经历数百年发展变化的结果。

对于里规模的分析也使我们不能完全认同里为封闭形态的判断，《管子》中曾有“一里八十户，八家共一巷”，整齐划一的行列式住宅排列方式，这很可能不仅是一种规划构想，而是能够付诸实际的规划实践。但人口是会随着时间推移慢慢变化的，战乱时期，人口往往减少，升平日久，人口又会逐渐增加，一个非常严整的规划也许可以较好地解决居住规划的问题，却缺少适应人口变化的

---

① [日] 宫川尚志，六朝时代の村について，东京：日本学术振兴会，1956.

② “魏安鳌王二十五年间再十二月丙午朔辛亥，告相邦民或弃邑居野，人人孤寡，檄人妇女，非邦之故也。自今以来，段假门逆吕旅，赘婿后父，勿令为户，勿鼠予田宇”。自秦简《为吏之首》所附的“魏户律”。

③ 侯旭东，北朝村民的生活世界——朝廷、州县与村里，北京：商务印书馆，2005.

弹性。当人口增加时，城内用地不敷使用，如暂时未能另建新“里”，恐怕里外散居就是不可避免的事。所以，简单地认为某些历史时期的聚落都是封闭形态恐怕有失偏颇。

一个村落或乡镇往往没有明显的边界形态，只有外部不甚规整的平面轮廓，尤其是平原地区的现代村落。聚落之具有边界并非无故，其根本在于资源、生存空间或活动范围（图4-2）。但边界的特征并不仅是封闭性，还具有流通和开放性。绝对封闭的边界，由于失去了与外界沟通的层次性，进而失去了在更大领域范围活动的自由，反倒对生存构成威胁。所以要使居住空间不成为“监狱”，边界不仅要连续，而且要向外部层次设置可控的开口。①

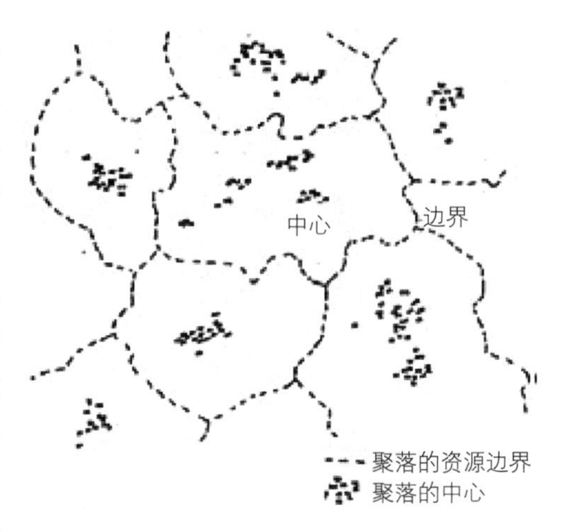

图4-2　聚落的边界示意图
（引自张玉坤《居住空间论》）

3. 城市边界分析

（1）城市边界的形态

距今五六千年前，新石器时代氏族村落平面图的仰韶文化时期，氏族村落的周围已开始用壕沟作为防御措施，西安半坡遗址、临潼姜寨遗址都反映了这样的特点。

城墙是比壕沟进一步的防御措施，它的出现比壕沟迟些。从现有考古资料来看，至少在龙山文化中晚期已有城堡的建筑。②

大部分城市是有城墙的。《考工记·匠人营国》中有“匠人营国，方九里，旁三门”的记载，似乎古都有围墙是理所应当的事，城墙并不需要单独说明，只要说明城门的个数就好了，实际上，无论是10世纪的《三礼图》、1407年的《永乐大典》，还是18世纪的《考工图》，都描绘了带城墙围绕的城市模式。不难看到，“对中国人的城市观念来说，城墙一直极为重要，城市和城墙的传统用词是合一的，‘城’这个字既代表城市，又代表城垣。”③

章生道认为，“在帝制时代，中国绝大部分城市人口集中在有城墙的城市中，无城墙型的城市中心至少在某种意义上不算正统的城市。”④（图4-3）

我国历史上绝大多数城市是有城墙的，但城墙并非一个聚落成为城市的必要

① 张玉坤，聚落. 住宅——居住空间论，博士，天津大学，1996.
② 杨宽，中国古代都城制度史，上海：上海人民出版社，2006：5.
③ 章生道，城治的形态与结构研究，中华帝国晚期的城市，北京：中华书局，2000：84.
④［美］施坚雅，中华帝国晚期的城市，北京：中华书局，2000，K925-8.

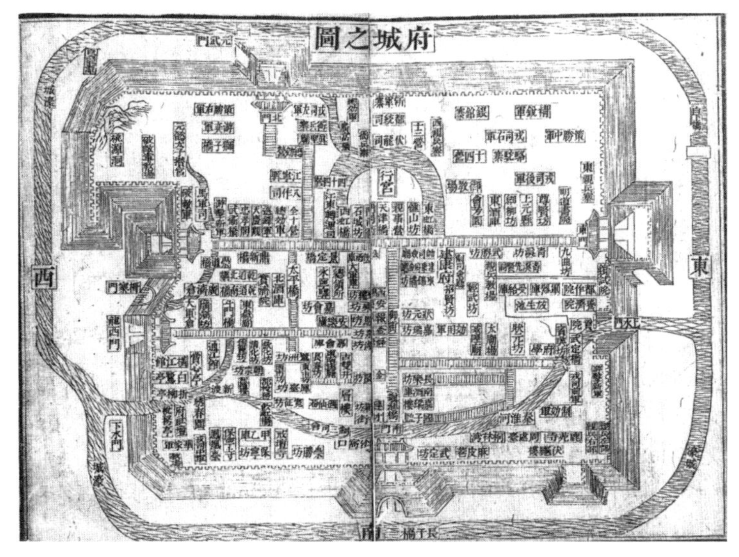

图4-3　府城之图，描绘了一个典型的有城墙的城市
（图片来源：中国古代地图集（战国—元））

条件。对于大都市来说，常常有内城外郭的多层次边界。贵州省赫章县的可乐，据考证为汉代的汉阳县治。可乐地处贵州西北部乌蒙山脉中段，是一个坝子（山间小盆地）。可乐河由西向东横贯其中，河流两岸为50米左右的小土山，其外群山拱卫。汉阳县为都尉治，在这里发现了一批军士官吏的墓葬，但没有发现城墙。[①]另外胶东半岛东端的不夜县也具有相似特点[②]，二者共同之处在于，都位于群山环抱之中，因地理环境之故，不需要建立城墙。其他地方也有类似情况，城墙只是一个防卫手段，某些情况下可能不需要设城墙。

唐末由于战乱，各地纷纷修筑城墙。藩镇割据及五代时期，一些城市坚固的城墙往往成为地方势力对抗中央的有力工具。因此，北宋在全国统一之后，为了防止地方割据势力的出现，采取强干弱枝政策，拆除了江淮地区大量城市的城墙，并且即使在战乱时期也不鼓励地方修筑墙垣。[③]而在游牧出身的蒙古族建立元朝之后，也有一个时期禁止在全国筑城[④]，仅仅是对边境和军事要地的城墙做了一些修筑。宋代流传下来的城市地图主要集中在《宋元方志丛刊》中，33幅宋代城市地图中，22张出现了城墙，出现的比率达到66.7%。其他城市没有画城墙固然可能是为了简化图面，但恐怕与当时的毁城政策也不无关系——地图中表达的是绘图者眼中的城市，当城墙不真正存在或在他眼中城墙不再重要时，将其省略也就是可以理解的事情了。

① 贵州省博物馆考古组等，赫章可乐发掘报告，考古学报，1986，(2)：199-242.
② 烟台市文物管理委员会，山东荣成梁南庄汉墓发掘简报，考古，1994，(12)：1077.
③ 成一农，唐末至明中叶地方建制城市形态研究，博士，北京大学，2003.
④ 关于元代城墙重要性的下降，见阿瑟·克里斯托弗·摩尔，行在，并附有关马可波罗的其他评注，剑桥：剑桥大学出版社，1957：13.

（2）城市边界的分层

前文提到，越复杂的城市，其边界的层次越多，从一层城墙的小城，到内城外郭，还有皇城宫城等多道城墙的都市，城市边界表现出来的形态是很不同的。

在已发现的地图中，“宁城图”[1]（图4-4）最早反映了市与居民区相隔开而最高官府则筑内城隔开的结构特点。护乌桓校尉幕府所在地——宁城，面积较大，建筑较多，也较复杂。护乌桓校尉府及其周围的附属建筑占据宁城的大部分，由绘出的城垣和堞垛可见，大城内的子城，是最高官府所在。宁城的商业区“宁市中”也用墙垣筑成正方形，这就是宁城的商业区。[2]

考古发掘已证实：自西周初期周公在洛阳建设东都成周开创了西面小城连接东面大郭的布局后，城郭相连的布局就长期被推广应用。但秦都咸阳至今仍未发

图4-4　宁城图

（图片来源：《中国历史地图集（战国—元）》）

① “宁城图”是位于内蒙古自治区和林格尔县的东汉护乌桓校尉墓葬壁画上所绘最大的一幅城市图。

② 曹婉如、郑锡煌、黄盛璋、钮仲勋、任金城、鞠德源编，中国古代地图集（战国—元），北京：文物出版社，1990：119-202.

现明确的城墙遗迹。杨宽认为，把咸阳和长安放到整个城郭联结布局变化的过程中去考察，就会清楚地看到它们在这个发展变化中的重要地位。他提出，成都因与咸阳同制而有“小咸阳”之称，成都就是小城联结东面大郭的布局，从侧面印证了咸阳的西城东郭布局的可能性。另外，模仿咸阳都城的秦始皇陵园，也正是同样的格局，只是规模较小，西面建筑陵寝和陵墓的双重小城正是狭长方形，东面包括兵马俑坑在内的大郭，正是较宽的长方形，兵马俑坑正当在大郭的东门以内。由此可推断出，秦都当年的城郭布局由于由陵墓形制推导城市布局的方法不能得到广泛的认可，他的这一说法遭到了一定的质疑。

（3）城市边界的层次——里坊制与后里坊制城市

我国古代城市曾经历了里坊制城市向后里坊制城市转变的过程，对应着严格等级制度的里坊制城市表现出严整规则的形态特征，此时对城中居民人身限制较多，城市的形态更为封闭，相应的有形的层次更多。而在商业大潮冲击下单一的身份等级制度被多元身份评价体系所替代，居民之间的经济生活带来了更多社会交流活动，这要求城市封闭性降低，表现上就是里坊的崩解，城市中封闭的层级减少，坊墙渐趋消失，城市边界层次减少。

（三）聚落的中心

对于聚落而言，中心总是环境中较突出的或与周围明显不同的实体或空间，缺乏中心的环境会缺乏存在感和场所感。中心的存在表达了聚落或群体空间的场所性，明确了属性和统帅作用。中国古代聚落中心的功能演变见表4-1。

中国古代聚落中心的功能演变　　表4-1

		中心功能	聚落特征	实例
原始聚落（母系氏族社会）		聚落、聚葬、防御	以居住区为中心的初步分区；居住区呈圆形向心布局；环壕	陕西临潼姜寨遗址
中心聚落（父系氏族社会及奴隶社会时期）	原始宗邑	宗族祭祀	以特大房子为中心	甘肃秦安大地湾遗址
	城邑	军事防御	城墙出现；城墙形制由圆入方	郑州西山城址、河南平凉台遗址
	都邑	政治、军事	城与郭相连、城与市聚合、城与乡分离	偃师商城
早期城市（奴隶社会及向封建社会过渡时期		政治、经济、军事、文化等	城与郭相连、城与市聚合、城与乡分离	临淄故城、曲阜故城、易县燕下都、楚都纪南城等

（本表引自：张复合主编，建筑史，2003年第3辑，北京：机械工业出版社，2004.）

本书着重研究社会结构空间化问题，所以对于中心的关注也从社会结构的基础，即人的行为角度对空间加以分类。空间按照行为分类，可分为必要性活动空间、自发性活动空间与社会性活动空间[①]，而中心又强化了存在感和场所感，故我们可将传统聚落的中心分为必要性活动中心、自发性活动中心与社会性活动中心三类。必要性活动中心主要包括水井、集市等满足生活需要带来的中心，人们在这里完成生活必须内容的过程使其成为聚落的中心。自发性活动中心主要包括散步、呼吸新鲜空气、驻足观望有趣的事情等行为发生的街道、广场等。社会活动中心主要包括祠堂、衙署等在社会活动中占据中心位置的场所。如鼓楼常成为村老聊天、议事的场所，而祠堂、衙署却往往不能随意进入。值得注意的是，上述中心并非几何意义上的中心，其位置有可能并非位于聚落中部，而是偏于某个方向。

（四）聚落的结点

聚落的结点一般是指其与外界联系的出入口，大部分以门的形式表现。门在聚落中的位置是明显的，不仅仅因为它总是位于城墙，更在于它注定成为交通的关键部位。由于城门决定着城内外的交通，因此城门的数目与布置很大程度上决定着城内的街道网与沟渠系统。对于城门的数目问题，章生道认为：一般说来，城市在行政层级体系中的地位与城门（旱门）数目之间有直接的联系。这在某种程度上是已经确立的城内面积与城市行政地位之间相互关系的必然延伸。芮沃寿教授总结：都城和其他重要收复的城垣各要求有两座或两座以上的城门。而实际上唐长安、北宋开封、南宋杭州以及1552年以后的北京都有12座或12座以上的城门。在18个省会中没有一个城门少于4座，而且其中有13个超过4座城门。据施坚雅教授的研究，在1820年，恰好4座城门的城市在除长江下游之外的各地区所有行政首府中占大多数。[②]谭立峰结合对北方军堡的调研指出，北方军堡堡门外往往设置关城和瓮城，从而增加城池的防御层次。而村堡由于经济实力和当时筑城制度的影响，堡门外没有关城，少数堡寨有瓮城，但瓮城的规模也不及军堡。出于防御功能的考虑，堡门之外的空间必然逼狭而不利于敌人的进攻。村堡多半在正对堡门之外，距离堡门约8～10米处修有庙宇或戏台，使得堡门外空间变得曲折。[③]

从唐代开始，城市居住区形态有一个从封闭转向相对开放的发展趋势，在这一过程中，开始是以坊墙为代表的边界划分空间[④]，之后坊墙逐渐拆除，过渡边界消失，原来的坊门由于其旌表功能保留下来。同时因为坊墙消失，街市活动增加，坊巷口便也成了重要的活动场所或认知标识之处。坊门演变为牌坊，成为一

---

① （丹）扬·盖尔，交往与空间，北京：中国建筑工业出版社，2002.

② （美）施坚雅，中华帝国晚期的城市，北京：中华书局，2000，K925-8.

③ 谭立峰，河北传统堡寨聚落演进机制研究，博士学位论文，天津大学，2007.

④ 唐时坊呈长方形，四周围以高约3米的夯土坊墙。大坊内开十字街，将一坊划分成四个区，每个区内还有一个十字巷，即唐代文献中所述“曲”（坊曲）。坊门跨街而立，供一坊之人出入，因此，非乌头大门莫属，门上书写坊名。

种独立的纪念性、标识性建筑。这也可以由宋代石刻《平江图》拓本中得到印证，该图中大城的牌坊分布在各街口，相当于坊墙消失后各坊厢的出入口，形式上为两柱，中间以额枋相连，额枋书坊名，如“大云坊”“武状元坊”等等。其额枋之上斗栱相叠，已与今天见到的牌坊差不多了。谭刚毅据此进一步推测，《平江图》中跨街对立的两牌坊，因为街坊的进一步拓展，发展演变成后来的四牌坊形式。

三、聚落的道路结构

传统的聚落结构研究一般着重研究聚落各要素的布局关系，把聚落的交通组织路径视为聚落结构的骨架。对联系聚落各个要素的道路、街巷、水街水巷等的空间尺度、空间层次和景观变化加以考察。

对于聚落变迁过程，一些学者的分析试图证明聚落对于自然环境与社会环境的变化做出的适应与改变。必须承认，这样的适应与改变确实存在，但在历史的聚落建设过程中，一旦建设完成之后，街道布局在长时间内难以发生根本性变化。研究街道体现出的聚落结构演变，需要认识到街道布局具有继承性的特点。

所以，探讨道路布局的变化，更应该着重了解聚落建设初期的自然与社会状况。几乎所有有决定性意义的聚落结构变化，都是新建聚落中突出体现出来的——这有点像生物进化中的自然选择：对于个体生物来说，它的生命周期中，变化是很微小的，但在漫长的历史年代中，由于变异体现出的多样性特征，适应自然环境的形状得以保留，不适应的渐趋淘汰，总体上表现出类似进化的特点。

关于古代街道布局的文献资料和考古资料比较少，我们了解古代聚落面临很大困难，研究成果主要集中在资料较多，考古工作相对深入的几个都城。从目前的研究来看，唐两京的坊内道路大致分为三级：街、巷、曲。其中街主要是十字街和横街，这是比较明确的。街以下的道路主要通过考古资料和宋吕大防《长安城图》[①]得到一定了解，结合文献记载，可知在坊内，十字街北段称北街，南段称南街，东段称东街，西段称西街，这样的称呼符合老百姓用街道作为坊内地理标志的习惯。坊内的巷是连接街、曲和住宅的“节点”，比街低一级，比曲高一级，隋唐两京内应为常见道路。坊内是否有十字巷，贺从容结合已有研究，提出了比较合理的假设：“（1）巷是十字街之下一级的道路，十字巷具有交通均衡的规划意义，但未必普遍实施；（2）坊内若被大规模的宅院所占，便无巷曲，更不会有小十字街；（3）十字巷不一定普遍存在，很多坊没有，而且宽度远不如十字街显眼，不具备普遍的标志性，因此未被居民或文献记录者当成空间的标

---

① 吕大防《长安城图》是一份难得的具有很高精确度的甚至是现存唯一的有坊内街道的测绘图。节选自贺从容《（隋大兴）唐长安城坊内的道路》第221页，转引自平岗武夫《长安与洛阳城图》。

志。”[①]对于巷以下一级的曲，相当于进一步划分用地的小路，目前的研究普遍认为曲属于坊内最小级别的道路，一般居民的住宅就建在巷或者曲中，每曲并列若干宅[②]。而次三级道路的宽度粗略推测如表4-2所示。

坊内道路宽度粗略推测表　　表4-2

	总宽	车马路面宽	沟宽	房屋距沟边
十字街	15～45米（60～120小尺）	12～30米（48～120小尺）	0～1.5米	1.5～3米
小十字街	4.5～10.5米（18～42小尺）	3～6米（12～24小尺）	未见沟	0.75～2.25米
曲	1.5～4.5米（6～18小尺）	1.5～3米（6～12小尺）	未见沟	0～0.75米

本表引自：贺从容《（隋大兴）唐长安城坊内的道路》第246页。

对于地方城市街道布局的研究极少，主要包括杭侃的《中原北方地区宋元时期的地方城址》与成一农的《唐末至明中叶中国地方建制城市形态研究》。杭侃运用历史地理学溯源的方法作为研究手段，对宋元时期中原北方地区地方城市内的街道布局做了细致分析，认为“宋元城市较隋唐城市更多地考虑了军事与经济发展的实际要求，中央对地方城市采用哪一种规划手段似乎没有硬性规定，故十字街和丁字街在不同行政建制等级下的城市中都可以采用。”[③]

具体来说，杭侃认为，采用四门十字街作为城市主街道布局的城市仍占相当数量，这正是经济长期停滞和科技进步缓慢的结果。他进一步分析认为：由于军事防御的原因，宋元城市出现了前代城市所没有的以丁字街作为城市主街街道布局的情况，具体又可以分为四类：四门丁字街、三门丁字街、城内街道皆为丁字街、多门丁字街。对于这种看法，成一农提出反对意见，他认为，居室防御的需求并非从宋元才开始出现，用这个作为在宋元出现丁字街的原因是讲不通的。成一农进一步提出了自己的看法，他认为城市一旦建成之后，街道布局在短时间内很难发生根本性变化，这就需要对城市的建置时间和筑城时间加以考证。他对大量明代地方城市的年代加以考察，推断唐宋以来地方城市的街道布局十字街与丁字街一直以来都是存在的，中国建置城市中的街道布局并没有发生本质上的变化。他认为至少从唐代开始，中国地方城市就已经同时流行丁字街布局和十字街布局。那么，唐代以前的情况如何？上一章已经论述，中国传统城市形态受到社会形态变化的影响，经历了几个重大变化的时期，这几次剧变之间则保持了相对的稳定。

西周起逐渐确立的里坊制在唐以前的较长历史时期一直保持着相对稳定，十

① 贺从容，（隋大兴）唐长安城坊内的道路，中国建筑史论汇刊，北京：清华大学出版社：230.

② 此类研究可参见《（隋大兴）唐长安城坊内的道路》一文中表4“关于‘曲’的已有研究”及其后的“曲”义新解部分。

③ 杭侃，中原北方地区宋元时期的地方城址，北京大学，1998.

字街和丁字街在唐以前的都市同样是普遍现象，而对于地方城市来说，历史地图难以获得，但比照都市结构的情况，笔者推测，它们同样表现出类似的特点，当然，这还需要将来的考古发掘资料的印证。这期间几次重大的城市形态转化中由于城市内部形态主要还是早期城市，故内部常常由封闭里坊构成。

河南省孟州市是延续金代孟州发展而来的一座地方城市，杭侃利用墓志铭与文献考证推断，金代孟州城市规划模仿了隋唐地方城址，故其棋盘式街道规划手法也为研究隋唐时期地方城市的规划思想提供了实证。[①]孟州城街道规划呈棋盘状，钟楼为全城之中心。“钟楼在县署南，当城之中，为南北东西大街交会，下为高台，台上层楼二重，高可七尺，上悬警旦洪钟一枚，下为四门，南曰仰嵩，北日拱辰，东曰朝阳，西曰凝晖。按楼为明万历三十三年知县万时俊创建，楼上巨钟并有万历三十三年万时俊造款，此楼规模甚善，后毁且百年，但余高址空架，至乾隆十五年知县周询仍建楼悬钟，为一邑壮观。”[②]以钟楼为中心的东西南

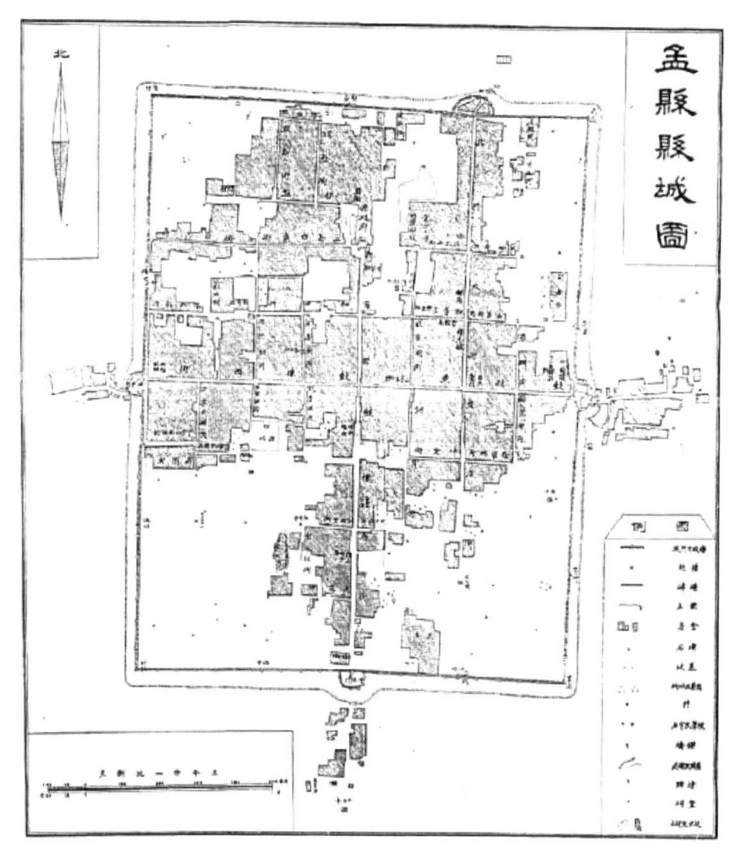

图4-5　孟县县城图

（资料来源：原载民国《孟州志》，转引自《中原文物》，2001年第3期）

① 杭侃，孟州城址所反映的问题，中原文物，2001,（3）：55-77.

② 乾隆《孟县志》卷三“建置”。

北四条主干道，将全城划分为四个区域。在东北、东南、西南三个区域内，还保留了比较清楚的大小十字街相套的布局，即在每一个区域内，由小十字街再将每个区域划分为四个小区，在每个小区中，又由更小的十字街进一步划分出四个更小的小区。在东北一区内，由北门大街和北太平胡同、尊新胡同将东北一区划分为四个小区，而东南、西南两个小区内都保存了再由十字小街区划出四个更小的区域的布局。

孟州城的这种规划设计沿袭了隋唐地方城市的设计方法。隋唐地方城市按照行政建置的不同，有一套比较严格的等级制度，规模一般分为十六坊、四坊和一坊。标准的坊之边长为米，周长九里的城市，恰是四坊之地，也就是隋唐一般州城的规模。孟州城以钟楼为中心所划分的东北、东南、西北、西南四个区，就是四个坊。隋唐地方城市以层层十字街的区划为其街道布局上的特点，即以十字街分成四区后，每区又设小十字街，被小十字街分割的四个小区内，又设更小的十字街。这种方法在孟州城内得到较好的保留。

第二节　基于结构主义抽象的聚落结构分析

在第二章中，我们分析了结构的概念，对抽象的结构与结构的抽象作了简要分析，提出将结构抽象为群、网、拓扑三种数学原型不仅有助于分析结构，也能帮助我们寻找不同结构体系的内在联系。聚落内部结构是结构的一种，同样可以以这三种数学原型来加以概括与分析。本节着重以群、网概念来分析空间的结构关系与次序特性。

一、空间层级关系（群结构）

群是抽象数学的重要概念，也是一种古老而典型的数学结构，皮亚杰认为“群可能被看作是各种结构的原型”。[①]本书第二章简要分析了要素静态构成上的逐级构成、并置组合、链接依附三种基本关系。简单地说，一个系统的各种元素互相关联组成整体的构成关系就是群，群由子群（Subgroup）构成，子群由次一级子群构成。运用群有助于更深入地把握住空间结构中有关构成关系的本质特征[②]。

结构主义的观点认为，要素之间静态构成可分为：并置、链接与逐级构成三种基本关系。在下文中，为了论述方便，将“以等级子群为结构原型的空间”简

① 一个系统不但包含许多要素，而且其本身表现为要素的组合体；从共时性的一面来看，各组成要素之间的关系首先是排列组合的构成关系，它并非要素的简单堆砌，而是呈非线性的多重网式相关。这种最基本构成关系的抽象就是系统的结构原型之一：“群”。

② 段进曾经将群结构运用到古镇空间（静态）结构的解析。

称为“等级空间”；将“以并列子群为结构原型的聚落空间”简称为“并列空间”；将“以链接子群为原型的聚落空间”简称为“链接空间”。

我国传统聚落要素按照成一农的归类，包括衙署、城墙、祭祀地、庙学、仓库、街道、居住区等，也可按类型归类为：领域、边界、中心、结点。下面基于结构主义的概念将其加以抽象，以分析其内在的结构关系。

（一）等级

在现代建筑理论和其他学科关于聚落的研究中，都反映出比较明确的层次概念。张玉坤总结了舒尔茨、亚历山大、道萨迪亚斯、张光直以及日本学者的观点，将由聚落和住宅所构成的居住空间分为四个基本层次：

1. 区域形态（聚落的空间分布及其相互之间的关系）；
2. 聚落（住宅及其他单体建筑设施，它们之间的关系）；
3. 住宅（住宅的组成部分及其相互之间的关系）；
4. 住宅的组成部分或构件本身。

这四个层次体现的是整体对部分的相对关系，整体与部分的相对性是事物间具有同构性的根源。其中，整体功能并不是各部分功能的简单相加，整体与部分建立了一个相互关联的居住空间层次系统。这种构成关系的结构原型称为等级子群，区域—聚落—住宅—构件和这样的序列抽象为数学原型就是等级子群。这里的等级不是指要素间主次、轻重的差别，而是指构成关系中的以共时性为前提的层次性。接下来，按照从小到大的顺序来加以分析。

在前述的四个层次中，第四个层次最小，不妨把“间”看作聚落最基本的组成单元，针对建筑而言，“间”指的就是一个长方形用地范围的居住空间，这个空间包括地坪、四角立柱以及它们所承托的梁架和檩椽，它表达了建筑空间在概念理解上和实践操作上的尺度含义。因此，它不但是决定各种房屋规模与比例的法则，同时也是建筑地盘分割和结构空间模数的法则。这些充满睿智的含义不是哲学思辨的结果，而是基于大量实践性思考而上升到理论层面的产物。因为“间”实际上是木匠们进行整体构筑时使用的基本尺寸，在以后不断的建造工程中，它变成了一种能节约工时和物料的设计模数，这样，木构件的制作更加标准化，构架的拼装搭建也更方便。[①] 在以木结构为主导的我国传统建筑体系中，随着横向间数和纵向跨数的增减，间转化为房屋，进而转化为院落空间，院落空间组合成为街区，街区聚合成聚落（村落或城市），聚落进而形成区域……

中国住宅表现出的特点常常是数个形式上各自围合、体积上各自独立的庭院和房屋的复杂组合体。房屋沿着中心庭院或中庭周边布置，建筑的整体布局又使它们之间紧密相连。中国传统建筑观念认为“高屋近阳，广室多阴”，并未发

① Knapp R G, The Chinese House Craft Symbol and the Folk Tradition, Hong Kong: Oxford University Press, 1990.

展出规模过于宏大的单体建筑，而常常是以院落为单位向纵横两个轴线方向延展，通过院落数量上的增加满足对于更大居住和使用空间的需求（图4-6）。对此加以数学抽象，这一系列的层次关系就可以用等级子群来概括。

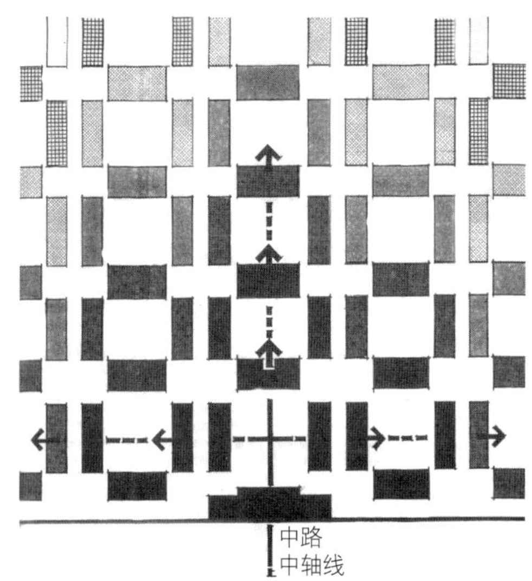

图4-6　建筑平面拓展的次序关系

图4-7描绘的是可以理解为子群的一个单间房屋是如何形成等级较高的群——院落，进而形成更大规模院落的：从比—邻—里的层次到曲—巷—街—大道的层次变化。

在研究中发现，我国古代社会晚期聚落构成的等级子群形式与早期是有一定区别的，聚落构成单元的变化带来聚落形态的改变，但都可以用等级子群作为原型来概括。

里坊制下的居住：

《诗经·郑风·将仲子》一篇中，我们可以大概窥见我国春秋时期传统居住形态[①]：里是由土墙围起来的，沿着里墙种植树木。里有门，夜间关闭，里中的人家又有院墙，墙边种桑，宅边还有园，也有墙，种植果木菜蔬。可见，里就是外围有里墙，内部又是由各种墙垣围起来的住宅和园子[②]。而实际上，战国到秦汉时期的里，形态基本都是这个样子[③]。据《三辅黄图》[④]描述道，“长安闾里一百六十，室居栉比，门巷修直。”[⑤]这句话一方面记载了长安闾里的数目，另一方面说明了闾里形态规整，很有可能是按照某种规则布置的。那么，一个“里”内有多少户，又是怎样排列的呢？先秦两汉文献对此记载不一[⑥]。比较直接可信

①《将仲子》篇曰：“将仲子兮，无逾我里，无折我树杞，岂敢爱之……将仲子兮，无逾我墙，无折我树桑，岂敢爱之……将仲子兮，无逾我园，无折我树檀，岂敢爱之。”这是一首恋歌，写一个女子劝告她的恋人不要夜里跳墙来和她相会（据高亨《诗经今译》，上海古籍出版社，1980，第108页）。将仲子要来与她相会，必须先跳过里墙，然后再跳过家的院墙或园墙。

② 张家山汉简《二年律令》中的“杂律”也有对“越邑里、官市院垣”行为的处罚，见《张家山汉墓竹简（二四七号墓）》，文物出版社，2001，第157页，简182。

③ 参见《汉代城市社会》第二章的相关内容。

④ 陈直，三辅黄图校证，西安：陕西人民出版社，1981。

⑤ 参见《三辅黄图》卷之二中的“长安城中闾里”部分。

⑥ 掘敏一总结有25家（《周礼·遂人》《汉书·食货志》）、30家（《汉书·张安世传》）、50家（《国语·齐语》《管子·小匡》、银雀山汉墓竹简）、80户（《公羊传》宣公15年何休注）、100家或户（《管子·度地》《礼记·杂记下》郑注引《王度记》《续汉书·百官志》本注）等不同说法。池田雄一认为一里在25～50家之间，宫崎市定则认为100家比较普遍（《アジア史論考》中卷，第18页）。

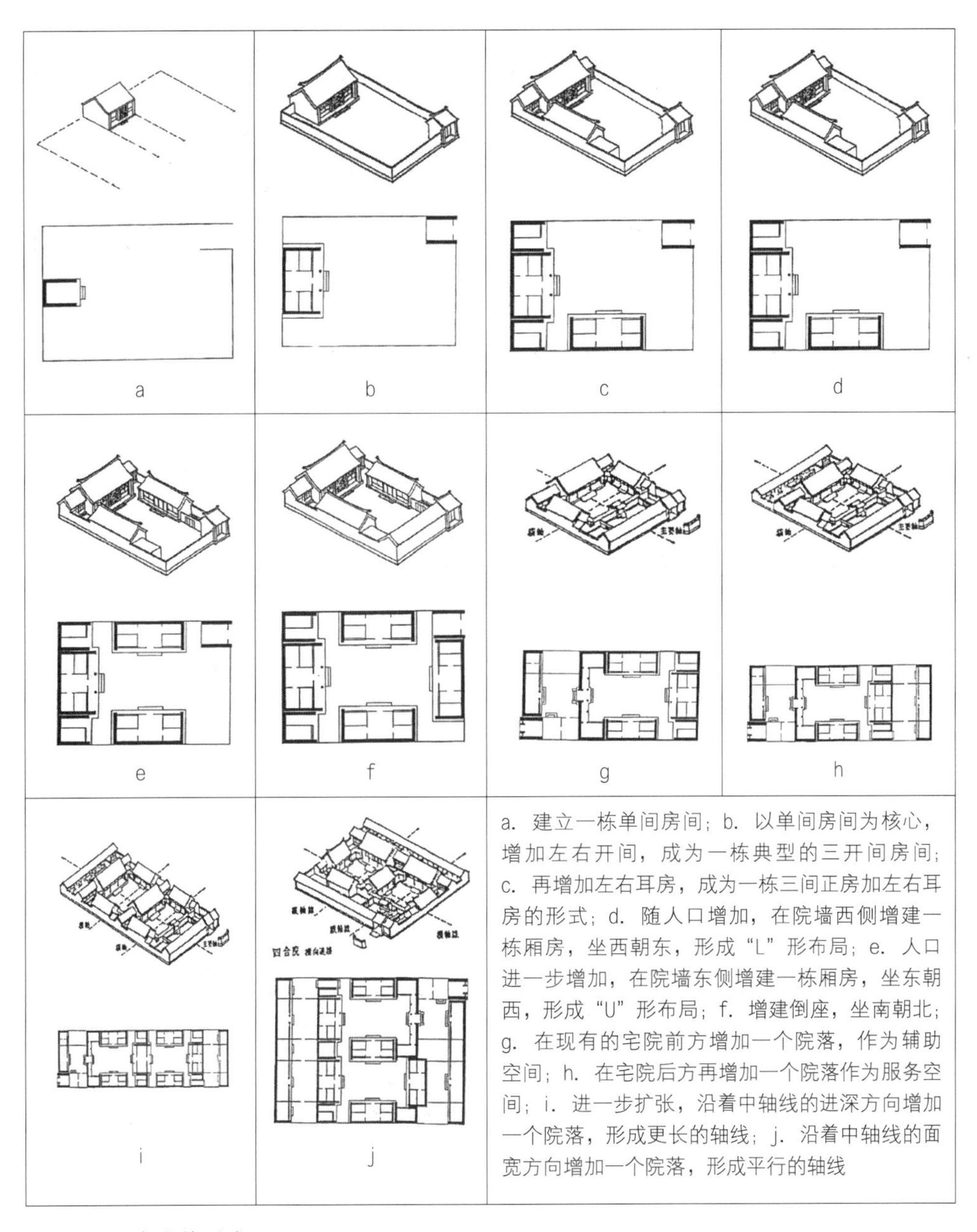

图4-7 四合院的形成

（资料来源：《凤凰之家——中国建筑文化的城市与住宅》第84、85页）

的是西汉初年晁错上书中引经据典，有25家一里和50家一里两种说法。[①]张玉坤根据文献记载画出里的结构模式推想如图4-8，不仅推断了里内家户的组合形

①《汉书》卷49《晁错传》：晁错说，“在野曰庐，在邑曰里。五家为邻，五邻为里”（第1121页），则一里为25家；他又说，“臣闻古之制边县以备敌也，使五家为伍，伍有长；十长一里，里有假士”（第2289页），则是50家一里。

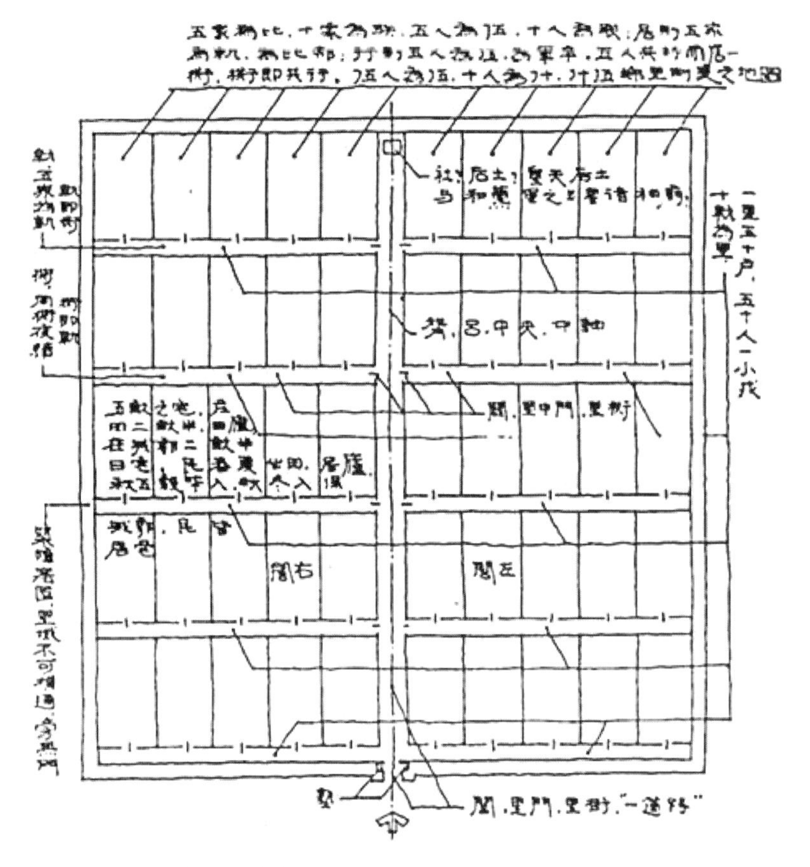

图4-8　里的结构模式推想图

（资料来源：张玉坤，《聚落·住宅——居住空间论》，天津大学博士学位论文）

式，而且对闾左、闾右、里内的街道、里门、社庙等内容都做了展示，比较好地反映了闾里的形态。

需要注意的是，这只是根据文献做出的一般意义上的合理推想，并不代表里结构的所有形式。比如何双全就依据马王堆三号墓帛书地图记载“一里户数大至108户，小至12户，中等在35～50户之间，平均在45户”这样的事实认为：“当时里内居民并无定制，以各郡县乡的大小和人口多少而设”，这是合理的认识。而对于那些高官权贵来说，居住条件大大高于普通百姓是可以想见的，几户占据一里的情况并不鲜见。例如，唐朝初年，据《长安志》载，尚书左仆射卫国公李靖的宅院占据平康坊约1/4的土地[①]，这就不能按照前面适用于普通百姓住宅组合的一般规则来推断了。而对于坊门的数目，不同文献记载各不相同，恐怕1门、2门、4门等都是曾经存在的合理数目。

近年来，随着考古发掘以及文献研究的进展，越来越多古代里坊的布局展现

① 贺从容，唐长安平康坊内割宅之推测，建筑师，2007，（02）.

在我们面前，史念海的文章《唐代长安外郭城街道及里坊的变迁》曾对长安城的形态作过较详尽的分析。近年来其他学者也取得了丰硕成果，贺从容依据考古成果、文献记载以及通过受唐长安影响较大的日本平城京的土地划分来对710～740年间平康坊做出推测：平康坊呈东西长，南北短的长方形，内有十字街，对应着坊开四门，坊内空间分别被普通住宅、大户宅院、寺院等占据，坊内的位置通过“十字街之东”“北门之西”“东南隅”这样的词语来标识。

我们现在了解到，里坊四周均有封闭的坊墙；小型坊里设东西两个坊门；大、中型坊里往往内设十字街，有四个坊门。对于建立在一字或十字街基础上的房里内部结构又是怎样的呢？有两种比较有代表性的看法：一种是以宿白和董鉴泓为代表的，认为十字街划分出来的坊里内部进一步被十字巷划分，十字巷内部进一步被坊曲所分割（图4-9）。

另一种看法认为宽15米左右的十字街之下，宽2米左右的十字巷和坊曲属于同一级道路①。本书认为，虽然目前的考古发掘尚无充分证据证明任何一种说法，但从周世宗时先划分好里坊，即“任由百姓营造”②来看，很可能对坊内的建设并无统一的要求，无论是十字街+十字巷+坊曲，还是十字街+十字巷及坊曲，甚至是全坊被某大户占据，无街、无巷、无坊曲，都是有可能的，未必能得出“非此即彼”的答案。

由贺从容对唐长安平康坊割宅做出的推测（图4-10）可见，平康坊内被十字街划分为四大部分，其中东北和西南两部分进一步被十字巷划分，而西北和东

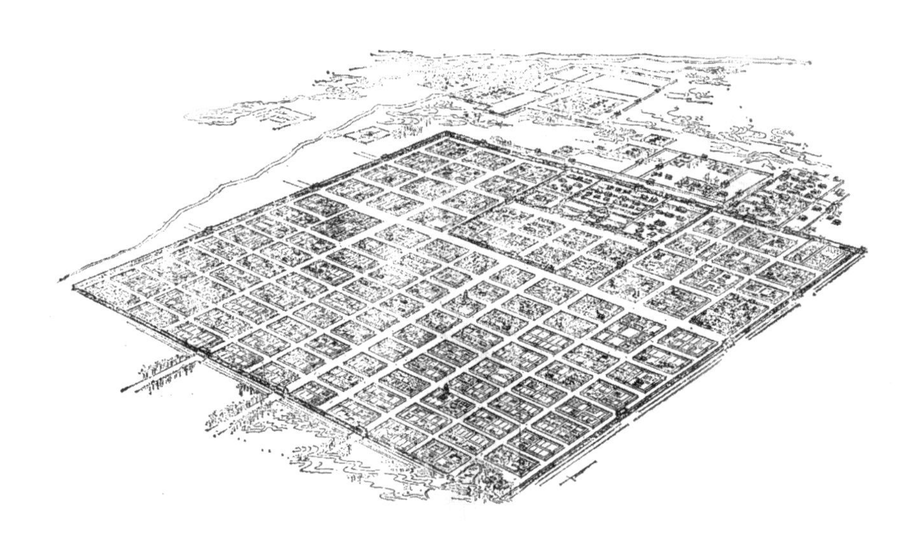

图4-9　唐长安坊里臆想图
（引自董鉴泓《中国城市建设史》）

① 孙晖，梁江，唐长安坊里内部形态解析，城市规划，2003（10）.
② 杨宽，中国古代都城制度史，上海：上海人民出版社，2006：5.

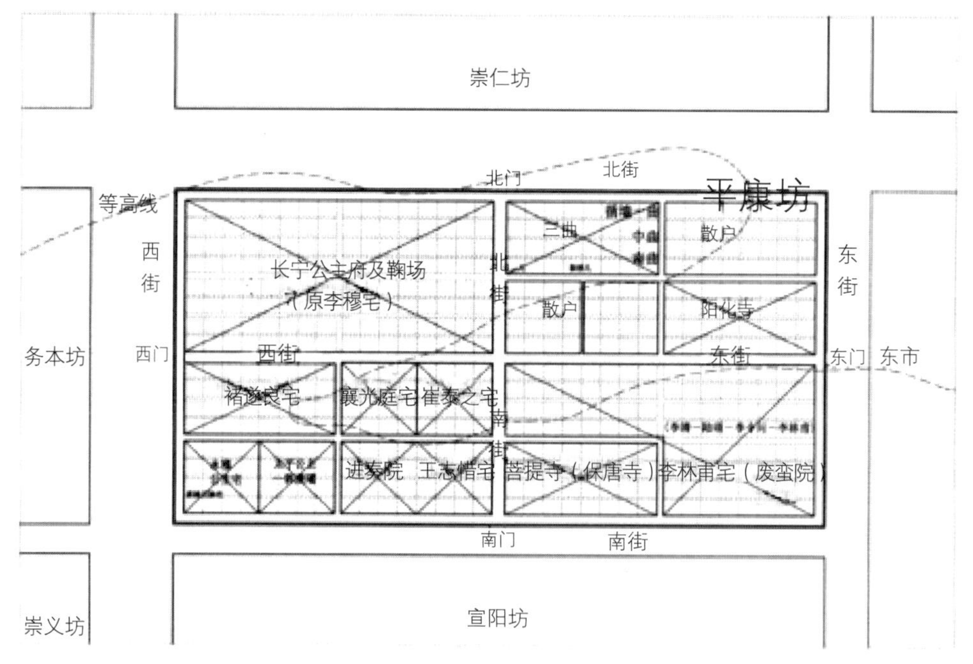

图4-10　唐长安平康坊割宅图
（资料来源：贺从容《唐长安平康坊内割宅之推测》，建筑师，2007年第2期）

南两部分由于包含规模较大的长宁公主府、鞠场、菩提市与李宅，认为用地仍是十字划分的形式就显得牵强。

（二）并列

群之间的并列组合是等级构成之外的另一种构成关系。可以用来概括聚落内部另一种空间组合的关系。段进在对太湖流域古镇的研究中发现水网、河道的存在，使水乡古镇沿河地带空间出现独特的线型空间肌理，具体表现为街随河走，屋顺河建，产生一种顺应河道的线型动势，其对古镇空间的影响更甚于街巷，河、街、屋三种空间要素表现出沿着同一轴线平行重复布置而无层次关系的组合模式，认为其空间原型可以概括为“并列子群”。

由于经济、交通的需要而自发、逐渐生成，聚居等级相对较低的集镇常表现出并列子群的特征。由于不受正统的建城思想限制，主要受到外部因素如自然条件的因素或道路的影响，其形态都是明显地沿经济——交通地带单线发展，最终形成带状的形态结构。[①]

等级子群与并列子群的组合关系：

在聚落内部空间中，等级子群与并列子群虽然是不同的空间结构构成方式，

① 刘炜、李百浩，湖北古镇的空间形态研究，武汉理工大学学报，2008，(03).

但它们在聚落中和谐共存，共同影响建筑与聚落空间。

（1）并列空间成为多个等级空间之间的分界，街坊之间一般是以街道、河道或沿河街道为其边界。

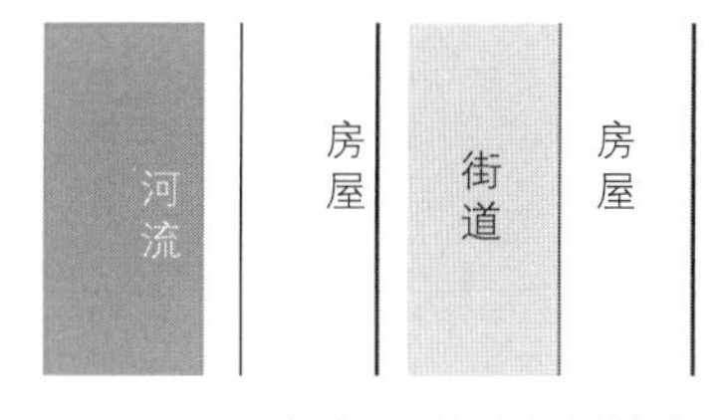

图4-11　渔梁坝聚落形态的结构示意

（2）等级子群通过要素由小到大逐级构成和平面上的扩展，体现了古镇的块面（区域）空间的结构特征；并列子群通过河、街、房三种空间要素以河为轴的平行扩展，体现了古镇的线型空间的结构特征。不同形态的空间主要由不同的结构方式所支配，形态的复合，也是结构的复合（图4-11）。

（三）链接

传统聚落空间在形态上除了以街坊为主的块面空间和以沿河与傍山或近大路地带空间及街巷为代表的线型空间之外，还大量存在一些相对特别的“点”状空间，例如街巷结点、广场、桥头等，这些空间共同的特点是依附于宅、街、巷等空间要素而存在，既是后者的组成部分，也是它们本身各要素之间的纽带。

例如：水埠可视为比较典型的链接子群，它设在河岸上，是汲水、洗涤、停泊、交易的场所，是人与河联系的纽带，“河埠是通到水里去的桥头”①，一般石砌的踏阶一直通到水中。埠头是路与河的连接处，通过埠头，河与街、巷产生了进一步的联系，从而形成古镇交通网络系统。②（图4-12）

如桥、河埠、街巷转折处及广场等结点空间通过转折、交叉、搭接、扩张、收缩、尽端等空间构成方式依附于街巷、水网，成为其组成成分，同时也是其空间转换的链接关节；结点空间意味着一段空间的结束，也预示着另一段空间的开

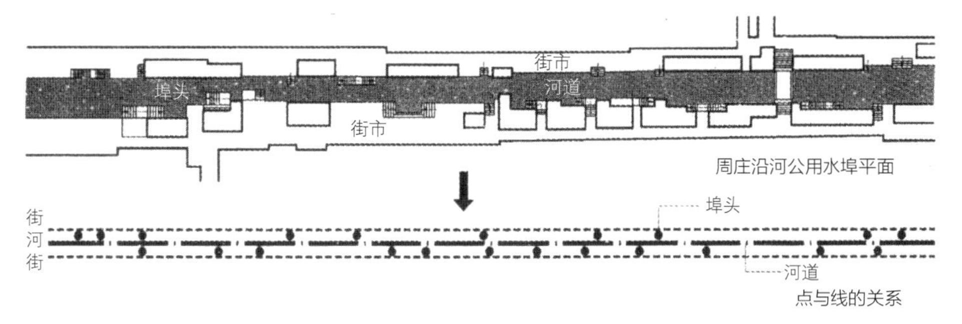

图4-12　周庄镇沿河埠头构成模式分析
（资料来源：段进《城镇空间解析：太湖流域古镇空间结构与形态》第31页，东南大学出版社）

① 阮仪三，江南水乡古镇周庄，天津：百花文艺出版社，2000.
② 段进、季松、王海宁，城镇空间解析：太湖流域古镇空间结构与形态，北京：中国建筑工业出版社，2002.

始，它是空间之间相互转化和连续的中介。链接子群使一段段的空间联结成整体——使得精致的透视感空间被动态的一段段的场效应所替代，几何空间被拓扑空间所代替。[①]因此，链接子群空间结构的构成模式如图4-13所示。

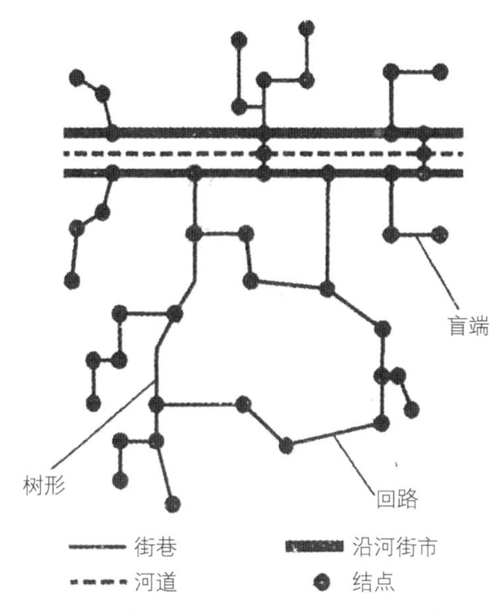

图4-13　链接子群空间结构的构成模式
（资料来源：段进《城镇空间解析：太湖流域古镇空间结构与形态》第36页，图3-48："树形+回路+盲端+结点=动态空间网络"）

（四）复合结构与构造关系

各种结点为代表的点状空间、沿街沿河的线型空间与街区街坊等的块面空间的连接、排列与组合构成了传统聚落空间，从形态上看，是点、线、面三类空间的组合。在实际的聚落形态中，较少有完全是某种形态的情况，大部分为各类空间组合成复合的结构。

二、空间次序关系（序结构）

对于层级关系的分析是建立在聚落空间要素同一性基础之上的，并未涉及要素之间的差异，但是聚落中不仅不同层次的空间要素存在差异，而且同一层次上的不同要素也存在着差别，这些差异不同于"群"的结构方式，使聚落空间形态呈现出有次序的一面。

聚落空间结构中，不仅存在一定的层次构成关系，要素之间还存在着差异性的一面，对差异性的研究有利于深入地了解空间的结构，空间要素的意义是通过与其他要素的差异体现出来的。皮亚杰所提出的三种数学原型之一的"网"（Lattice），在段进的《城镇空间解析——太湖流域古镇空间结构与形态》一书中，将这样的结构称为"序"，这是有一定道理的，本书为了不与社会结构描述中的网概念相混淆，采用段进的提法，将空间次序结构的抽象称为"序"。[②]

（一）空间上的次序关系——空间之序

1. 住宅

住宅是构成社区乃至聚落的基本单元，它包括单个的宅院、院落组和大户人家的院落群组成的府邸，也包括临水临街的商住建筑。上文从"群"的角度分析

① 王澍，皖南村镇巷道的内结构解析，1986：62.
② 需要注意的是：此处描述聚落空间次序关系的"序"从基本的数学抽象来看，与社会结构抽象后所得的"网"都表示结构体系中的次序关系。

了住宅空间的构成关系，接下来再从“序”的角度分析住宅空间的次序关系。

空间上的次序关系是普遍存在的，即使是普通人家，也有约定俗成的空间次序关系存在，如前文所述阎云翔在黑龙江南部下岬村的调研，就涉及房屋内空间的分配问题。“东屋南炕—东屋北炕—西屋南炕—西屋北炕”的空间次序体现了家庭成员的地位差异（图2-2a）。

方位观念是空间次序关系的基础。明确的方位观念很早就被应用于建筑，这种应用甚至可以追溯到史前时代。河南濮阳西水坡发现的仰韶墓葬中，有用蚌壳摆放成的青龙、白虎图案，分列于死者左右。这是我国公元六千年前就有成熟的方位理念的证据（图4-14）。

住宅空间的次序关系并不是人为标出，而是由间与厢的尊卑、门与堂的主次、院与屋的虚实，以及房之间的高低、错落、正偏等细节体现出来。在第二章所举的例子中，传统的住宅格局中，东屋为上，西屋为下。如果全家人都住在东屋，南炕的炕头一定是老年人的位置；如果分家，老年人一定会住在东屋。

我国少数民族住宅中，蒙古包入门右侧为缸罐、炊具；左侧为妇女及女客的座席，西侧为男客席，箱柜散置于后壁，佛像供在主人前右方柜子上；传统的满族民居居室设计中最大的特点是以西屋为主，称上屋，并绕其南、北、西三面设火炕。而以西炕最为尊贵，称为万字炕，西炕上安置桌子、茶具等，桌两侧铺红毡为待客之处。紧靠西炕的西山墙上端设置祖宗板。而一般人则坐南北大炕。南炕的炕稍（靠山墙处）一般放一只炕柜，柜上放一些用具。北炕炕稍放一只与炕同宽的长木箱，称檀箱，内放置被褥和枕头，南北炕上尚有小炕桌。

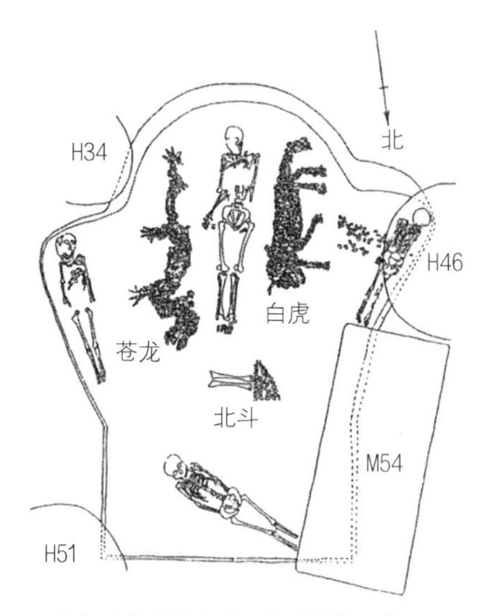

仰韶文化中的青龙、白虎蚌塑二分图
（资料来源：冯时，《中国古代的天文与人文》，北京：中国社会科学出版社，2006年，第112页）

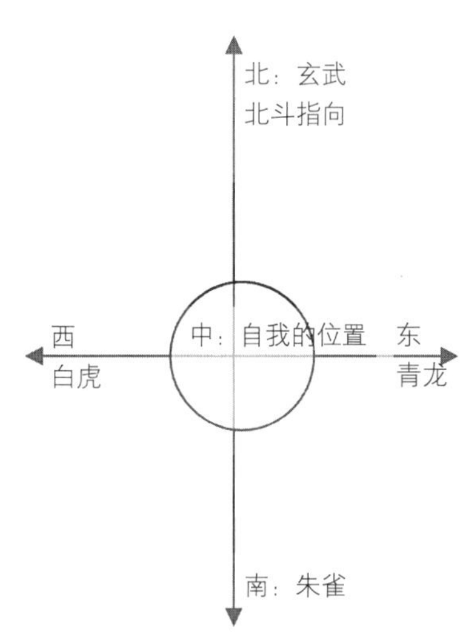

我国传统的空间方位理念之序示意

图4-14　从仰韶文化中的墓葬布置看中国古代对于空间次序的认识

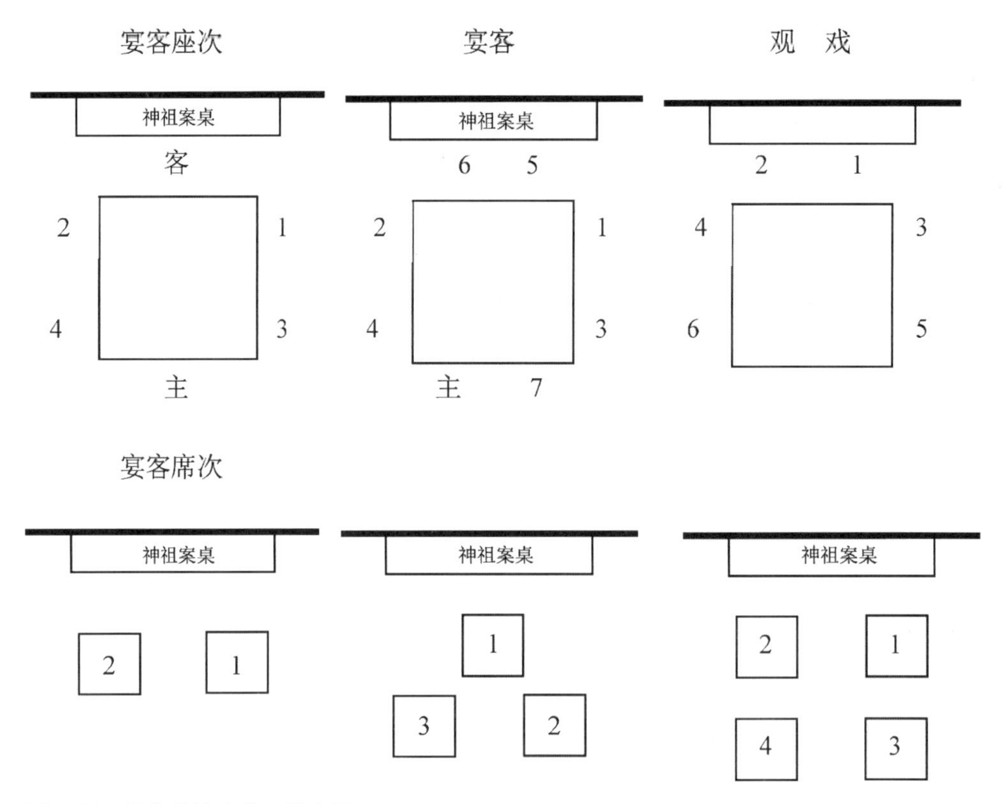

图4-15 八仙桌的座次、席次图
（资料来源：引自：谭刚毅《两宋时期中国民居与居住形态》第105页）

传统的“八仙桌”也有其相应的应用礼俗，我们可以从现代依然盛行的座次、席次关系感受到空间的次序关系（图4-15）。

2. 院落空间整体

如图4-16是一个典型的北京四合院平面，可以从几个角度分析其“序”（次序关系）。

由图4-16可见，主人、男佣、女佣的活动路线得到明确区分，主人主要在几进院子的主要使用空间活动；女佣可以通过通廊、甬路进入主要使用的院落，但活动范围仅限于需要其提供服务的区域；而男佣则基本不进入主要院落内部，其活动范围仅限于厨、储等辅助空间。他们活动路线的明确区分形成了具有不同私密性的家居空间，标志了其地位的不同，他们活动空间上的区分也体现了大家庭内部社会关系中的等级差异。我们同样注意到，主人会见普通客人，主要利用院落南端倒座的外客厅，此时的会客活动并不会影响到内宅的日常生活。如果贵客来访，则要登堂入室，进入内庭。由前院到上房，私密性逐步加强；由外侧向院落中心，空间等级逐渐提高。

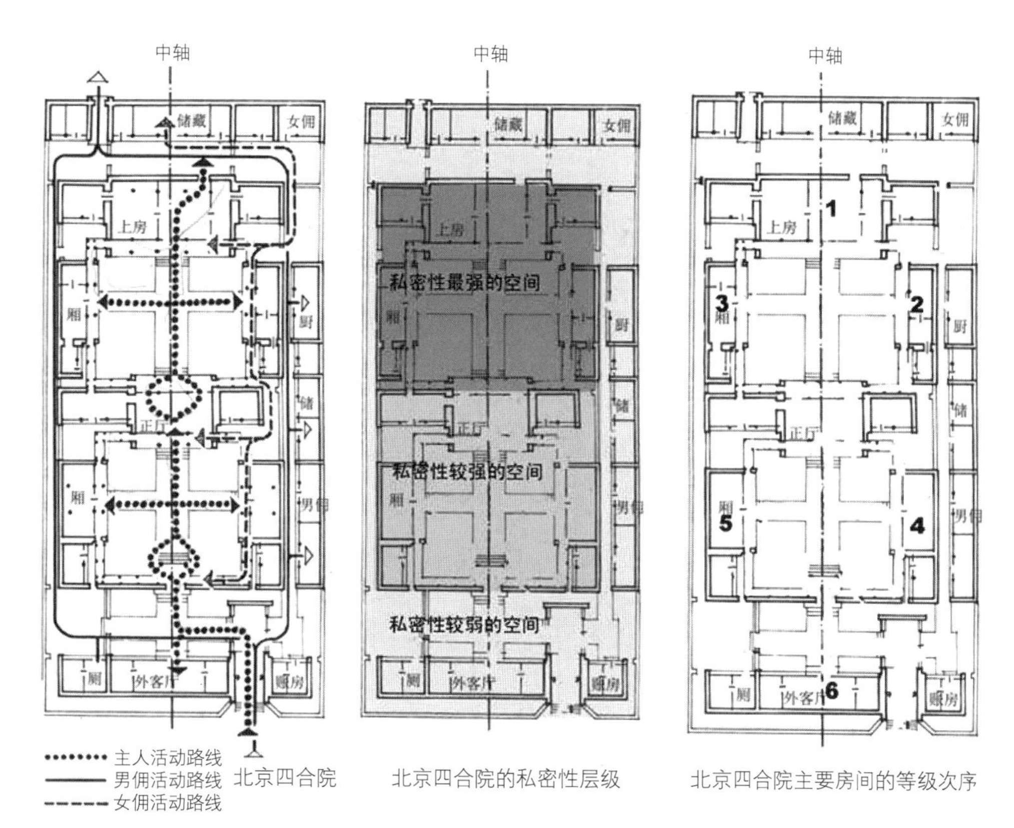

图4-16　对一个传统四合院的“序”结构分析
（资料来源：由《中国民居研究》第270页图4-152改绘）

轴线是体现住宅次序关系的一个突出特点：稍具规模的中国传统民居的排列几乎都呈中轴对称式，轴线设计可以使民居布局达到完整统一的目的，同时主从关系明确，并形成有规律的层次感，这些都有助于封建礼制思想的体现。儒家倡导中庸思想，不偏不倚，以“用中为常道”。所以，“用中”的概念也会渗透到各个方面。民居的轴线布局，调和了高低、左右、大小的差别，以取中体现矛盾两方面的协调、和谐、平衡、统一。另外，等级制、家长制是中国封建集权社会的特色，中国传统社会要求各级与等级次序十分明确，同时每一级必须要体现首长责权的威信——民居的轴线布置正符合这些要求，前为轻，后为重，左为上，右为下，中为主，侧为辅，轴线中央是首位。这样自然而然地体现了次序关系。①

在我国传统建筑中，“间”是组成建筑的基本单位，但由于单座建筑的平面简单，必须依靠院为中心才能达到功能完整，所以“院”才是建筑组合的基本单元。院子可做出形状和大小不一的变化，通过这些变化就可以将内、外、主、从

① 孙大章，中国民居研究，北京：中国建筑工业出版社，2004.

等关系表达出来。“因为单座建筑采取了‘标准化’，在变化上是有限的；而院子的形状、大小、性格等的变化是无限的，用‘无限’来引导‘有限’，化解了‘有限’的约束，实在是一种十分高明的构图手法。”①这样，看似标准化、均质化的院落组合，实际上是具有主从次序关系的网结构，不仅可以“达到高度的建筑艺术表现的境界”，更蕴涵着关于社会结构关系的丰富信息。

3. 交通路径的次序关系（街巷、水网）

传统聚落的交通路径主要由街道和水系构成，不同级别的道路之间、不同级别的水系之间，都有一定的次序关系。

在建筑中，通常只研究运动中的序列，而在序列中，建筑或环境的变化对人的阻碍，都会产生心理紧张程度的变化，例如造园中的“欲现先藏”“欲扬先抑”等，风水中的水口也起一个收紧的作用，使进村的人在此能有个心态变化。

（1）主干道

将我国古代里坊制方格网城市的道路与西方网格城市的道路相比较，我们不难发现其区别：中国城市路网结构常常表现出大街坊、稀路网、宽路幅，而西方街道则常表现出小街坊、密路网、窄路幅的特征。孙晖、梁江曾对几个有代表性的中、西方城市在同一尺度下加以比较，在这样的比较中，可以清晰地看到中西方城市在城市道路布局模式上的差别（图4-17）。

不过，梁江、孙晖进一步提出了“唐坊里是在经济水平落后、人口密度较低的农业社会中，出现的一种强行并镇的做法。唐坊里是一种集中型、内聚式移民的城镇集合，它与西方古代（古希腊、古罗马）及近代（拉美）常见的分散型、外扩式殖民城市的建设思路刚好相反。这也是造成中国封建城市的规模远比欧洲中世纪城市大的主要原因。”②他们认为，里坊的实质是小城镇，而主干道实际上相当于半军事管制的隔离带。这是一种大胆的见解，但遭到了《也论唐长安的里坊制度和城市形态——与梁江、孙晖两位先生商榷》③一文的质疑：唐长安大城套小城的形态是中国封建社会前期的城市普遍形态，这种形态的形成是由封闭的里坊制度决定的，不是唐长安的独特形态。此文认为，唐长安大尺度街道形成是与中国古代王城的规划和建设制度分不开的，《王制》中有“道有三涂”的记载，可知《考工记》中“九经九纬”的意思就是经道和纬道各有三条，一道三涂有明确的分工。

① 李允鉌，华夏意匠——中国古典建筑设计原理分析，香港：香港广角镜出版社，1984.
② 梁江、孙晖，唐长安城市布局与坊里形态的新解，城市规划，2003，(01).
③ 郑卫、杨建军，也论唐长安的里坊制度和城市形态——与梁江、孙晖两位先生商榷，城市规划，2005，(10).

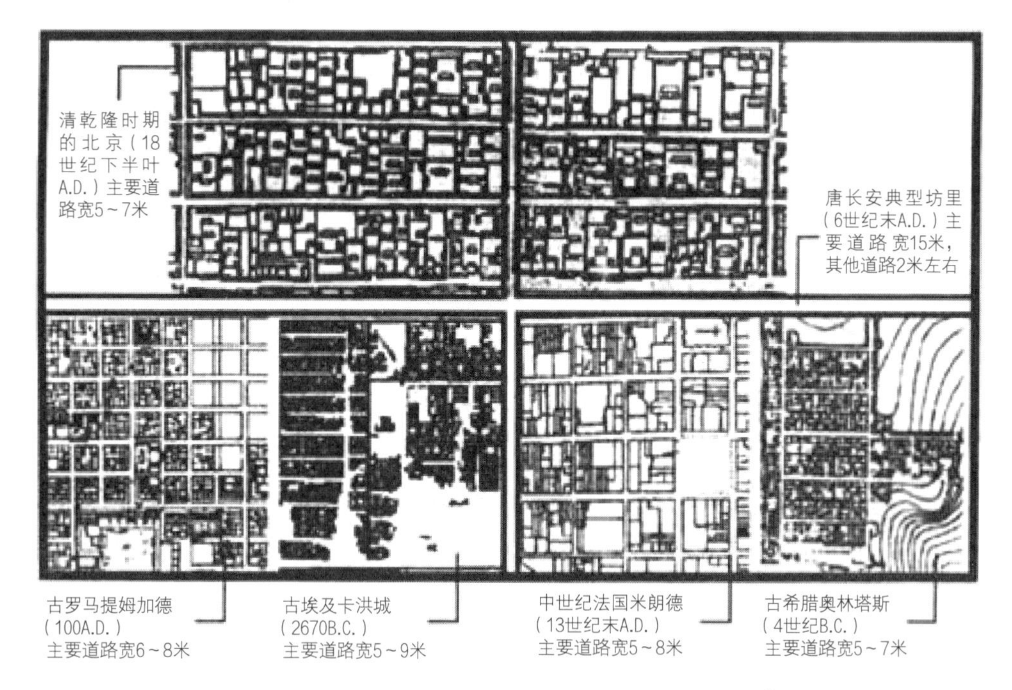

图4-17　唐长安里坊与其他中西方古代城市在同一尺度下的肌理比较图①
（资料来源：引自《城市规划》，2005年第10期）

《王制》云："道路男子由右，女子由左，车从中央。"这样一道三涂的规定出于礼制，客观上增大了道路宽度。唐代废除了一道三涂的制度，但这种干道的宽尺度却遗留下来，这与都城性质相符。唐洛阳中轴线定鼎大街宽度达110米，渤海上京龙泉府居中的朱雀大街宽度也达到110米，与长安差别并不是特别大，应该说，长安的大尺度干道并不是一种奇特的现象。②可见，从道路尺度上来讲，我国传统聚落是有比较明显的区分的。这样，网的空间演化过程宛如树的生长："根—主干—次干—分枝—再次一级的分枝"。对于活动在聚落中的居民而言，从走在城市大街上到走进小巷或坊曲中的家门，实际上经过不同道路的级别"主干道—次干道—里坊间的街道—横街与十字街—曲巷"多次不同等级的空间转换。

（2）十字街

在贺业钜的《中国城市建设史》中推测唐代里坊内部实际上被划分为16个区。还有学者则进一步提出了"大小十字街"的假说：即里坊4个区内还各设十字形小街，称为"十字巷"；十字街加上十字巷，将全坊划为16个区。在此基础上，绘制出了唐长安城里坊臆想图（图4-18）。

① 郑卫，杨建军，也论唐长安的里坊制度和城市形态——与梁江、孙晖两位先生商榷，城市规划，2005，（10）.
② 孙晖，梁江，唐长安坊里内部形态解析，城市规划，2003，（10）.

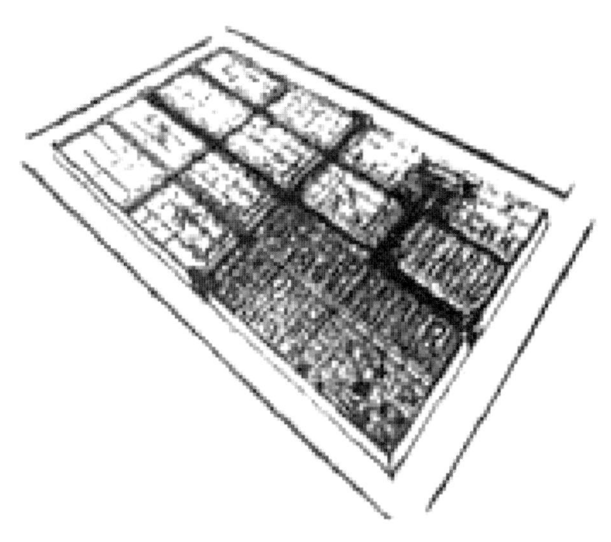

图4-18　唐长安城里坊臆想
（资料来源：董鉴泓，中国城市建设史，北京：中国建筑工业出版社）

这也与宿白认为的“典型的隋唐长安里坊内设十字街，进一步由更小的十字街将其分为十六个小区”的看法一致。另外，山西大同是在唐代云州城的基础上发展而来，对大同旧城的道路骨架分析，也依稀发现了一些片段性、不严格的十字交叉路径的印记。似乎从另一个方面成为十字街——十字巷路网结构的佐证。但孙晖、梁江则提出了不同意见，他们认为，比较严谨的推断应是：“在某些里坊的分区内可能存在十字巷的规划。”换句话说，他们认为，在没有原始的考古挖掘测绘图纸可查、没有令人信服的准确数据说明的情况下，十字巷很难说是普遍的街道形态。他们认为，里坊内部道路分成两级：一级是宽15米左右的十字街，一级是宽2米左右的十字巷和所有坊曲，这样大级差的树形道路系统意味着道路临街面较少，是封建帝王刻意减少平民对公共道路的可达性与渗透性，是刻意弹压平民的结果。这就涉及坊内道路是十字街——曲巷模式的二级道路系统还是十字街—十字巷—曲的三级道路系统的问题。本书认为，我们不能过于绝对地认识这个问题，当时规划的初始单位是坊，为了规划的便利，建城后将城内划分为若干坊，然后再对这些坊进行分配，这些坊的面积一般在28～91公顷之间①，由于坊的管理需要，如果不考虑一些富贵家宅邸和重要寺院、园林的话，一般有两或四个坊门，与其对应就形成了横街或十字街。②还有些坊，虽未记载十字

① 特殊形状的坊里包括兴庆宫、东市、西市、翊善坊、来庭坊、永昌坊、光宅坊等。在常规大小的坊里中，最小的为兴禄坊，为500米×558米，最大的为八苑坊，为810米×1123米。参见《唐长安坊里内部形态解析》一文。

②《长安志》记载有十字街的包括作为皇城东第一街的永兴、平康、宣阳、亲仁、永崇、晋昌六坊，第二街的胜业、安邑、宣平三坊，第三街的永嘉、道政、常乐、靖恭、敦化五坊；皇城西第一街的颁政、布政、光德、崇贤、延福五坊，第二街的金城、醴泉、怀远、长寿、嘉会、昭行六坊，第三街的普宁、义宁、群贤、怀德四坊。

街，至少也记载了三个门，估计与记载有十字街的坊结构类似。[1]对于只记载了两门、一门甚至没有记载的，当然也不能就认为其只有两门或一门，但确实有一些坊是例外，史念海提到，长乐坊大半以东为大安国寺，故当无东门，是否有南北二门也不一定。另外，皇城四第二街从北向南第十二坊为归义坊，整个坊都是隋蜀王秀的宅第，坊内也不会有街。[2]此类特殊情况不一一枚举。可见，相对城市整体布局的规整和有序而言，坊的内部结构是相对灵活的，十字街、十字巷既可以作为通常的规划目标，也完全可以因具体情况不同而加以变通，既然连四门十字街都并非必备，十字巷当然可以在方便的时候建设以明晰坊内的交通，也可以在不方便的时候不设，而以更加灵活的坊曲布置来解决坊内的交通问题。通过杭侃对于始建于唐的地方城市孟州城的考察中也发现了部分十字街巷结构的事实，我们或可推测十字街——十字巷的路网结构是当时聚落内部路网结构的规划方法和目标，但是否具体实现还要考虑坊内建筑的规模与公用，不能一概而论。具体情形，需要进一步考古发掘与文献考证的材料来支持。

上面举的是长安的例子，对于江南水乡，演化的次序结构是“河道—沿河街道—垂直于河岸的街道—巷道—弄”，虽然与长安的道路有所区别，不过从抽象结构来看是相似的。相信随着地方城市考古研究的深入，各种聚落道路的结构特征会更清晰。但就道路层级所反映出的次序关系网结构来说，是明确与普遍的。

（3）中心

从中国史前石器时代的发掘中，我们已经发现，在原始聚落中，往往有一座位置重要、尺度较大的房子，专家们考证为原始先民公共聚会与祭祀之处，可能也同时用作部落酋长的起居之所。在距今六千余年的半坡遗址的中部，就有这样一座特殊的建筑，考古学上称之为“大房子”。至今存留在中国南方侗族村寨中心的“鼓楼”可能也是由这一类聚落中心的宗教象征性建筑演进而来，它也带有精神崇拜、公共聚会、尊老恤幼、奖功赏战等多重功能性含义，这一点与上古时代的明堂建筑也颇有相近之处。由此似乎可以推知，自进入有文字记载的历史以来，这种位于建筑组群中央的具有“交通人神”“号令四方”作用的大房子，渐渐与最高统治者——天子的建筑相联系，因而渐渐演绎出了所谓夏世室、殷重屋与周明堂等等的说法。

（4）宗庙与社稷

太庙之制历代不同：夏有五庙，商有七庙，周有七庙，基本上都是一帝一庙。从汉代起改为同堂异室制，把数位先王神位集中于一庙，以太祖居中。后代大体沿袭了这种皇家庙制。保留到现在最为完整的北京明清皇家太庙，位于紫禁城的左前方，与右前方的社稷坛并列，这也符合《匠人营国》中所表达的“左祖右社”的规定。据说秦始皇征服诸侯、取得最高权力以后，曾在首都附近为他

① 这样的坊包括皇城东第一街的崇仁、永宁两坊，第二街的大宁坊。
② 史念海，唐代长安外郭城街道及里坊的变迁，中国历史地理论丛，1994，(01).

们建立宗庙[①]。这样我们可以看出，宗庙无论在宗教还是政治上都有极为重要的地位，与社稷坛并列，在以后的城市规划理论与中国悠久的都城史中占有突出地位。

"社神居土"中是土地肥力与自我更新力量的拟人化。社神是地方化了的神，各个社神管辖所及的范围，与奉祀他们的国家、城镇或村庄的疆界相同。各地都有社坛，成为国祚的象征，而亡国也可说成"毁社稷"。高本汉（Karlgren）所谓的"游离"文句中，有个尚未得出结论的证据：社稷居公侯宫殿之右（即西首），宗庙居左（即东首），但是两者并举是明明白白的。[②]这样的布局在大部分朝代得到坚持。

中国人独特的宇宙观将宇宙万物分为阴和阳两大类，认为一切事物的形成与发展变化，全在于阴阳两气的运动与转换。阴阳的概念，最早是来自阳光的向背，物体向阳的一面叫阳，背阴的一面叫阴。继而不断引申，进一步广泛解释自然界与社会界的所有现象。阴阳的概念成为学说是周朝以后，特别是《易经》对阴阳进行了全面的概括，成为系统完整的阴阳学说。阴阳划分的规律是：凡类似明亮的、上面的、外面的、热的、动的、快的、雄性的、刚强的以及单数的属阳。凡类似黑暗的、下面的、里面的、寒的、静的、慢的、雌性的、柔弱的以及双数的都属阴。"一阴一阳谓之道"也就是一切事物都应分析为相互对立、相互依存的阴阳两面，比如方位中的上下、前后，数目中的奇与偶、正与负，等等。"道生一，一生二，二生三，三生万物，万物负阴抱阳，冲气以为和"[③]，以及万物按二仪、四象、五行、八卦的变化发展，都与"阴""阳"的对立统一分不开。"象天法地""礼制观念"与祭祀活动的结合，产生了对庙的选址等方面系统的规定，从而促成了中国庙宇建筑文化的发展成熟。

城隍神在明朝洪武二年（1369年）新制之中进一步确定为"一定行政领域的冥界守护神或管理者"，使之更深地具有了与现实的行政机构相对应的冥界行政官的地位。地方长官在衙署里管理地方事务，属阳；城隍爷在城隍庙里管理阴间活动，属阴。两者对立统一为一体，从而城隍庙的选址与衙署密不可分。例如，韩城衙署位于乾位，城隍庙的选址就依据衙署的位置，居艮位，靠近东城门，与衙署隔南北大街东西相望。[④]

（二）时间之序的作用

中国传统建筑同西方建筑相比更加注重建筑群体关系，一般来说，中国传统建筑的单体形式同西方建筑相比变化较少，它们要求人们进入建筑中间，在行走

① 司马迁，《史记》，卷六，上海同文书局。
② ［美］施坚雅，中华帝国晚期的城市，中华书局，2000，K925-8.
③ 张兴发，道教神仙信仰，中国社会科学出版社，2001.
④ 张兴发，道教神仙信仰，中国社会科学出版社，2001.

中体验空间，这与中国绘画中的散点透视一样，反映了中国人的认识和思维习惯。可以说，脱离时间因素而仅从固定的视点无法把握中国建筑空间关系的精髓，中国传统聚落需要在时间的序列中体验。

欣赏中国传统建筑的时序并不是简单的行动先后带来的心理感受问题，“神畿之千里，加禁阙之九重；内财宫寝之宜，外定庙朝之次；蝉联庶府，棋列百司。”[①]这里形象地描绘了井然有序的建筑群体，其格局反映了长幼尊卑、财富多寡、社会地位等序列关系，等级秩序在建筑中被制度化（图4-19）。

空间秩序感和序列感常通过建筑的轴线或行进的路线贯穿和组织起来。北京城的中轴线是最经典的一例（图4-20）。

轴线的本质是人们用理想的、规则的秩序对复杂建筑对象加以整合规范，使人们内在的秩序感外化于建筑形式中，但又不仅如此，轴线中体现出一种主次等级秩序，这种对建筑等级秩序的梳理一方面反映了人们有尊卑贵贱的社会等级关系，另一方面也反映出人们给建筑不同位置、不同朝向乃至不同形状赋予了不同等级的价值。轴线的运用，强化了空间秩序感和时间序列感，也强化了建筑所反映的社会等级秩序。[②]

街巷、水网的空间演化过程是空间形态产生差异的过程，也是空间序列随之

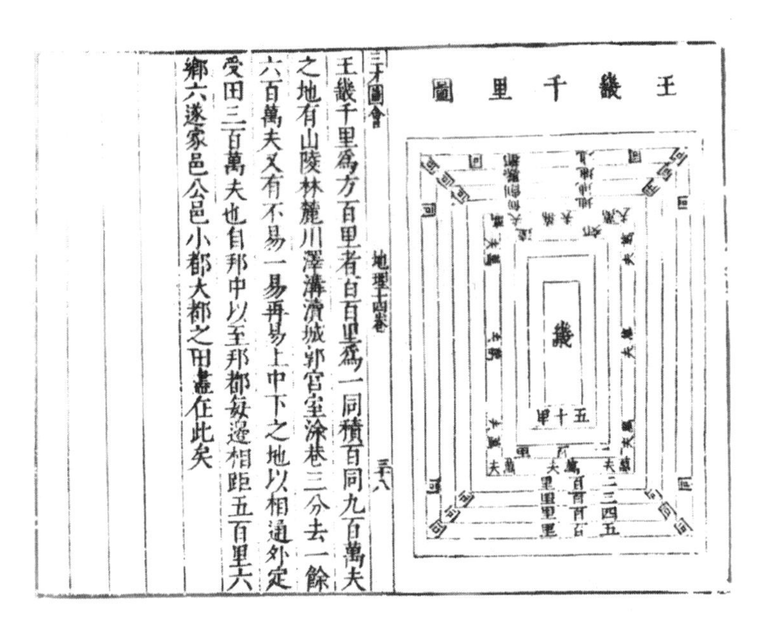
三才圖會　地理十四卷

王畿千里爲方百里者百百里爲一同積百同九百萬夫之地有山陵林麓川澤溝瀆城郭宫室涂巷三分去一餘六百萬夫又有不易一易再易上中下之地以相通外定受田三百萬夫也自邦中以至邦都遠邇相距五百里六鄉六遂家邑公邑小都大都之田盡在此矣

图4-19　王畿千里图

（资料来源：孟彤. 中国传统建筑中的时间观念研究. 北京：中国建筑工业出版社，2008：138.）

① 李诚，进新修营造法式序（《营造法式》序言）.

② 孟彤，试错与自组织——自发型聚落形态演变的启示，装饰，2006，（02）.

北京城中轴线鸟瞰图

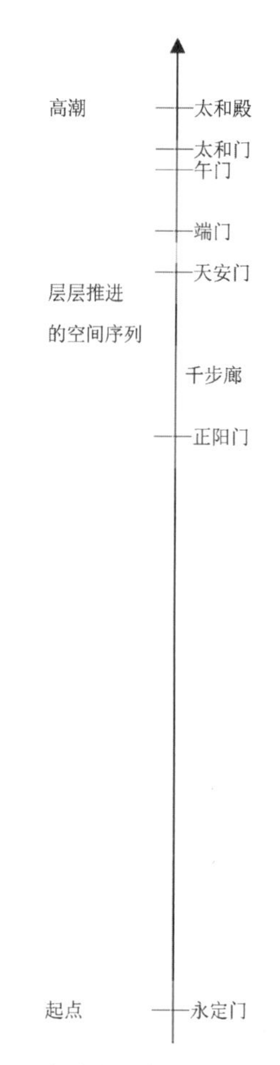

北京城中轴线的空间序列

图4-20 从永定门起，中轴线上的建筑构成空间序列，使人从沿中轴线前进的过程中，逐渐感受到整个建筑空间从起步逐渐走向高潮

（资料来源：左图来自google earth；右图自绘）

一步步形成的过程。空间交通序列的产生正是以差异性为基础的。一个城市的营造过程往往是先确定城址，再确定主要道路，之后，或是按里坊分割地块，即“任由百姓营造”。

在建筑的营造过程中，先后顺序也需要加以考虑："君子将营宫室。宗庙为先。厩库为次，居室为后。"[①]《朱子家礼》也说："君子将营宫室，先立祠堂于正寝之东。"

实际上，中国传统建筑中的时间序列并不是单纯的形式追求，而是传统建筑按照有严格等级的社会组织结构分布和特定的宇宙观念而创造出的一种图式。

① 《礼记·曲礼》。

三、空间拓扑关系

第二章第三节中的例子说明了将建筑平面进行图底反转再转换成结构图解的方法，得到的用节点与连线来描述结构关系的图解被称为关系图解。让我们用关系图解方法结合第二章所举的黑龙江下岬村住宅变化的例子，对其住宅空间组构的变迁加以分析，来探讨房间之间的空间组构关系，见图4-21。

由以上关系图解第一列可以看出：下岬村居住建筑在发展过程中，由起初较浅的结构逐步发展出较深的树状结构。可见，家庭空间的层次由少变多，人们的私密性逐渐得到更好的保护，内与外的分别日趋明显。从社会生活上看，人们的小家庭生活逐渐丰富，这一社会因素变迁反映在空间上就是如图第二列所示的房屋拓扑层次增加。

在分析了上面的例子后，我们不妨花点时间探讨一下一个比较基本的问题——如何对空间或形式系统进行再现表达，使得系统可以被分析。希利尔认

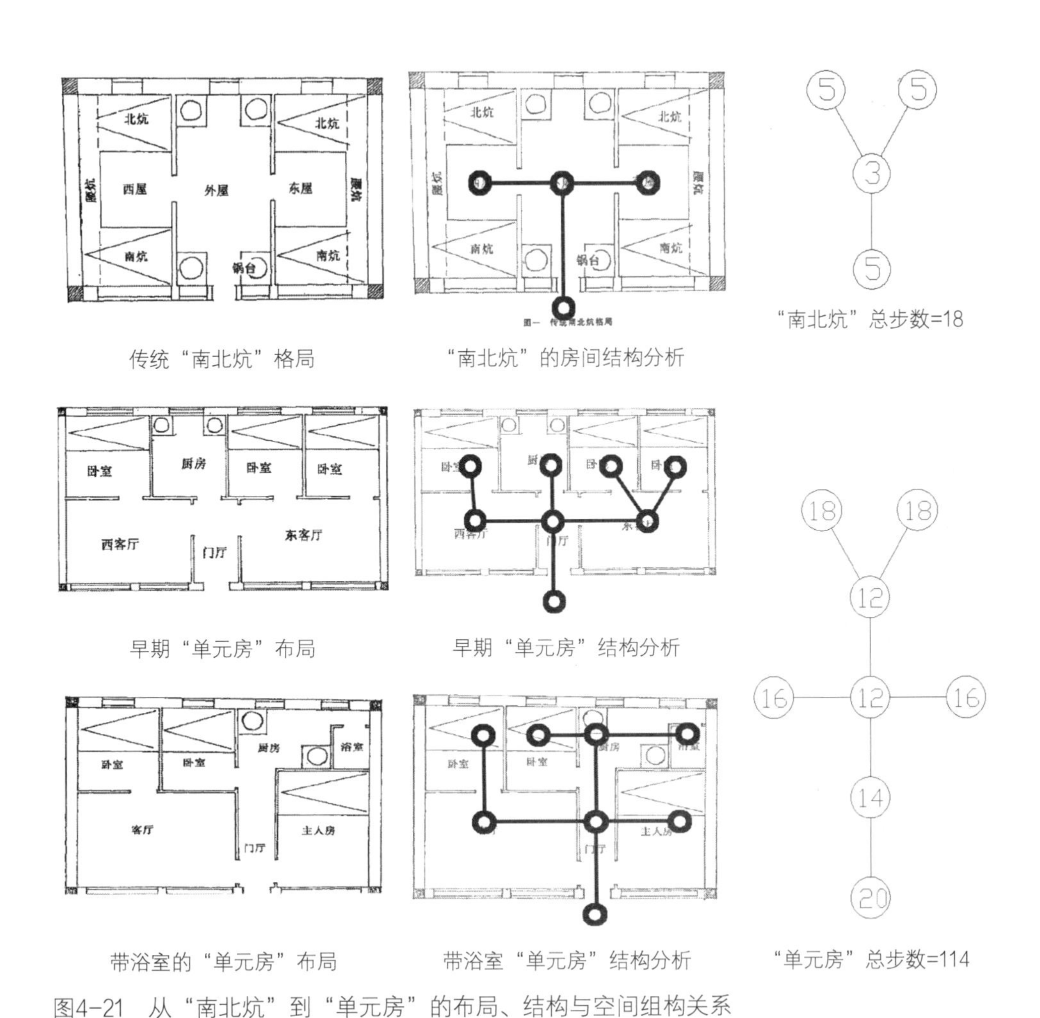

传统"南北炕"格局　"南北炕"的房间结构分析

早期"单元房"布局　早期"单元房"结构分析

带浴室的"单元房"布局　带浴室"单元房"结构分析

图4-21　从"南北炕"到"单元房"的布局、结构与空间组构关系

为，简单化是通向复杂性的手段，他采用了非常简单的定量分析技术，提出组构的概念，认为：一个负责系统中任意一对元素之间的关系被定义为一种简单的关系，或者是相邻，或者是可达。在一个复杂系统内，只要这种简单关系至少被即时共存的第三个元素影响，或者被所有其他元素所影响，它就是一种组构关系。

在讨论图中的“南北炕”式住宅时，我们不难发现：东、西屋分别与外屋相连，外屋与屋外相通，从连接关系上讲，东屋与西屋实际上相对于外屋是对称的；而“单元房”的住宅中，卧室是经过客厅间接与门厅相连的。与东客厅相连的卧室从空间组合关系上可以认为是和与西客厅相连的卧室对称的，但是卧室与客厅之间却并不对称，这就是一种组构上的差异，或者换个角度说，相对于门厅而言，卧室的拓扑深度比客厅大——这反映了卧室与客厅这两个不同房间之间组构上的差异。在上文的例子中，我们可以说，总拓扑深度的分布以及它们的总和至少描述了一些组合物体的组构特征。在上面例子中的三个不同住宅中，我们发现，第一种的拓扑层级最少，而后两种从组构分析的角度来看，结构是相同的，这意味着，后两种“单元房”式住宅比“南北炕”住宅拥有更复杂的结构，当我们考虑卧室与客厅是不同类型的房间时，第三种的结构就比第二种对称性更低，显得更为复杂。

现在让我们来进一步探索这个简单的技术，例子中“南北炕”和“单元房”一系列房间由一个个小圆圈表示，这些小圆圈相互联系，每一个小圆圈内的数字代表了这个房间出发到其他所有空间的“总拓扑深度”，表示在上图第三列中，拓扑深度的总和都标注在每张图例的下方。这些图形包括若干个连接方式。

以上是对于一个简单住宅的房间分析。组构同样可以用来分析聚落的空间组合关系。在空间中，相同数量的元素的不同排布方式将会有不同的空间组构特征。组构的特征是：我们把形态与空间简化后，从不同的视角来观察这些图示时，它们会变得截然不同。这点可以用“J”型图来直观地表达出来。在一个形态中画出从所有节点出发的“J”型图，那么，我们可以描绘出一些形态方面深层次的特性。关于形态，一个非常有趣的特性就是它们所拥有的“J”型图的数量，以及这些图的差异程度。实际上，形状的对称性可以被确切地阐释为组构的特性。从数学上而言，对称就是数学变换中的不变量。[①]

聚落形态上我们也可以发现相似的变化趋势，里坊制聚落里大城套小城，小城套里坊，聚落纵横成列、街巷俨然。经分析发现，城市表现出从较强对称性秩序向不对称性紊乱转化的趋势。以第二章第一节中的北方城（图2-3）为例，军屯制度下，军堡内部常呈现出五户一排的房屋排布方式，居住院落的相似与秩序占据主导，掩蔽了院落的个性。

① 伊恩·斯图尔特（Ian Stewart）和马丁·葛如彼特斯基（Martin Golubitsky）在合著的《可怕的对称》中言简意赅地表达了这一观点：“对数学家来说，如果物体在转变之后仍然保持它的形式，我们就说它具有对称性。”

图4-22　修建于不同年代的平遥城内外两侧的建筑，呈现出不同的肌理特征和拓扑深度

图4-22表现的是古城平遥南侧城墙及其内外的建筑，右侧（南侧）看上去更为规整的部分是中华人民共和国成立后修建的院落群，左侧（北侧）为古城的旧院落，可以发现，平遥古城外的新建筑与古城内的房屋虽然都是合院住宅为主，但是城外主要由并列排布的一进简单院落构成，而城内则划分为较大块街坊，街坊由进数不等的多重院落构成，街道分级更为明显。古城内的民宅相对拥有更深的拓扑深度，私密性较好；古城外的新住宅群形式均一，差异小，反映了房屋建设的时代强调人人平等的社会关系，相应地对住宅的私密性考虑得就比较少。

第三节　本章小结

对于聚落空间的描绘通过对物质实体的表述实现，聚落可抽象为：边界、领域、中心、结点几种元素，对于中国传统聚落的描述同样可以按照这样的顺序展开。对于聚落结构的理解从道路开始，但道路结构不等于聚落结构，聚落结构可通过基于结构主义的抽象分析来表述。

客观世界中的聚落结构可抽象为数学中的群、网、拓扑关系。聚落要素之间的静态构成关系也包括并置、链接与逐级构成三种关系，运用群作为工具有助于更深入地把握空间结构中有关构成关系的本质特征；而网则帮我们把握聚落空间要素之间差异性的一面；拓扑使我们从更本质的层次上把握聚落空间的变换，探讨聚落中的内在组构关系。

第五章　传统聚落形态对社会结构表征的实例解析

聚落是人类生存空间的聚合，是人性化的空间。“人不仅像在意识中那样理智地复制自己，而且能动地、现实地复制自己，从而在他所创造的世界中直观自身。”[①]马克思的这一论断，阐述了人是按照自己内在的观念来建造世界。这种内在的观念来自客观社会，又反作用于它，不仅包括人的物质需求、社会心理需求，而且还包括精神文化需求。因此，社会结构空间化，归根结底还在于人们在社会中获得的人伦位序在聚落空间中的实现。

如第三章、第四章所论，我国传统社会结构作为结构的一种，可以与抽象的数学结构大致对应起来，以抽象的群结构、网结构来分析；同样地，传统聚落内部结构抽象后也可以反映出相似的特点。这并非偶然，一方面，数学结构本身就是对于具体结构体系的理论化抽象；另一方面，人之间的关系在空间里发生，人的社会活动就是空间性的，我国在观念和制度上形成了独特的宇宙观，自古以来讲求“象天法地”，追求人与自然的和谐统一，追求人在自然中的诗意栖居，在西方世界中可以比较明确地区分人与自然，在我国传统社会中却并不是那么清晰。中国传统中，从观念、制度到心理感受，空间是一个普遍意义上的存在，相应的，社会结构空间化是一个自然而然的过程。

有一种说法认为：“聚落的背后存在有许多眼睛看不见的文化和社会结构，所有的这些最终均会依托在聚落中，被物象化，并明确地存在于聚落的空间组成之中。”[②]这话恐怕只说对了一半：文化和社会结构是由大量短暂的人与人之间的相互关系组成的，这些并不一定都会在聚落中得到表达。社会结构与聚落结构既有联系，又有不同步，不能完全对应起来，尚需从相似与差异两个角度考察。

本章重点关注了四个不同类型聚落形态的实例，对其聚落形态、社会结构加以对照分析，并试图揭示其中展现出的表达语法。

第一节　龙门镇

一、龙门镇概述

龙门镇是一个宗族聚居的典型聚落，它位于富春江南岸（图5-1）。龙门镇中有孙、章、李、夏四大姓，其中孙姓占总人口的90％以上。《孙氏宗谱》记载：宋初，三国吴大帝孙权二十六世孙、宋奉议大夫孙迁居龙门村，到1939年，孙权

① 马克思恩格斯全集，第42卷，北京：人民出版社，1979：97.
② 王昀，传统聚落结构中的空间概念，北京：中国建筑工业出版社，2009：17.

图5-1　浙江富阳龙门镇的聚落所在的环境

（资料来源：google earth）

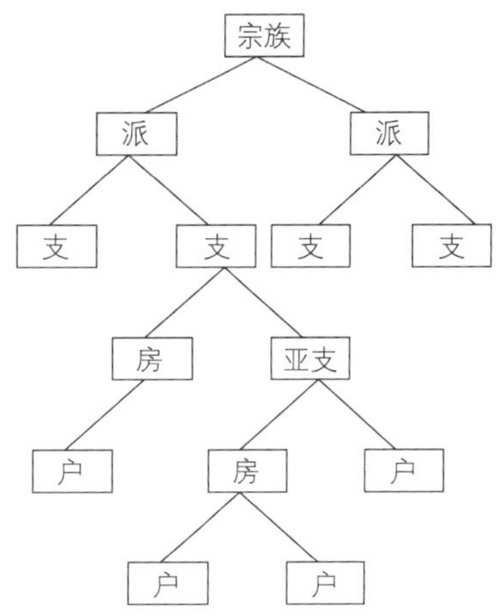

图5-2　宗族层次示意图

后裔已历六十五世，距今1000多年[1]。龙门镇的宗族结构大致可以概括为户、支和派等几个等级组成的层级结构，整个聚落由族长管理，族长以下另有支长、房长和家长几级。孙氏宗族包括两个派别：思源堂和余庆堂，两派虽同属宗族，但又各自相互独立。两派各拥有若干支，支由若干房组成，房下又有若干户。“实际上这些派、支、房都是孙氏宗族下所属的不同分支，分支下又分亚支，最终由宗族的基本单位——独立家庭组成。”[2]（图5-2）

龙门镇东西长800米，南北500米，镇内有祠堂、牌坊、家庭住房和商业街及附属建筑、文昌阁与魁星楼、亭花台、雨台等，镇外原有的一些祠、庙等现已不存。一条小溪自南向北穿镇而过，它与一条东西贯通的小街一起将龙门镇分为四部分。曲折的小巷又进一步将这四部分分割成若干组团（图5-3）。

二、作为宗族结构表征的村落形态

从聚居形态上看，龙门镇有几个有趣的特点，在这些特点背后又孕育着一些矛盾：

1. 河西有全部的7个支派，而溪流以东只有2个支派。

2. 全村同宗，有两个较大门派：余庆堂（5支）与思源堂（2支），但两派并不共同使用孙氏宗祠，而是分别有一个规模较大的宗祠。余庆堂主要用孙氏宗祠，孙氏宗祠朝向西南，下属各支的议事厅也朝向西南；思源堂主要使用新祠

① 引自互动百科。

② 沈克宁，富阳县龙门村聚落结构形态与社会组织，建筑学报，1992（2）：53-58.

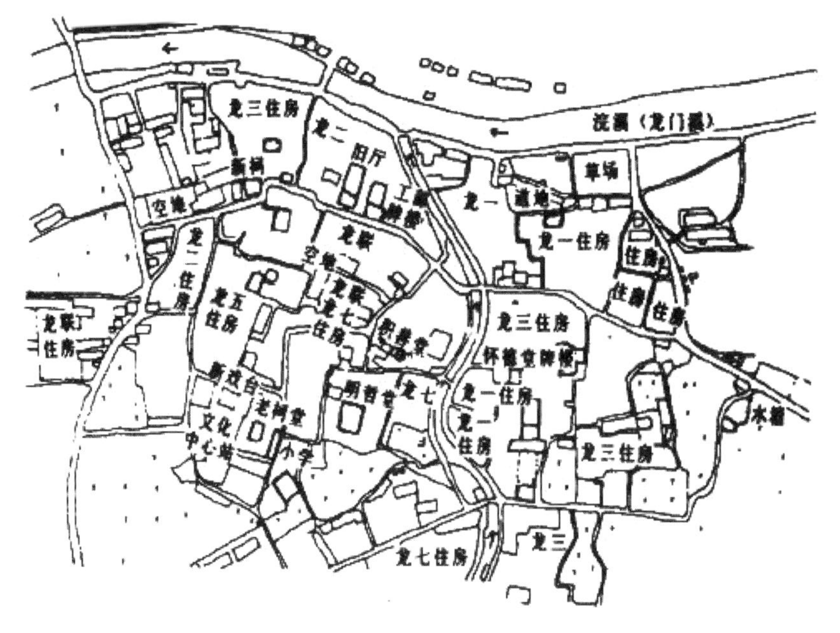

图5-3　龙门村宗祠、住宅分布图

（资料来源：沈克宁. 富阳县龙门村聚落结构形态与社会组织. 建筑学报，1992，2：54.）

堂，新祠堂朝向正南，下属各支的议事厅也大多朝向正南，但其部分老厅堂朝向西南。

3. 各支内部（血缘关系比较近）一般住得比较近，但各分支之间时有穿插。余庆堂的两支（龙一与龙三大队）有部分住宅远离传统住址，在河东穿插布置。

要解开关于这些矛盾的疑问，首先要回顾一段村中的历史：村中原来只有一座孙氏宗祠，是孙氏族人共同使用的宗族场所，但曾在一次修祠堂的过程中，新修祠堂的孙氏成员因认为自己集资有功，因而颠倒了兄弟在宗祠中的排位次序，长兄为表示抗议而另立新祠。这一事件导致村中的孙氏族人分成余庆堂和思源堂两派。了解了这段历史，就为解开前面的问题奠定了基础。

首先，村西是村落的起源地也是其主要部分，因此分布有全部7个分支。而河东的所有住房均属思源堂下的两个分支。在门派分立之后，思源堂下属的分支，特别是智七分支（现龙三大队）发展较快，虽然跨越溪流发展在习俗中较难为人所接受，但由于内部纠纷的客观存在，居民们的生活发生改变，心理上逐渐适应和认同了环境的改变，从而重新认可村落结构出现的变化。而且，既然两派已经相对独立，孙氏的一支发展到溪的另一边也有了理论上的依据。

其次，了解了村子历史上曾经闹矛盾而分为两大派的历史，不难解释两派不共用孙氏宗祠的情况。孙氏宗祠朝向西南，是风水上的考虑，而思源堂为了表示独立，将祠堂朝向正南，而其下属两支（龙一、龙三大队）的厅堂朝向正南也是为了与新祠堂保持一致。但由于一些旧厅堂建设时间早于新祠堂，旧祠堂建设时

孙氏宗族及现有主要分支示意表　　表5-1

族	派	支
孙氏宗族	余庆堂（使用孙氏宗祠）	龙二
		龙五
		龙七（积善堂）
		龙八（明哲堂）
		龙联
	思源堂（使用新祠堂）	龙一
		龙三（智七分支，怀德堂）

两派还统一在孙氏宗族之下，未分开，此时各祠堂自然都遵循孙氏宗祠的传统。

最后，镇中生产大队是依据该镇孙氏宗族的状况划分的，生产大队对应着原来宗族下的几个较大的分支，这些分支在宗族发展过程中表现为不同支派。而镇中由小巷和小溪划分出的组团对应着不同家族分支的聚居地，也就对应着不同大队，各大队分别占据一块或几块组团。各大队聚居地并未严格聚集在一起，而是互有穿插，同大队的几块居留地有时也并不能完全聚在一处而是被其他大队的聚居地分开。这是由于在宗族发展过程中，有的分支原有聚居地不够用，但周围土地已经被其他分支占有而无法就进扩展，该分支就在原来村落边缘取得新地而造成了前面提到的现象。从图5-4所示的组团分布情况可以大致看出社会组织的情

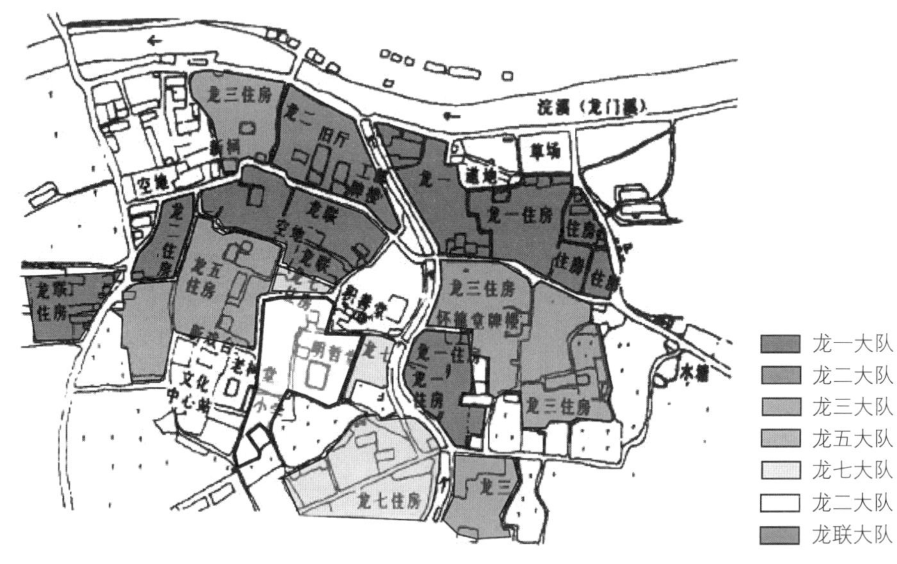

图5-4　龙门村不同宗族分支的聚落组团示意图

（资料来源：沈克宁，富阳县龙门村聚落结构形态与社会组织，建筑学报，1992年第2期：55.）

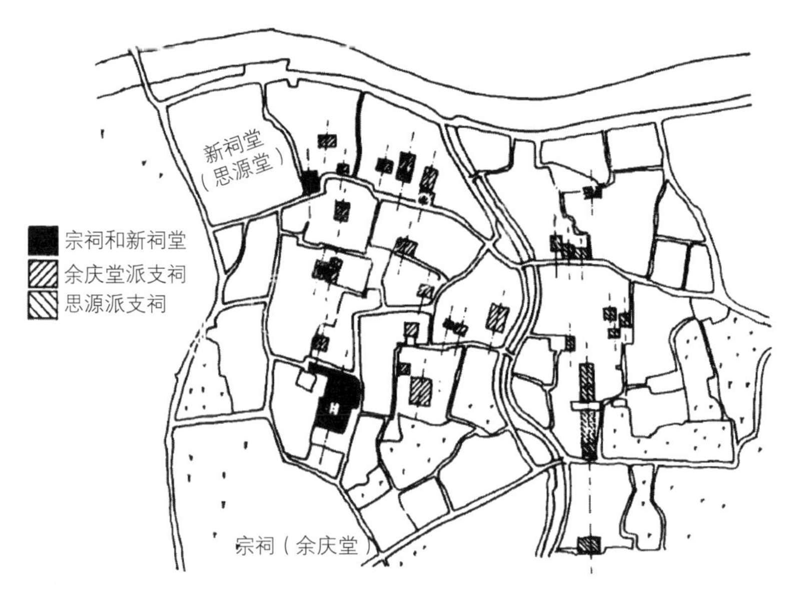

图5-5　龙门村厅堂分布状况
（资料来源：沈克宁，富阳县龙门村聚落结构形态与社会组织，建筑学报，1992年第2期：57.）

况，一些分支的血缘关系较近，其居住地往往也相邻，一些分支的血缘关系较为疏远，居住地往往也要远一些。宗族的不同分支之间，建筑组团的情况也部分地反映了血缘关系的亲疏状况。

龙门镇的布局看似松散、缺乏关联，没有明显的设计格局，实际上却是在严密的宗族组织结构主导下逐渐形成的，聚落形态可视为由组团构成的群结构。同时，宗族结构也表现出群结构的特点，由“户—房—（分支）—支—派—宗族”逐级构成。采用现代设计与规划方法的观念无法分析的聚落形态，实质上表征着以宗族为主线的社会结构，不仅从空间形式上有较好的直观对应关系，那些看似矛盾之处，在深入了解聚落的历史和社会结构后，可以得到合理的解释。

龙门镇内曾建有60余座厅堂，现尚存有30余座。古建筑群布局严密多变，整个古镇由众多以厅堂为中心的居住院落组合而成，简称厅屋组合院落。厅堂是某房支或者某个小家族的祠堂，以此厅堂为中心，周边环绕住宅和高墙，成为宗族中某个小社会单元的居住地点。《孙氏宗谱》记载：“孙氏千有余家，各房聚处皆有厅以供阖房之香火。”[①]图5-5不仅显示了村中现存的厅堂祠堂及住房的位置，且显示了厅堂与住房的归属，即它们分别与若干生产单位联系起来，这些生产单位正与宗族的不同支派密切相关。例如，现属龙一大队的那一分支原居住地在小街北院溪南，但在现龙三大队居住地所属地域边缘与龙一大队的主要聚居地也有该分支的住房。因而，宗庙、祠堂的设立就具有了社会政治的意义。

① 沈克宁，富阳县龙门村聚落结构形态与社会组织，建筑学报，1992，2：54.

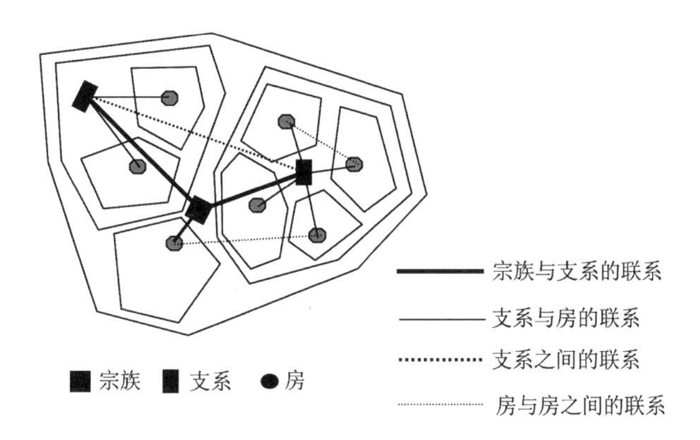

图5-6　宗族主导的传统村落社会网络关系示意

由图5-6可见，每个支（或分支）中的各户之间居住地接近，由于彼此拥有较近的血缘关系和空间位置，联系较密切，并通过厅堂所代表的支（或分支）组织联系，在不同支之间，其日常活动的联系通常比本支内部少，主要依靠宗祠所代表的宗族组织凝聚起来，其日常生活中的关系主要通过宗族组织实现。在这样的结构中，宗祠容纳了较多同宗各户之间的交流活动，同时宗族组织成为连接不同支系下各户的社会网络的中心，宗祠在村落中的中心地位是由其代表的宗族组织成为各关系本体联系的纽带和中心这一社会现实决定的。宗祠在聚落中的重要程度大于厅堂，并非因为宗祠比各厅堂更接近村落的几何中心，而是决定于宗族组织在村民社会网络中处于比各支系更中心的位置。

三、作为家庭组织表征的住屋形式

以上分析了村落组团是如何表征社会结构的，实际上也可以从住屋形式中窥得家庭组织状况。

建房于百年前的孙树章家旧宅是龙门镇当地典型的样式——传统上称为“三间、二弄、二厢、一罩”的住宅单元，由门廊、天井、正房和两厢组成的。正房是一个五开间的穿斗式二层楼房，这五开间由“三间”与“二弄”所组成，“二弄”是在正房的两山处设楼梯通向二层的空间。“一罩”指的是有廊檐的大门入口。图5-7显示了孙树章家系情况：孙树章是第一代，他有三个儿子是第二代，其长子孙祖周再有三个儿子是第三代，第三代包括孙河海、孙国顺、孙国源。第二代分家时，孙树章的长子孙祖周继承了旧宅。当第三代成家时，孙祖周将旧宅分给了他的长子孙河海，河海有三个儿子（第四代），他们是孙骆荣、孙骆庆、孙骆富。这个房子现由孙树章的第三代孙河海的三个儿子及其后代使用，房子的使用者在家系图中加框表示。由于使用者发生了变化，该宅的使用方式发生了很大变化：空间划分复杂，使用功能混杂，与原来个房间功能明确的状况相比大有

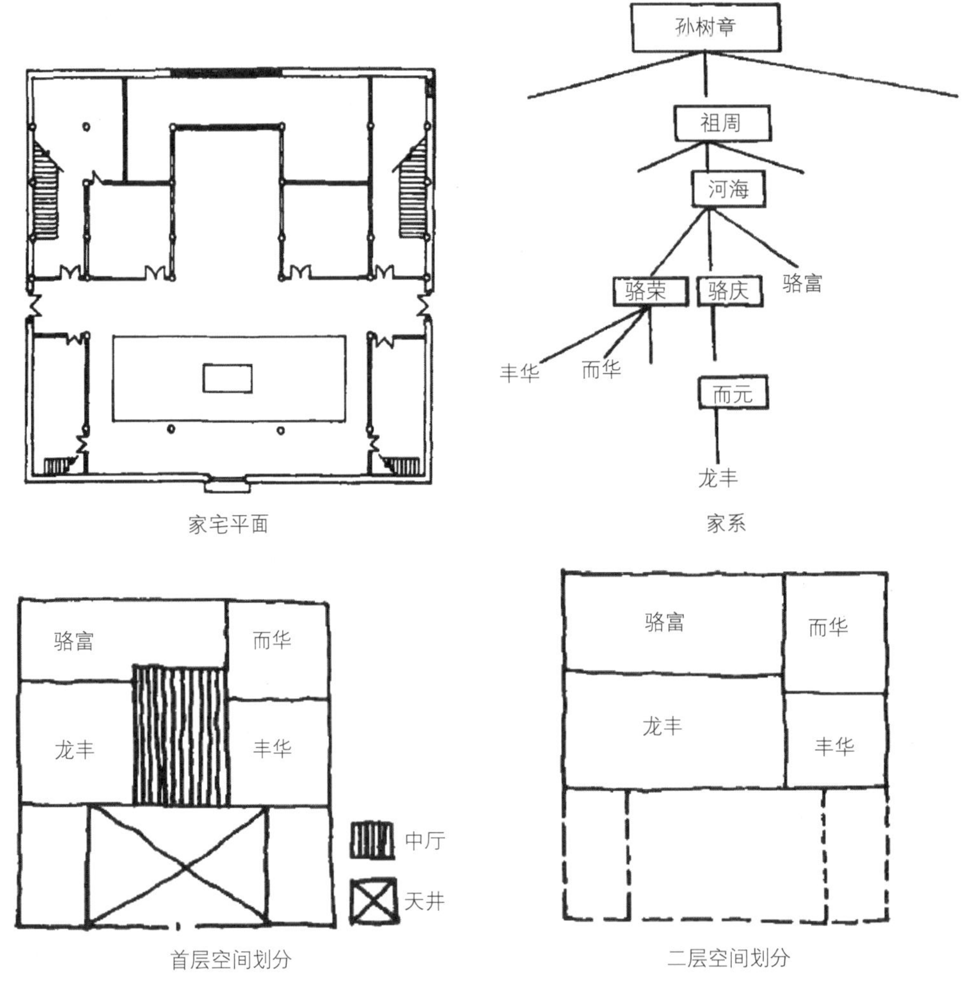

图5-7　孙树章的家系、家宅平面及空间划分

改变。但住宅中的厅保持独立，空间保持完整，仍延续起初的“公共”的功能。这种使用方式是龙门村历史上住宅使用方式的传统，厅堂作为几家的公共使用空间，其存在对于维系血缘家庭的亲密关系十分重要。从社会意义上讲，中厅在住宅单元中的地位类似宗祠或厅堂在宗族或支系中的中心地位。

图5-7即村民孙树章家宅的平面与家系情况。

四、宗族聚落形态表征社会结构的解析

中国传统社会是建立在以血缘关系为基础的家庭伦理基础上的。在封建社会早期，只有天子及其亲族才能建立家庙，庶民只有墓祀祖先，至元初，民间宗族发展日渐繁盛，祠堂建设逐渐加入宗族统合之中，出现了不同于之前墓祀的“建于里”的祠堂。至明中期，“宗法伦理的庶民化”带动了祠堂庶民化的过

程[①]，嘉靖十五年（1536年）礼部尚书夏言上《令臣民得祭始祖立家庙疏》，“乞诏天下臣民冬至日得祭始祖……乞诏天下臣工立家庙”[②]。在政府的明确鼓励下，宗族祠堂在全国特别是南方诸省迅速盛行。

清华大学的陈志华教授等人在测绘考察了浙江新叶村（南宋由中原迁浙江）后认为宗族关系决定了聚落形态——“新叶村的核心是有序堂，最早的住宅在它的两侧，到第八世分十一房建造分祠时，就分布在有序堂的左右和后方，各房派成员的住宅造在本房分祠的两侧，形成以分祠为核心的团块。房派到后代又分支的时候，再在外围造更低一级的支祠，它的两侧是其支派成员的住宅。新叶村就这样形成了多层级的团块式结构布局（图5-8）。大小宗祠在村里的分布比较均匀。早期在团块之间留有空地，常年以往，空地没有了，团块近于封闭，但村子却以续分房派也就是增加团块的方式不断扩大。整体结构不是封闭的，而是开放的……在相当长的历史时期里，村子的结构与宗族的结构是符合一致的。”[③]

龙门镇结构及其社会组织的关系表现出与新叶村类似的特征，具体分析则可以从两个层次上发现聚落形态对于社会结构的表征关系：从住宅内部结构考察，家庭内部的生活围绕着“公共空间”——中厅进行组织，房屋资产的代际传承带来的使用功能变化反映了家庭内部的组织关系；对于组团内部的使用来看，体现

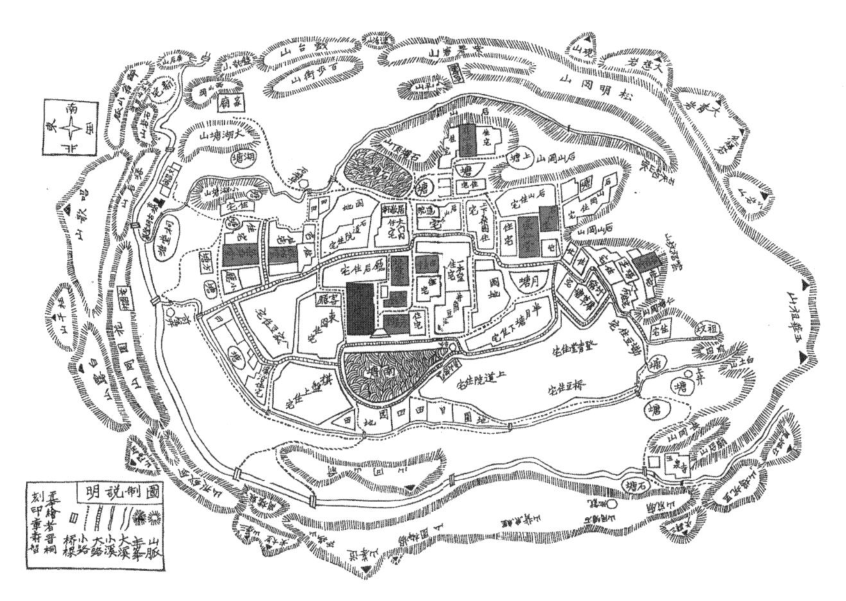

图5-8 《叶氏宗谱》中浙江新叶村里居图中深色为有序堂，浅色为各级祠堂
（资料来源：改自陈志华等. 新叶村. 重庆：重庆出版社，1999：131.）

① 郑振满，明清福建家族组织与社会变迁，长沙：湖南教育出版社，1992.
② 赵华富，论徽州宗族祠堂，安徽大学学报（哲学社会科学版），1996，(2)：48-54.
③ 段进，空间研究1：世界文化遗产西递古村落空间解析，南京：东南大学出版社，2006：262.

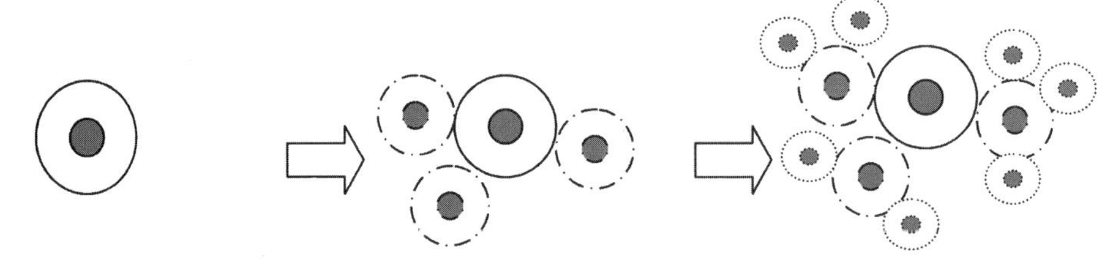

村落初具规模时期，宅居地围绕宗祠布置，宗祠是整个村落的祭祀和心理中心。

宗族发展分房分支后，各房头的宅居地围绕本房支祠布置，支祠成为本房派的祭祀与心理中心。

宗族壮大，各房又有小分支，形成更小层级组团，组团之间的缝隙饱和后以增加组团的方式不断扩大。

图5-9 团块结构示意图
（资料来源：《世界文化遗产西递古村落空间解析》第38页）

了宗族分支内房系层面上的组织结构特征；放眼于整个村落，各组团之间的区分、居住组团的分布与穿插、中心的存在与分异反映了社会组织结构。而宗族分支的居留地表现为一级组团，房系的居留地则表现为二级组团。一级组团的中心是支祠，二级组团的中心则是厅堂（房系的祠堂）。界限与道路可以据此类推。所有这些要素的组合构成完整的村落，村落的仪式中心或称精神象征的物化对象则是宗祠。从中国传统村落的分析研究中可以发现村落形态常表现出团块状结构（图5-9）。

“这样的团块结构中包含着社会组织结构的关系，无论是‘路’‘区域’，还是‘界限’与‘中心’，这些聚落形态要素实际上都是由宗法血缘的社会组织关系决定的——中国传统聚落的构成原则还在于它深刻的社会组织内涵。”①

第二节 暖泉镇

一、背景

暖泉镇位于河北省蔚县最西部，壶流河水库西北岸。壶流河盆地南、北面均为恒山余脉，两道山系在壶流河盆地的西侧趋于合拢，只留下一道狭窄的山口。暖泉镇就恰好伫立在这个山口上，把持着东、西、南、北交通的要道，在小小的暖泉镇上连修北官堡、西古堡和中小堡和西古堡三个互为犄角的城堡，足以说明其军事意义重大。暖泉是大同通往华北平原的军事要地，同时，又是古代重要的区域交通枢纽和经济中心。该镇是古老的张库商道（张家口到库仑）的必经之地，这使其逐渐形成商道上的贸易集散地。到明正德年间（1520年），暖泉集市已颇具规模，西市、上街、下街与河滩的草市街和米粮市共同形成古镇的露天集

① 沈克宁，富阳县龙门村聚落结构形态与社会组织，建筑学报，1992，2：58.

图5-10　张家口市暖泉镇聚落所在的环境
（资料来源：google earth）

市，它们呈西边狭长、东边宽敞的三角形布局。

明朝为了防御北方蒙古残余势力的侵扰，从开国初年到正德年间的一百多年里，逐步巩固边防，在秦长城的基础上完善了长城防御体系。为加强对长城的防守，在长城沿线内侧修建了大量卫所和边防城堡，并划分防区，形成长城沿线的"九边重镇"[①]。蔚县属于宣府镇，史称蔚州。[②]朱元璋的边境政策，初为"边民内徙"，后为"以军实边"。明初徐达出兵雁门关失败后，朱元璋决定将雁北一带的居民迁往长城以内，"以山西弘州、蔚州、定安……等州县北边沙漠，屡为胡虏寇掠，乃命指挥江文徙其民居于中立府（今安徽凤阳），凡八千二百三十八户，计口三万九千三百四十九。"[③]将边境百姓内迁，仅留兵士常年戍守，又远离中原产粮区，粮食供应是个难以解决的问题。"寓兵于农"的军屯政策开始被推广。北方少数民族的骑兵一般只是在因气候恶化导致的粮食短缺时才麾军南下冒险劫掠。其余大部分时间内，明朝的边关将士都是处于相对太平的备战状态。在此背景下，屯军逐渐演变为以耕地为主而守备为次。《明太祖实录》记载，"上以山西大同、蔚、朔、雁门诸卫军士月给粮饷，有司役民转输，艰苦不胜，遂命各卫止留军士千人戍守，余悉令屯田，以息转输之劳。"[④]蔚县暖泉镇北官堡的《刘氏坟谱》记载，其祖先为"原籍山西平阳府洪洞县之大柳树村人，洪武年间始迁蔚郡，卜居城西暖泉村"，以迁徙的时间来推测，很可能也是因屯军而到此地的。[⑤]

① 长城"九边重镇"包括：辽东、蓟州、宣府、大同、山西、延绥、甘肃、宁夏和固原。明中叶以后，为了加强首都和帝陵的防务，又增设了昌镇和真保镇，合称九边十一镇。
② 罗德胤，蔚县城堡村落群考察，建筑史，第22辑：164-179.
③《明太祖实录》卷八五。
④《明太祖实录》卷二三一。
⑤ 罗德胤，蔚县古堡，北京：清华大学出版社，2007.

明代在边境地方实行卫所制度，卫所士兵开垦府、州、县管辖以外的荒地，实行屯垦，称为军屯。“边地卫所军，以三分守城，七分开屯耕种；内地卫所军，以二分守城，八分开屯耕种。每个军士受田五十亩为一份，发给耕牛、农具、粮种等，三年后交纳赋税，每亩一斗。”① “所征之粮贮于屯仓，由本军自行支配，余粮为本卫官军俸粮……屯军以公事妨农事者，免征子粒，且禁卫所差拨。”②明代军屯的生产组织是以“屯”为基本单位，一屯有若干人或若干户。③

在空间上，屯堡和防御为主的军堡形成了中心辐射式的网状结构。一方面，军堡一般管辖若干屯堡，于是构成军堡为中心的网状辐射结构，宣府镇下辖703堡，形成完善的军事防御体系。另一方面，为抵御长时间的进攻，粮仓和草场是军堡必备的场地。多为“仓场者，广储蓄、备旱涝。为军民寄命者也……至于预备常平，尤为吃紧，而草所转输，百倍艰难。”④宣府镇内大到镇城，小到边堡都备有粮仓和草场。另外，很多堡城中还有专门负责军器的宫宇——军器局和“专收火器”的神机库，火药局等。⑤

二、聚落形态

暖泉镇内有三个堡，自东向西依次是北官堡、中小堡、西古堡（图5-11）。

北官堡是明代驻军屯兵之处。城堡基本呈方形，堡门高大坚固，上有歇山顶堡门楼。堡内地形复杂多样，古粮仓、古暗道分布其间。街道结构呈“王”字形，街道宽度在4～8米之间，南北主街平均宽度5.5米，东西街平均宽度4.7米。

中小堡紧邻西古堡，是暖泉三堡中最小的一个，平面呈长方形，东西约95米，南北约150米，南北、东西主街平均宽度分别为4米、3米。中小堡仅在北面设一门，门外即古商业街。

西古堡，又称“寨堡”，位于暖泉镇的西南部。该村堡始建于明代嘉靖年间，清代顺治、康熙时期又有增建。城堡平面呈方形，边长约200米。堡墙黄土夯筑，环绕四周，高约8米，墙外凸出土筑马面，沿城墙内侧有一周“更道”。城堡门南北各一座，堡内有贯穿整个城堡的十字街，平均宽度5.3米左右，将堡分为大小基本相等的四片区域。此外，沿东、西、南三面堡墙墙根还有一圈道路，宽度较宽处达8.4米，窄处也有5米并有瓮城，还有一眼官井。清顺治、康熙年间，在村堡南北堡门外各增建一座瓮城。瓮城平面呈方形，边长约50米。两瓮

① 参见《大明会典·户部·屯田》。
② 参见《大明会典·户部·屯田》。
③ 一般而言，屯的基层组织是“屯所”，即“屯田百户所”。在边地为防御敌人的入侵，往往合几个“屯”或“屯所”建立一个“屯堡”。屯田百户所之上有千户所，有指挥所。屯所的设立，意味着守御军和屯种军在管理上的分离。军队通过屯田，有效地保障了军队的粮食供应，也使边境地区的荒芜土地得到开发。
④［清］吴廷华等纂修，《宣化府志》，清乾隆二十二年刊本，卷十六，《军储考》。
⑤ 谭立峰，河北传统堡寨聚落演进机制研究，天津大学博士学位论文，2007。

图5-11　暖泉镇总图
（资料来源：谭立峰 绘）

城平面形制及大小基本相当，布局对称，各建有高8余米的砖券结构城堡门。

考察暖泉三堡的内部形态，可知堡内功能相对简单，道路结构基本上是分级的骨架结构，最多通过三级路网即可到达每一住户，堡内道路受到以丈为单位的基本模数的控制。总体布局上，三个村堡均建于镇区的边缘，商业集市、水源（暖泉）以及行政中心则处于村堡围合之中。村堡的防御性非常突出，由于村堡相互邻近，因此形成了彼此之间协同防御的特点。据县志记述："今之乡者何也？曰：以卢舍比鳞也，形势之犄角也，器械之必具也，耕植作息之无相远也。"

三、暖泉的集市

1971年壶流河水库开建之前，暖泉都是山西广灵通往蔚县城的必经之地，

“西券门”是当年从广灵方向过来进入暖泉的集市必经的通道。它位于西古堡的西北方向，与西古堡北方被称为“西市”的一条宽七八米的东西走向街道相连。这条街道南北两侧并排布置一家家店铺，每隔若干家有南北向的巷道通往店铺之后的民宅。西市的东头又分出两条街道，一向东北，一向东南一段约十几米后折向东，村民分别称之为“上街”“下街”。中小堡位于下街之南，堡的北门与下街有道路相通。上街和下街的东尽头与一广场相接。此广场旧称“河滩”，一般供集市设摊位之用，也有少量店铺，集中分布在其东面。河滩北面地势稍高处有龙王庙一座，东面有另一座规模较大的明代庙宇——华严寺。龙王庙北面有一段长约70～80米的东西走向街道，通往北官堡南城门外的小型广场。西市、上街、下街与“河滩”共同组成暖泉最主要的集市和街道，是暖泉居民日常生活中最有活力的场所，也是暖泉实际上的中心。

暖泉最早兴建的是北官堡，从古粮仓、古暗道分布其间的情况来看，应该是因军事原因兴建，而在西古堡和中小堡修建之前，暖泉的集市应已具备相当的规模[①]。而西古堡与中小堡所在位置曾受水患所扰，并非最理想的居住地，可推测西古堡与中小堡的修筑也许和暖泉街市，尤其是西市和上街以及下街的兴起密切相关。对居住和防御而言，布局严整的堡内是合适的地点，但是堡内是由墙和门所限定的空间，人员的流动受到限制，完整的公共活动空间被割裂，而距离北官堡外的集市，呈现出开放的姿态，商铺列于线性道路两侧和节点空间周边（图5-12）。

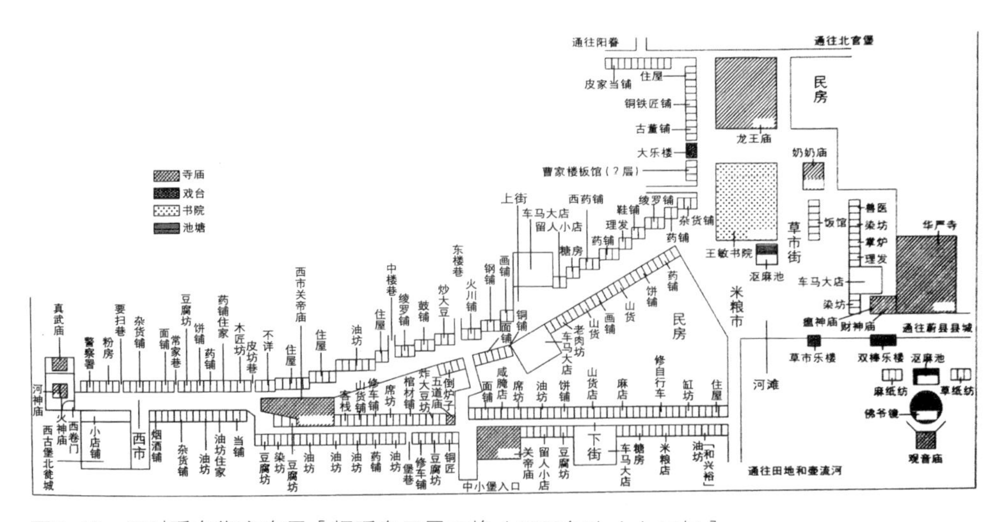

图5-12　旧时暖泉街市布局［据暖泉居民王焕（1933年生人）回忆］
（资料来源：罗德胤，蔚县古堡，北京：清华大学出版社，2007：63）

① 罗德胤著，蔚县古堡，北京：清华大学出版社，2007：59.

暖泉集市的西边狭长、东边宽敞，形成三角形布局，这是从暖泉的交通和地理特点发展而来的。西边沿路两侧布局的店铺，显然与从西边来的商贾旅客较多有很大关系。在西市往东分为上街和下街的三角地上，是一座平面为楔形的庙宇——关帝庙，民国期间商会的办公室设在这座关帝庙内。关公有“武财神”之称，以关帝庙为商会在历史上不乏其例。尤其是各地商人会馆，多以拜祭关帝的大殿作为主建筑。这样的建筑坐落在此地是恰当的，关帝庙的存在反映了商人中间对于武财神的信仰和拜祭。

从图5-12中可以发现暖泉街市的一个特点：庙宇多、乐楼（即戏台）多。在蔚县，社会观念、宗教信仰、民俗等浑然一体，不能截然分开。在这样的过程中，形成了种类繁多的民俗与宗教活动，由此也催生了多样化的公共活动空间。在中国传统思想中，人的权利是被忽视的，所以，并没有产生西方那样的人际交往空间。传统社会中，人的需求往往在结社等活动中得以表达。“神为民依，民为神主”①，中国民间对待宗教往往采取一种实用主义的态度。与这样的思想相对应的就是聚落中出现大量各色庙宇类公共建筑。

图5-13a表示的是暖泉镇北官堡的与聚落形态相联系的社会网络状况示意：由军事原因而建的堡寨的形态起初由军事因素所控制，社会关系网络相对简单，最具决定意义的是军事机构对于居民的严格管理；b表示随集市的发展以及堡内庙宇等建筑的出现，聚落逐渐形成多种社会网络叠加的复杂网络形式；c表示聚落形态进一步发展，社会网络更加复杂化，但由于军事因素逐渐减少，原有军事管理关系弱化乃至消失。需要说明的是，该图仅为示意，聚落发展过程中集市、庙宇等的先后关系尚需进一步考证，但整个北官堡大致经历了这样的发展过程应

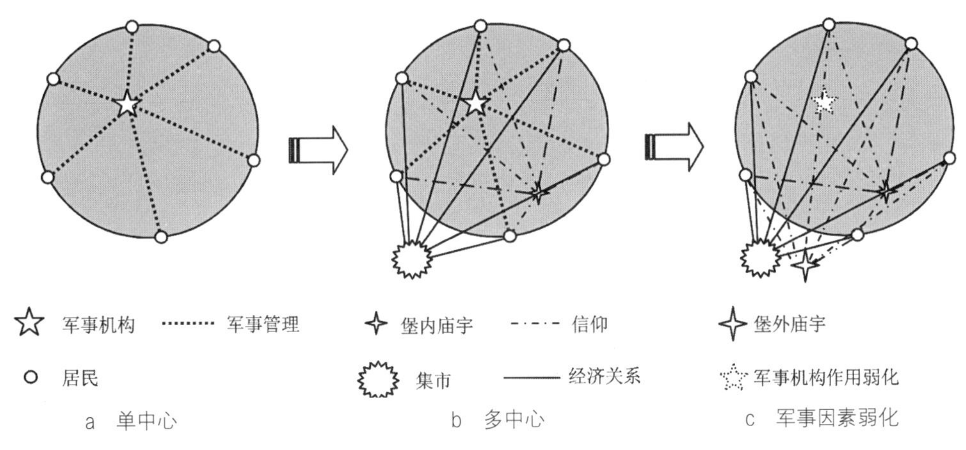

图5-13　北官堡建筑形态及其对应社会关系演化状况示意图

① 重泰寺内清道光二十九年（1849年）《创建三教楼神路山门外戏班房并重修碑记》《修观音殿创文昌阁歌舞楼堡门碑记》。

是无疑的。

实际上，虽然暖泉镇因军事原因而生，而早期居民也主要居住在堡内，但随着社会环境的变化，暖泉集市成为暖泉实际意义上的中心。堡墙在夜间封闭并将堡内的空间封闭并与外界空间割裂，在白天，堡内与外面的开放空间也仅仅是通过数目极少的堡门处的通道联系在一起，将堡外的开放空间视为0级，则堡墙以内的公共空间基本上是拓扑级别较高、私密性较强的线性空间，集市具有最大的开放性，从而包容了有活力的乡村生活，人们在这里得以与外界建立较广泛的联系。随着社会化活动的增加，集市的功能更趋多元化。庙宇、商会等也在此聚集，这更进一步强化了集市在聚落的中心地位。

四、瓮城中的建筑群

暖泉镇西古堡只有南、北两门，门外各修筑一座瓮城。瓮城本身已经大大增加了堡寨的防御性，而它们的入口又分别朝东面而开。这样保证了入口具有一定的隐蔽性（道路从西边来，却必须绕到东面才能进入堡寨）。瓮城本是防御性的军事构筑，然而，入清以后，蔚县地区“二百余年风鹤无警，驿马不惊”[①]。西古堡的南、北瓮城渐渐成了庙宇集中之处。

目前保存较好的是南瓮城（图5-14）。南瓮城内有地藏殿、鬼王殿、十阎君殿、三义殿、马王庙、观音殿六座庙宇，此外还有戏台一座、钟楼两座，以及僧寮数间。地藏殿、鬼王殿和十阎君殿于瓮城西北部倚堡墙自成一座两层的四合院，上为庙宇，下为窑洞式房屋。此四合院与其南边小院共同组成“地藏寺”，占据瓮城西面的半壁江山。观音殿、三义庙和马王庙供奉的是与乡民们亲近友善的神灵（观音大慈大悲、救苦救难；马王爷照顾骡马等大牲畜，与生产有很大关系；三义庙内供奉刘、关、张三人，借桃园三结义强调“异姓兄弟亲逾骨肉”[②]，倡导异姓兄弟之情，异姓村落多有三义庙），它们坐落于瓮城东北方，与东面三间厢房围成一个三合院。所有庙宇都修建于一个刀把形的二层平台之上，而底层的房间，除最南端的戏台之外，或用作僧寮，或用作杂物间，都属于庙宇的附属建筑。

戏台不知创建于何年。从瓮城布局的现状看，很可能是在庙宇建筑都已经安置就位之后布置进去的。[③]戏台两侧各有耳房一间，面阔2.2米，进深两进，5.6米，其中后一进为后台的延续，前面一进较短（2.2米），与前台相连，为文武场

① 见光绪二十三年（1897年）《重修蔚州北城玉皇阁碑记》，现立蔚县玉皇阁内。

② 上苏庄三义庙内清嘉庆十三年（1808年）《重修三义殿碑记》。

③ 康熙十五年（1676年）的《重修地藏王菩萨庙宇碑记》并未提及观音殿、马王庙、三义庙以及戏台等建筑，可能那时这些建筑尚未修建。马王庙前僧寮内墙上的光绪六年（1880年）重修碑记，则提到“西古堡南券之上多圣祠焉，其上有观音殿，其左有地藏寺，其右三义殿并马王庙……其下又有戏楼”，可推测戏楼创建年代在光绪六年之前。

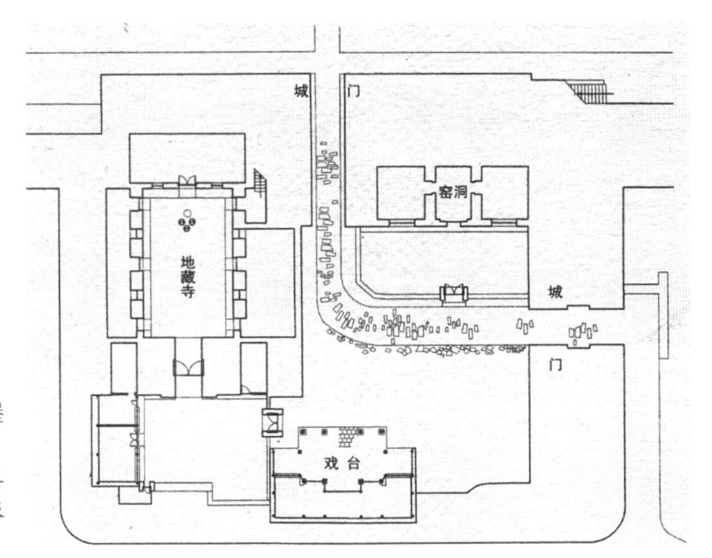

图5-14a　暖泉镇西古堡南瓮城平面图
（资料来源：罗德胤，蔚县古堡，北京：清华大学出版社，2007.）

图5-14b　暖泉镇南瓮城内地藏寺
（资料来源：崔金泽 摄）

面（即伴奏台）。如果用现代剧场建筑的观点看，该戏台在观演功能上十分不合理。戏台左侧紧挨地藏寺的院墙，等于损失观众席的一半，而三义庙与马王庙前窑洞院落的院墙，又将剩余地面部分的一半划分出去。即使是站在观音殿前的平台上俯瞰，视线也部分被戏台屋檐所遮挡。不过，如果用“现代剧场理念”来考量，似乎也是过于苛责古人，其实戏台本就不仅仅是为了人的使用而存在的。戏曲表演和祠庙祭祀之间的关系，一方面表现为戏曲表演依附于祠庙祭祀，另一方面又表现为戏曲表演是祠庙祭祀活动的需要。一般说来，祠庙中的祭祀都是以乡、村或族为单位组织的集体活动，又多在节日里举行，非常有利于宣扬敬神尊祖的观念。暖泉的社会结构，既有中国传统社会的共性特征，也有一些宗教民俗表现出强烈的地方特色。最初由军屯发展起来的杂姓村落堡寨，没有占统治地位的强大宗族力量。与地域认同相联系的民间习俗主导着蔚县的乡村社会，而且诸多民俗与宗教密切联系。

明清两朝，民间的“杂神淫祀”受到朝廷的严加限制，将戏台建到空旷之处，被认为是“蛊惑人心”，不合礼仪，因而是不被允许的。如此限制导致戏台缺少独立的发展空间，戏曲成为统治者教化百姓的工具，并将戏曲解释为“礼乐”的一部分，市民或村民要看戏都必须假借宗教祭祀的名义举行，因此几乎所有的戏台都要面对神殿。这客观上使戏曲获得了相当程度的社会认可，因此，戏台建筑的数量也得到前所未有的增加。同时，戏曲和礼乐教化的结合使得戏曲和庙宇祭祀的关系更为紧密，常成为依附于神庙、宗祠的附属建筑。

图5-15反映了蔚县部分村堡门口处庙宇群平面布置的情况，虽然并不都是瓮城，但表现出与西古堡瓮城相似的特征：各类庙宇与戏台结合布置在堡门附近。第二章第一节北方城堡门外戏台的布置就是这类典型的例子（图2-4）。

北方城堡内的宗教建筑还表现出了蔚县聚落中常出现的“线性向心”的现象[①]（图5-16）：城堡当中一条南北轴线的大街（当地称为“正街”），沿途分布城门、真武庙、马王庙、财神庙、三觉圆等建筑，后建的戏台、地藏庙、龙王庙分布在各城堡的城门之外。堡寨内一系列的庙宇建筑构成了村民的公共活动空间。如果考察堡寨聚落的结构关系图解，不难发现这条作为线性中心的主街正是拓扑级别最低的一级，如果计算拓扑深度的话，这些公共建筑到各住宅的拓扑

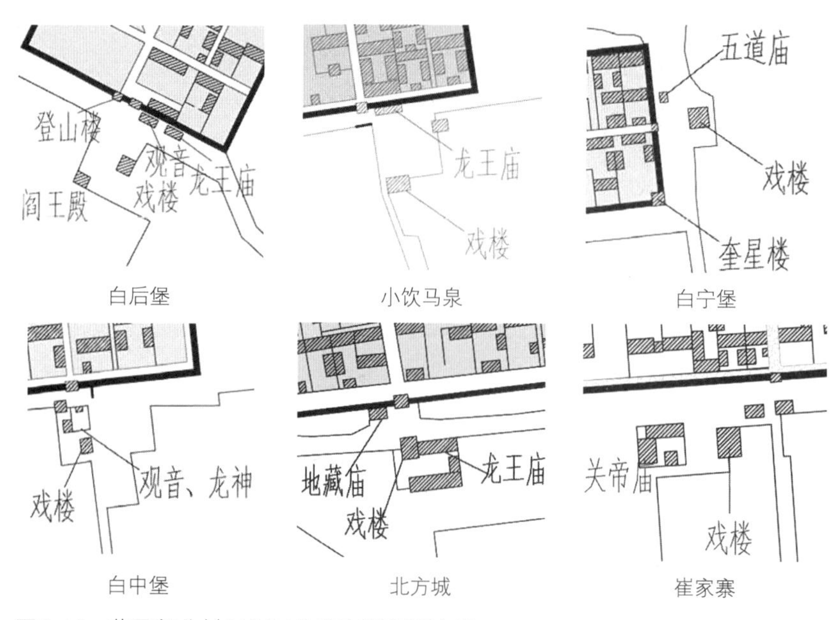

图5-15　蔚县部分村堡门口处庙宇群平面布置

① 传统聚落中，庙宇的位置往往利用主要的街道或其他公共活动空间作为线性中心。

深度之和经常是最小的。特别是城门、堡门、村口等道路结构的节点上，由于拓扑深度较浅，便于人员通达，往往集中着最重要和常见的一些庙宇。这与西古堡瓮城集中了数量众多的庙宇是同样道理。

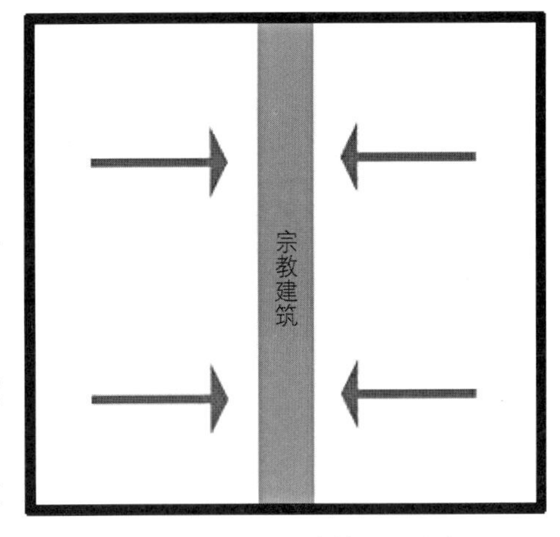

图5-16　北方城祠庙呈线性向心分布

北方城村口的建筑组群虽然并没有瓮城的形式，其实其作用和组合原理都与西古堡南门瓮城的情况相似：在堡门这个堡内外连接的节点处，多种功能不同的公共建筑组成了联系密切的建筑组群，形成了开放而多功能的建筑空间。从聚落形态上来看，如果将堡寨外部的开放空间的拓扑深度视为0级，这里也只是比堡外拓扑深度略高而已，这意味着空间的开放性较强。在以线性空间和节点所构成的网络中，这里比较容易聚集公共建筑，形成有活力的社会生活中心。

五、堡内居住组团

从居住层次来看堡寨内的结构，基本上可归纳为屋—院落—组团—堡的层次。屋围合成院，若干进院构成院落，有时多个院落（通常三个以上）互相靠近，中间仅以院墙或房屋相隔，并以过厅或院门作为连通，当地人将此种院落布局称为“连环院”。

如果不考虑屋的层次，图5-17示意了暖泉由作为房屋最基本单位的“间”经过并置与层级组合，构成聚落的状况。这个过程中，反映出与前文所述宗族聚落迥异的发展与构成模式，将其抽象即可表示为图5-17。院落之间通过并置组

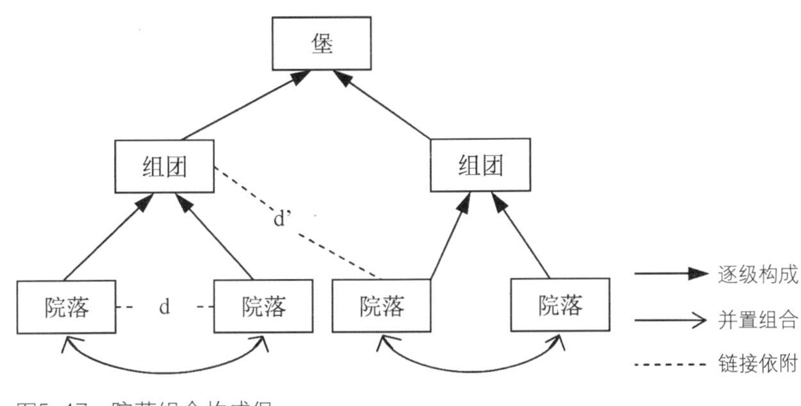

图5-17　院落组合构成堡

合、链接依附和逐级构成的关系构成组团乃至堡寨。其实这样的关系正是群结构的基本特征。

院落之间彼此链接或相互依附形成组团，几个组团进一步组合，形成了堡。有时候，面积较大的或是单独通达院落可能与组团并置，共同表现为聚落的子群结构。暖泉原来只有北官一堡，后来堡内用地不敷使用，逐渐围绕集市与泉水，形成多个相距不远，共享公共空间的多个堡的组群，这也是堡向城镇发展的一个过渡形式。实际上，暖泉镇的堡，可以看作是蔚县的等级子群，而北官堡、西古堡、中小堡三者可看作是同级的并列子群，而堡内住宅组团则是堡的等级子群（图5-17）。

从社会结构的角度来看，也表现出类似的层级关系。在我国传统社会中，通常把户作为社会结构的基本单位，军屯制度将军户严密编制起来，形成且耕且战的坚强团体。早期“五家为比、五比为邻”式的编户方式在堡寨中仍有所反映，或者可以说，堡寨是里坊制度的活化石。军屯的“堡伍制度”五家为伍正是从五个军户中每户抽一丁，形成作战中最小的团体“伍”。在长城防御性聚落中，五户一排的例子比比皆是，这是编户方式的直接体现。

在明代，军人是一种终身的职业，每个军士都有上级发给的户籍证明，军户的人员、土地、税收都是统一管理的，军户居住在军事营堡等防御性设施中完成操守、驻防、屯田的任务。其所受的军事管理，即一种具体到操作层面上的军营、军户管理模式，是中国古代封建社会军事防御性聚落中长期、普遍存在的，与里坊制度同源、目的相近的制度——“堡伍制度”[①]。军堡中的军户“五家为伍”，即以五家军户并排为一街巷单元，每军户中出一丁，即前文所述之正丁，结为一小队，称作“伍”。“伍”是军队的最小单元，一般一敌台、烟墩由五人协守，“伍”也是屯田的最小组织单位——小旗所带管的五六人的屯耕小组。这样一来，军户的居住、操守、防御等活动被严密地组织起来。目前，大同东北方与内蒙古接壤处的镇边堡内发现有此模式的遗例（图5-18）。

图5-18 镇边堡五户一排的街巷布局
（资料来源：李哲《山西省雁北地区明代军事防御性聚落探析》）

很多军事堡寨在长期的形势变化中，军事职能逐渐淡化，“堡伍制度”更多地被里甲制度或保甲制度所取代。由于传统社会中“国权不下县”，实际上，蔚州为县级，有衙署设置，而暖泉作为村，长期以来并没有国家基层的行政机构，基层行政主要依靠保甲或里

① 李哲，《山西省雁北地区明代军事防御性聚落探析》，天津大学硕士论文，2005：11-13.

甲，甚至是乡约来实现，基层的问题基本上可以在村一级内部解决，这正是典型的中国传统村落共同体的例子（图5-19a）。而聚落内部结构，既反映了起初的军屯特点，也反映出后来的社会结构影响。例如在新建堡的时候，由“会首”牵头，堡内的土地分配与出资多少密切相关，聚落结构成为经济、社会生活的镜子。

堡寨内部居住形态表现出群结构的特征与其建设的背景密切相关，其严整的层次组合关系与军屯发展而来的聚落模式有关：

暖泉镇的地理位置，使其集市得到长足发展，又由于后期社会相对安定，军事防御功能逐渐淡化，其西古堡、中小堡的兴起当与集市相关，而其内部组织方式显然应相应调整（图5-19b）。

乡约是指乡村、城坊的民众以美风俗、安里弥盗为宗旨自发订立的乡规民约，是最早由宋代吕氏兄弟创设的一种民间教化组织。《吕氏乡约》中明确叙述了德业相劝、过失相规、礼俗相交、患难相恤、罚式、聚会等方面的要求，并约定主事为“约正一人或二人，众推正直不阿者为之。专主平决赏罚当否。直月一人，同约中不以高下、依长少轮次为之，一月一更，主约中杂事。”[①]明清两代、乡约的职能进一步强化，由教化扩大到综合管理，同时开始具有某些行政管理职能。[②]

堡寨聚落的组织管理是民间自发的以乡约形式出现的管理模式。因国家法令随政府控制力的衰弱而失效，堡寨势必要自行制订一套内部规则，将四方汇聚的流民统一起来，整齐号令，使之成为团结一致、且耕且战的坚强组织。这种组织的内部规则类似于乡约。例如：田畴“乃为约束相杀伤、犯盗、诤讼之法，法重者至死，其次抵罪，二十余条。又制为婚姻嫁娶之礼，兴举学校讲授之业，班行其众，众皆便之，至道不拾遗。北边翕然服其威信”。[③]类似这种规则，一直得以延续。清中后期，在内忧外患下，清王朝的统治力逐渐衰弱，因而提倡办团练，行坚壁清野之法对抗内乱，与团练相应的堡寨则进一步制度化和规范化。后期，乡约成为蔚县县以下基层的主要管理模式。

在民堡建设过程中，社会结构的影响集中体现在经济地位影响下的尺度规则与土地分配方式中。蔚县村堡多为杂姓聚落，是由大部分无亲缘关系的多姓家族结成的村落，村落中有较少家族势力的宗派性。这样的村落有两个特点，一是相对开放，即对外来人口的接纳程度相对血缘宗族聚落要大得多；二是村民通过推举方式产生村务首长，多为乡绅充任，村中无宗祠而以社的公共建筑（如庙宇）为聚落中心。村落的开放决定了接受外村迁入人口的可能性，也就是说“堡中空地亦可卖予他村之人”是有可能的。村民推举出的行政首脑作为国家行政管理的

①《吕氏乡约》为北宋吕大钧所创。
② 谭立峰，河北传统堡寨聚落演进机制研究，天津大学博士学位论文，2007.
③《后汉书》卷30，田畴传，中华书局校点本，1965年版。

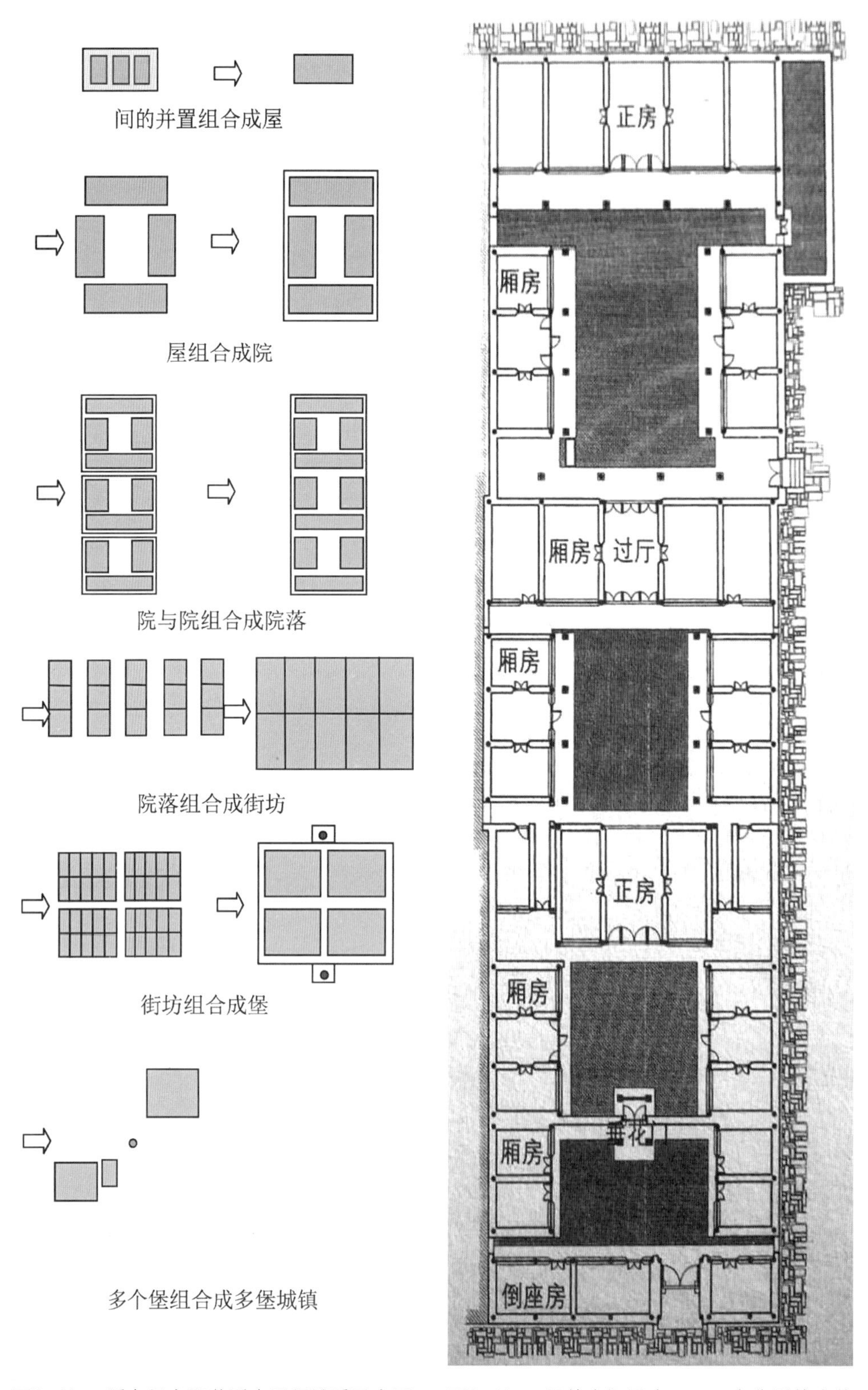

图5-19a　暖泉堡寨聚落形态层级关系示意图　　图5-19b　堡的中间层次——一个典型的院落

基层组织成员，各朝代的称谓皆有不同。如“会首”一词，在明清基层行政官职中无法找到，这说明“会首”并非国家确认的行政管理组织成员。明黄佐《泰泉乡礼·乡社》中记载：“约正人等预行编定，凡入约者，每岁一人轮当会首”[①]。会首主管乡社日常事务；清秦蕙田《五礼通考》云：“里社，凡各处乡村人民每里一百户内立坛一所，祀五土五谷之神，专为祈祷雨时，若五谷丰登，每岁一户轮当会首。”[②]可见，自明代起会首已经出现，为民间自发组织形成，作用是组织运作乡村中的事务。[③]

蔚县的社会结构实际上是在军屯为主的社会制度建立起来的基础之上，逐渐表现出受到更多的乡约、里社影响的村落共同体的特征，这样的共同体中，从上而下的里甲、保甲制度结合了民间的社，形成了有特色的里社制度。在蔚县的堡寨聚落中，军镇内部的组织结构由军屯决定，而军屯本身就是一个包含人地关系的社会组织制度，而主要由地域决定的“社”也与土地密切联系着，这就使堡寨聚落中社会结构与聚落形态密不可分。

屯田制下发展起来的军事聚落，在明清时代，土地制度经历了一个国家屯田向私有化转变的过程，这一过程的转变，明代主要由于权贵的侵占，清代主要由于屯军典卖。明朝的卫所制属于屯兵屯田制，即饷粮和军需基本上全由军屯收入所供给。明代采取军民分籍制度，军士世为军户。这样军镇内部的组织结构就同人口管理模式结合起来，同时与土地自然形成了密切关系。

而蔚县聚落基本上是军屯而起的杂姓聚落，宗族影响虽在一定范围内存在，但在基层社会中，并没有起主导作用，因而，并不能如分析很多南方典型的等级结构明显的宗族聚落那样概括蔚县聚落的特征。而老百姓基本上生活在一个由军屯制度、里社组织等多种社会关系综合影响的社会生活中，军屯制度从行政角度为聚落内部结构定下基调，“社”[④]需要的公共建筑与活动场地从信仰的角度进一步影响人的行为，条理聚落的内部空间。在聚落的营建、发展与经营中，军屯所确定的等级化结构起主导作用，国家行政直接管理至县一级，在村级的暖泉并没有国家行政管理机构。蔚县村堡大多为杂姓聚落，是由大部分无亲缘关系的多姓家

① 四库全书（网络版）。

② 四库全书（网络版）。

③ 村堡的修建是由“会首”规划路网，按出资多寡先后选地建房，地分三分地和五分地两种，并以此为基数，出资多者可多分，出资少者可少要。明清时期民间的量地工具大多采用丈杆，因此在两地时以丈为基本单位。在暖泉镇西古堡中，堡内十字大街将堡划分为四个区，南部两区进深约36丈；北部两区进深约30丈，东西宽分别为36丈、30丈。如果布置面积模数为3丈×6丈的网格，西古堡各主要道路都在模数网格上。以该堡中保存较好的东南地块为研究对象，该地块内院落面宽分别为5丈、6丈、6丈、6丈、4丈，如果加上南北主路宽度的一半，则除最东侧院落外都是6丈。

④ “社”是蔚县居民社会网络的另一个重要组成部分，这是以地域联系起来的社会组织：明代实行里甲制度，但社制依然存在。《明史》上说：“太祖仍元社制，河北诸州县土著者以社分里甲，迁民分屯之地以屯分里甲。社民先占亩广，屯民新占亩狭，故屯地谓之小亩，社地谓之广亩。”（张廷玉等，《明史·卷七七》。）蔚县“当春秋祈报日，里社被牲醴祀神，召优伶作乐娱之。各邀亲朋来观，裙屐毕集。竣事，会中人叙坐享竣余，必醉饱而归”。

族结成的村落，村落中有较少家族势力的宗派性。人的社会关系网络主要决定于其在军屯中的编制，军镇内部的组织结构将以军户为主的聚落居民严密编制起来。

六、暖泉镇聚落形态表征社会结构的整体分析

前面对暖泉镇聚落形态中有代表性的集市、瓮城内建筑群、堡内居住组团分别做了简要描述与分析。它们其实代表着全开放空间、半开放空间和堡内相对封闭的空间这三种不同类型的堡寨聚落空间。

在这三类空间中，堡内居住组团由大量的居住单元组成，从形态上，相对匀质，其并置、链接与层级组合方式从抽象来看更接近于数学意义上的群结构。使之形成这种构成方式的根源在于堡伍或里社制度的支配，而这两种制度从本质上讲是以群结构为特征的社会结构系统。

以瓮城为代表的聚落节点处常常出现公共建筑组群是堡寨聚落中另一类颇具特色的空间类型，这类空间的重要特征在于，其位置往往位于聚落内外交流的节点处，如果以聚落外部自由开放的空间为基准，此处一般具有较低的空间拓扑层级和相对开放的空间特性，在此处到达各居住建筑的拓扑层级数目之和往往最低，这意味着此类空间便于聚落居民到达。与聚落内部公共空间以线性为主的特征相对，此处一般成为人流、物流的节点，具有稍大的空间，比较开放，便于聚落居民的到达和使用。

而第三类空间，即以集市为代表的封闭围墙外的开放空间，与瓮城代表的节点空间相似，易于成为容纳庙宇等公共活动空间的地带，进而成为容纳社会关系网络中多中心的地点，瓮城和集市作为聚落的重要节点乃至中心，聚落中心与社会关系网络的中心表现出某种意义上的重合，因而在一定意义上反映了社会关系网络关系的状况。

堡寨类聚落的重要特征在于其相对封闭的形态，堡墙将相对规整的居住空间组团与堡外开放的自由空间割裂，使堡内仅留下少量的多为线性的公共空间，居住建筑的公共空间在堡寨中的不同位置，不仅决定了其私密性，也映射了其在社会关系网络中的地位。

第三节　拉萨城

一、历史背景

拉萨，藏语意为“圣地”，位于拉萨河谷平原西端，是西藏的政治、经济、文化中心。约633年，松赞干布建立了西藏历史上第一个大一统的政权——吐蕃王朝，并建设都城拉萨。松赞干布迁都拉萨后，筑堤阻水，填湖造地，修河道，筑

宫堡，建寺院，奠定了拉萨城市的雏形。布达拉宫、大昭寺、小昭寺等一大批著名建筑大多始建于这一时期，著名的八廓街也在这个时期初步形成。据松赞干布所著的《玛尼全集》中记载："红山以三道城墙围绕，红山中心筑九层宫室，共九百九十九间屋子，连宫顶的一间一共一千间，宫顶竖立长矛和旗帜……王宫南面为文成公主筑九层宫室，两宫之间，架银铜合制的桥一座以通往来……王宫护城各有四道城门，各门筑有门楼设岗，王宫护城东门外筑有国王跑马场，跑道。"[①]

大昭寺由松赞干布、文成公主和墀尊公主于7世纪40年代共同兴建。《智者喜筵》记载大昭寺是王成公主到达拉萨后的第三年，约647年，开始动工兴建，历时一年建成。最初的大昭寺平面基本为纵横轴对称，神殿是大昭寺的主题，也是大昭寺的精华。平面基本呈方形，仿照密宗的坛城而建。拉萨最繁华和热闹的街道是围绕大昭寺而形成的八廓街，其雏形形成于吐蕃王朝初期，是西藏城市建设史上的第一条街道。随着大昭寺的建设和拉萨河北岸护城大堤的修建，在这片平坦的土地上逐渐建起了一些建筑。八廓街是为建筑大昭寺，并随着大昭寺的建设而发展起来的。当松赞干布决定修建大昭寺后，为了亲自督促工程的进展，他率领着手下的大臣和王妃们住到了卧塘错湖边，为此，人们在湖的北面、东面、东南和西面修起四处房舍，这是当时的四大宫殿。这四大宫殿也就成了八廓街的第一批建筑。大昭寺建城之后，四方信徒纷纷而至，大昭寺周围渐渐出现了18家旅店式的建筑，街道的形态也渐渐显现出来。此外，在松赞干布时期，在大昭寺附近修建的重要建筑还有墨如宁巴，据说这是作为管理大昭寺的人员和来寺朝拜的僧人居住的房舍。

8世纪末叶，吐蕃赞普朗达玛发动禁佛活动，在大昭寺前被僧人刺杀，导致内乱，西藏境内四分五裂，进入了持续数百年的割据时代，拉萨作为西藏政治中心的地位衰落，城市遭破坏，布达拉宫等建筑被毁，大、小昭寺也受到破坏。

1652年，五世达赖喇嘛进京觐见清顺治帝并受封，拉萨作为西藏地方首府，其发展又进入一个新的时期，迎来了第二次城市建设高潮。著名的寺院在这一时期都曾有过较大规模的修葺和扩建，尤其是大昭寺的改造、扩建，对拉萨的城市布局产生了重大影响，围绕大昭寺一周的八廓街，是旧时拉萨的城市中心和主要交易市场。随着拉萨的建设发展，八廓街两旁陆续建起了旅馆、商店、民居，逐渐演变成后来的商业街。今天的八廓街，大体上仍然保留了古城拉萨当年的风貌。八廓街的不断扩建，向四面延伸，最终形成了拉萨旧城区的范围。而五世达赖时期最大的工程师对布达拉宫的重建，与1645年开始为布达拉宫的白宫部分奠基，历时三年建成。1690年起，又用三年的时间建造了红宫，以存放五世达赖的灵塔，后红宫成为存放历代达赖灵塔之处。布达拉宫是西藏"政教合一"的权力中心，集宫殿、佛殿为一体，其建筑规模、形制和布局都不仅仅满足于功能上的

① 汪永平主编，拉萨建筑文化遗产，南京：东南大学出版社，2005.

需要，既需要体现佛教的神圣，又需要表达出政治上的权威。作为宫殿建筑，首先要满足的是安全防御功能。布达拉宫依山而建，易守难攻，多座碉堡拱卫四周，城墙、宫门固若金汤。在红山山顶鸟瞰雪城大地，布达拉宫的平面布局和空间结构、序列结构等建筑格局主次分明、等级森严，表现出了权力中心无比的威严，作为佛教建筑，布达拉宫充分体现了佛教思想。布达拉宫的主要组成部分红宫、白宫和“雪”由上而下呈三个层次的纵向序列，充分体现了藏传佛教“界”（欲界、色界、无色界）的思想，由低向高的空间序列强调的则是循序渐进，由底层欲界循着“之”字形巨大条石阶梯向上，达到终极目标即四层的无色界。

二、转经路线标示的次序结构

藏传佛教认为，持诵六字真言越多，表示对佛菩萨越虔诚，由此可得脱离轮回之苦。因此人们除口诵外，还制作“玛尼”经筒（图5-20），把“六字大明咒”经卷装于经筒内，用手摇转，藏族人民把经文放在转经筒里，每转动一次就等于念诵经文一遍，表示反复念诵着成百上千倍的“六字大明咒”。有的还用水力、灯火热能，制作了水转玛尼筒、灯转玛尼筒，自然力代替人念诵“六字大明咒”。藏区大大小小的寺庙门前，都摆列着一排排的转经筒，下端有可用于推送摇动的手柄。信众经常到寺庙去推动经筒旋转，这称为转经。

清初，五世达赖借固始汗蒙古族势力消灭对手，建立噶丹颇章政权后，西藏地方政治中心又从日喀则移到拉萨。在五世达赖喇嘛掌管西藏地方政教大权以后，将西藏地方政法噶厦设在大昭寺内，以圣地大昭寺为中心，形成政教合一的拉萨城市格局，围绕大昭寺的驻藏大臣衙门、一些贵族宅邸、商店及旅舍，形成一条环绕寺院的街道；同时形成环绕城市外围，西经琉璃桥绕布达拉宫再绕回市北的环绕城外道路。把环绕大昭寺住店的转经道称为“内转经道”，藏语称为“八廓”，即今日八廓街；除此之外，还有两条与八廓街呼应的转经道，那就是围绕整个拉萨老城区连同布达拉宫在内的“林廓”，即外转经道，另一条则是充满着神秘的“囊廓”，就是大昭寺内的转经回廊道。这三条转经道证实并维护着大昭寺的中心地位，寺内不仅仅是一座供奉佛像及圣物的殿堂，更是佛教经典中关于宇宙理想模式的现实再现，即指“曼佗罗”（坛城）这一密宗义理。

图5-20 转经筒
（图片来源：百度百科）

虽然中国在传统上是个世俗化的社会，皇权的统治一般强于宗教的影响，但也有众多受到宗教影响较明显的聚落，遍及各地的佛寺、道观即其突出反映，个别朝代或部分地区，这样的影响还相当大。拉萨就是这样一个典型的例子，以三条转经道路为特色的城市是以宗教信仰主导的拉萨居民生活的缩影。近乎全民信教的藏区，宗教的控制作用就更明确地反映在建筑与聚落的营造中。

三、大昭寺与布达拉宫

藏传佛教信徒认为，以大昭寺为中心顺时针绕行三条不同转经路的“转经”，表示对供奉在大昭寺内相传文成公主带进西藏的释迦牟尼佛像的朝拜。朝拜的目标是拉萨古城中心——组雄奇壮观的建筑群，这就是到圣地拉萨朝拜的藏传佛教信徒们的目的地——大昭寺。藏文史籍记载吐蕃王朝松赞干布为了政治和军事的需要，将都城从山南迁到拉萨，在红山顶（今布达拉宫址）筑宫室，在河边平原上建大昭寺（惹萨幻显殿）和小昭寺（甲达惹毛切殿）。拉萨的兴起，是在明初宗喀巴创立格鲁派之时，宗喀巴利用藏族人心目中民族英雄松赞干布修建的大昭寺创立“祈愿法会”，召集上万僧众传法，在短短不到十年时间内（1409~1418年），在拉萨周围兴建了甘丹、哲蚌、色拉黄教三大寺，使拉萨成为西藏地区当时的宗教中心。大昭寺几经扩建，而成为首屈一指的宗教圣地。拉萨古城就是围绕其发展起来的，拉萨名称的由来也与其有很深的渊源。拉萨按宗教要求规划发展，大昭寺为城市中心，这在我国的城市规划史上，是极为特殊的例子，也只有在政教合一的政治制度下，才能形成这样的布局。

从城市的功能分析：在拉萨河北岸的东部平坦地带，布置以寺院（内设噶厦政府办事机构）为中心的居民生活区；西面突起的山顶上建达赖喇嘛的宫室——布达拉宫，作为政教权力的象征；再往西南，是达赖喇嘛的夏宫——罗布林卡；市的东、北、西北是大寺院，城市的使用功能是明确的，按照当时的要求也是合理的（图5-21~图5-23）。

大昭寺与布达拉宫对拉萨城市形态的统率作用既有其历史的原因，也是西藏政教一体的独特社会结构带来的结果。藏传佛教寺庙尤其是黄教寺庙主要依靠其健全完善的组织机构来维系正常的宗教事务。寺庙中最有权威的为达赖喇嘛或班禅喇嘛。在其之下有寺主和各个寺院设立的议会。藏传佛教各大寺院的组织机构按等级分为“喇吉”“扎仓”“康村”三级①。正规寺庙一般建筑的设置包括“措

① “喇吉”为藏传佛教各大寺院组织机构中的最高一级，管理“措钦”即寺院最高教务管理委员会这一级的事务。“扎仓”是藏传佛教各大寺院组织机构中的中间一级，完整独立，为僧舍或僧侣经学院，是僧侣们学经和修法的地方。扎仓可以说是寺院中的寺院，有经堂、佛像、僧伽、法学系统，并且有自己的土地、属民、庄园等。“康村”是藏传佛教各大寺院的最基层组织结构。“康村”在藏语中的意思是“按地域划分的组织”。

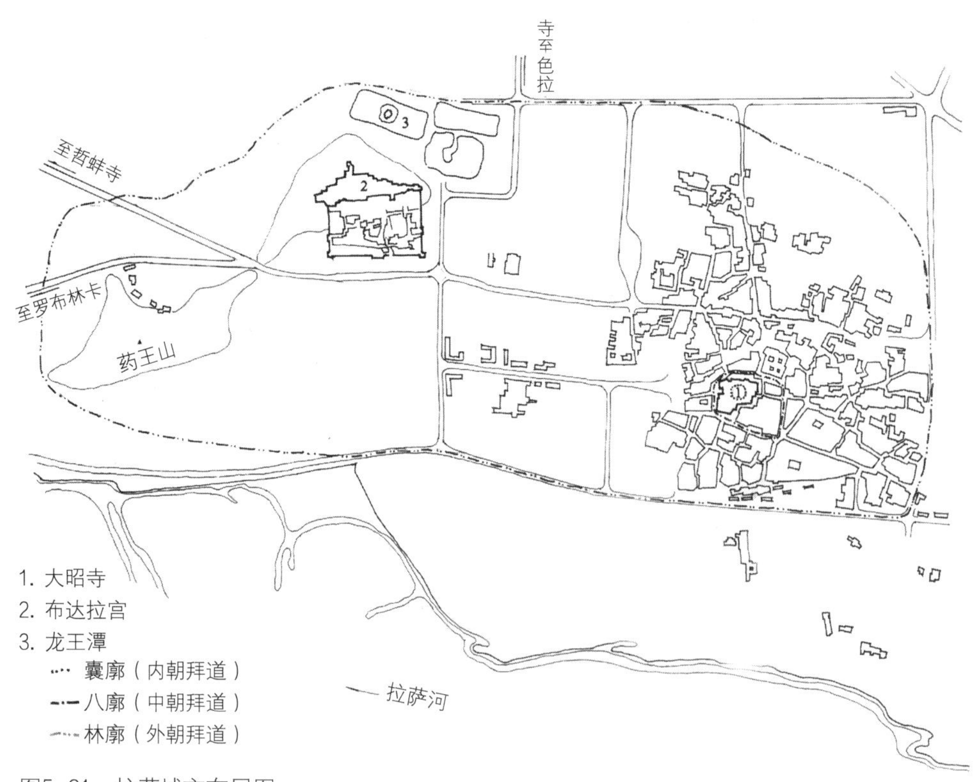

图5-21　拉萨城市布局图
（资料来源：陈耀东，中国藏族建筑，北京：中国建筑工业出版社，2007：61.）

图5-22　拉萨城市形态示意简图

图5-23　八廓街，人群转经都沿顺时针方向

钦”“拉康”“拉让”[①]。这样，各宗教场所与宗教组织之间形成了层级对应关系（图5-24）。

① “措钦”即大殿，是藏传佛教寺庙的核心，为最高管理机构和寺庙集会的场所。“拉康”是佛殿、佛堂，主要供奉的是相对于大殿主供佛低一些的佛、菩萨等，一般的寺庙中有多个拉康。“拉让”又叫“囊欠”，是寺庙内的主持、高僧或者活佛的住所，其规模与等级要按照寺庙的规模以及居住者的身份而定。

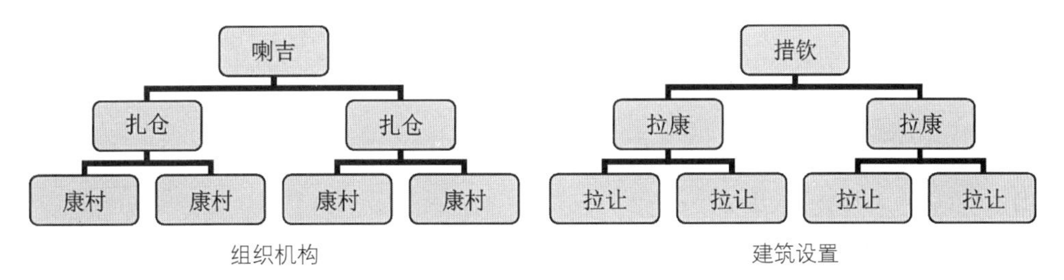

图5-24　藏传佛教的组织机构与建筑设置的对应关系

正是这样严密的藏传佛教组织机构，才保证了政教合一体制对西藏的控制，无论是大昭寺还是布达拉宫，对城市形态的重大影响都离不开这种体制上的原因。

位于平原的大昭寺不仅是政治与宗教中心，也是拉萨最繁华的商业区——八廓街所环绕的中心，而布达拉宫在建设初期，就同时是坚强的防御性堡垒。虽然它体量巨大、气势恢宏，但与大昭寺相比，定位显然有所不同。

图5-25示意的是大昭寺与布达拉宫之间相互呼应、分工又相互联系的状态，对其做了一定的简化，省略了居民之间的和城内其他建筑的关联。

在拉萨，大昭寺和布达拉宫是最重要的两组建筑群，二者都可认为是拉萨乃至西藏政教合一的中心，建立时间接近，作用有所不同，二者之间呼应、分工又相互联系的张力，在拉萨城市形成过程中产生重大的影响。

由于大昭寺是西藏各教派共同的中心，又安放有相传是文成公主带来的佛像，所以拥有在藏传佛教的中心地位，并且在其周围聚集起旅馆、商铺等商业建筑，八廓街成为拉萨的商业中心。布达拉宫建设于布达拉山之上，初期作为松赞干布的宫殿，从其地理位置和作用来看，一开始就确定了其防御性堡垒的基本定位，后期曾毁于战火，五世达赖重修之后，将其作为冬宫，与罗布林卡一起成为达赖喇嘛居住和处理政务的地方。布达拉宫的红宫中安放有历任达赖的灵塔。在社会生活中的不同定位，决定了这两个重要建筑在城市建设意义上的不同：大昭寺成为城市的中心，拉萨主要的老居住区都环绕大昭寺建设。

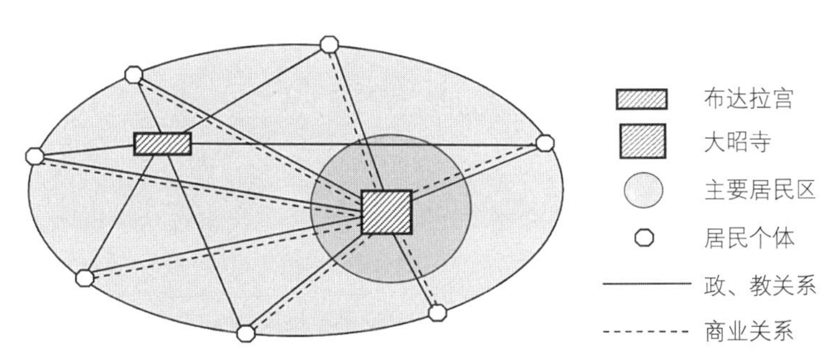

图5-25　拉萨大昭寺、布达拉宫与居民的联系示意

第四节　北京城

一、墙限定下的层次结构

都城是传统聚落中比较特殊的一类，它们控制范围广、城市功能多、形态复杂，有着其他聚落不具备的一些特点。

明清北京是一个典型的中国都城，有众多城墙是它的重要特征，这使北京的空间被墙所分割，缺乏一个空间的连续性。公共空间相当缺乏，几乎没有开放的城市空间，除了帝王以及其官员和家庭之外，普通老百姓难以在城市中找到一个开放的中心空间并在此聚集，城墙将城市空间分隔得支离破碎，普通寺庙、剧场和商街在紫禁城强势的中心效应下，聚集效应显得相当微弱。从城市整体形态上看，城市由被众多城墙限制和割裂的空间构成。①（图5-26、图5-27）

在这个层面上，北京城被划分为四片围合区域：宫城（紫禁城）、皇城、都城（内城）和外城，每一片都被高大的砖石墙体环绕，一起构成北京的整体结构。

紫禁城戒备森严，禁止普通人进入，只有高级官员、侍者以及宫内的女人们可以到达北京中心深处，接下来的皇城等都是中心向外的延伸。它包含苑囿、庙宇和宫殿，皇子的住所，一些官员的办公地以及仓库。这里也是戒备森严，而不向普通人开放（在清代，北、西、东三个城门内每月会举办开放的市集，而一些家庭被允许定居在城门内侧）。外面的下一级——都城，是一个容纳大部分城市功能和城市的一级人口的区域。它容纳政府各部门、办事机构、帝国机构，地、县办公室和学校，皇家神坛寺庙，以及王室贵族和高级别官员的住宅。城墙也由安全部队戒备森严。九个城门在日间开放，夜间关闭，安全部队和军队在这些门前扮演保证公共安全和防备的重要角色。在清代早期，汉族是不被允许在都城

图5-26　安定门附近18世纪的景象，城市被高大的墙体所封闭（图片来源：空愁居网站）

① Jianfei Zhu, Chinese Spatial Strategies: Imperial Beijing 1942–1911, London and New York: Taylor & Francis Group, 2004.

图5-27　1750年《乾隆京城全图》中描绘的北京安定门附近的情况，可见北京的城市空间被墙所分割，缺乏空间的连续性

内居住的。按照距离中心向外降序的下一个城是外城（或称为南城）。在清代早期，北京的绝大多数汉族人居住在这里。这里原是城市郊区和农村地区，1553年由一段城墙封闭起来，与之相匹配的城市元素也是社会地位较低的那部分：街头市场、商店、茶楼、饭馆、剧院、旅馆、妓院、小寺庙等等。它的人口组成大部分是商人、手工业者、暂居者、访问学生和官员。这部分城也被守卫着，其城门与都城同时启闭。外城以外的郊区与农村，有些城市功能相类似的商店之类的设施，沿着城门外的主要道路渐渐延伸到广大的农村。

这种从中心向外发散的空间表现出清晰的同心圆式的层次结构。如果从地位等级的观点看，宫城、皇城、内城、外城，构成了一个由中心向外部的四个层次的空间，而从网络观来分析，由中心向外的这四个层次，形成了一个社会地位的降序排列。这正与天子居中的差序格局相对应，体现着以君主为中心的伦理本位。从儒家理论来解释的中国人传统的社会关系包括君臣、父子等，在这些关系中，皇帝总是居于伦理上的中心位置，从紫禁城的空间上看，由内向外的降序排列也符合儒家的“亲亲”理论① ——从紫禁城内的皇室到外城的汉人，与皇帝的血缘关系和亲近程度都是越来越远。

图5-28反映了清朝中期北京城内17世纪末18世纪初军事布防的分区情况：内城完全由八旗②守卫，并区分为三个层次：最中心的宫城由正黄、镶黄、正白三旗守卫。清顺治后，将皇家军队分为“上三旗”和“下五旗”。镶黄、正黄、

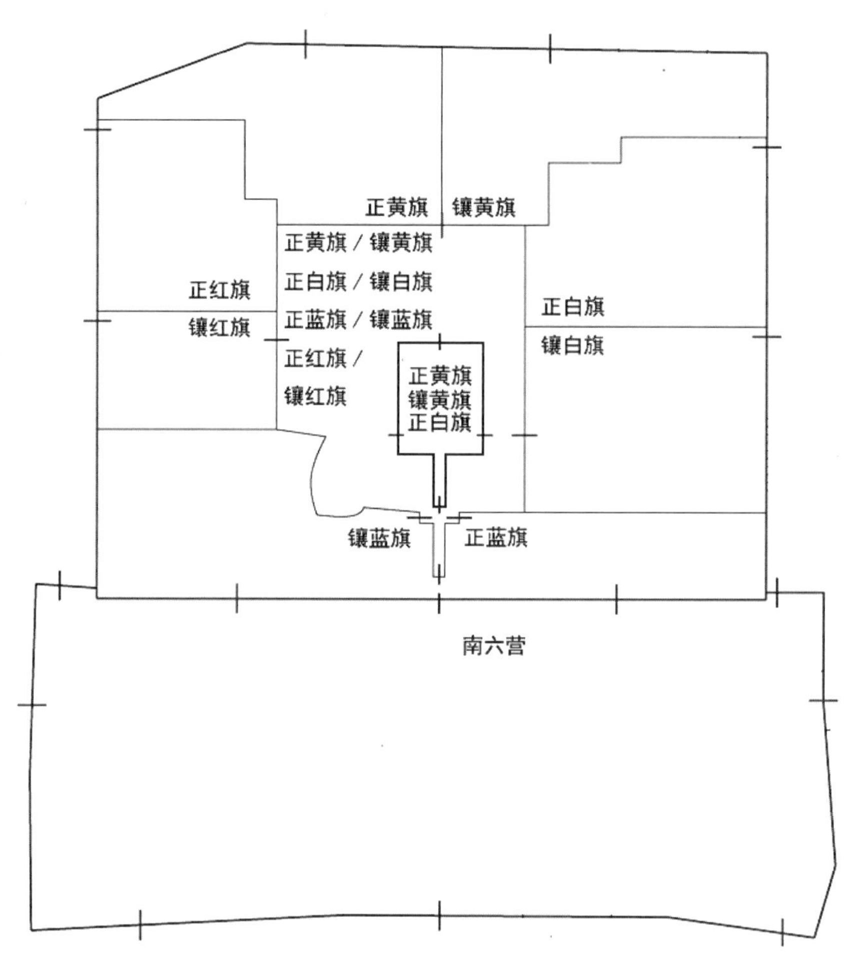

图5-28　清朝中期（17世纪末18世纪初）北京八旗布防简图

（图片来源：根据《空间策略·帝都北京》插图改绘）

① 参见本书第三章第三节（三）伦理本位。

② 八旗制是清代兵民合一的社会组织制度，由太祖努尔哈赤在女真人牛彔制基础上建立的。明万历二十九年（1601年）始建四旗，正黄旗、正蓝旗、正白旗和正红旗。明万历四十三年（1615年）增设四旗，称镶黄旗、镶蓝旗、镶红旗和镶白旗。定三百人为一牛彔，五牛彔为一甲喇，五甲喇为一固山（固山即旗）。满族人按八旗制分隶各旗，平时生产，战时从征。初建时，不但在军事上发挥重要作用，而且具有行政和生产职能。

正白称为“上三旗”，为皇帝亲兵。在传统上这三旗地位较高；在皇城内，驻有全部八旗，这也与宗室诸王、贝勒等住在皇城内部相符合；而皇城之外，内城以内，划为八个防区，分别驻扎八旗兵。而蒙古人、汉人只能驻守外城。

宫城（紫禁城）中居住着皇帝本人与其亲自统领、地位相对较高的上三旗（正黄、镶黄、正白旗），皇族及八旗居住在都城范围内，而从伦理位序上讲与皇帝更远的汉人居住在外城（图5-28）。

图5-29a是明清北京城的城市形态示意图；图5-29b是从地位的角度看人群分布；而图5-29c是从关系的角度看以皇帝为中心的伦理位序。可见明清北京城的形态正契合了其社会结构特征。一方面，有一个层，从中心向周边同心布局；另一方面，有一个金字塔形构图使得靠里的获得更高的排位，最终，最靠里的点占据最高位置。

在聚落形态层面上，空间是唯一的物质和构成元素，而墙限定了这一系列层次组成、总体同心的一系列空间。仔细审视空间的边界，会发现有两个关键因素：墙本身和城门，城门修建于城墙上，是不同空间联通或分隔的临界点。表面上并不复杂，它们在权力的行使中保持着临界效应。门是控制空间和人跨越（或克服）墙的起始点。这里的控制有双重含义，首先是控制和加强防御，同时也实现了操控：安全武装得以检查人流，利用开闭，准许或阻断人流。由于门内侧的中心性通常高于外侧，所以这个控制和防守的姿态更多地是针对外部的进入活动，内外之间建立了不对称的关系。这种不对称关系不仅限于城门的内外，对于城墙内外来说，也是如此。这使得内部建立起相对于外部的中心地位，建立起对外部的相对控制。墙与门一起，形成了一种距离感——它的距离从内到外渐远，当内侧在政治和社会关系上超出外侧时，距离效应进一步加强了不平等性。这种不平等性来源于其居住者在社会网络中的不同位置——在众多人的自我中心网络综合而成的社会网络中，皇帝一般居于中心位置——他是君臣关系、夫妻关系、父子关系的主导，他的以自己为中心的社会网占有更多网络资源，因而居于网络

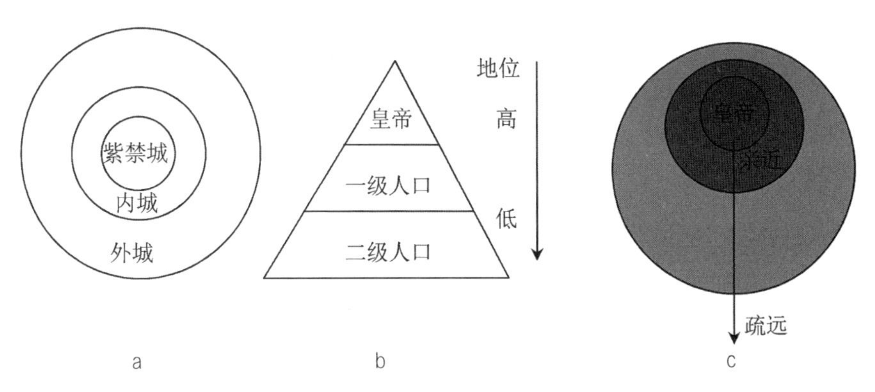

图5-29　北京城的形态及社会结构的两种解析示意

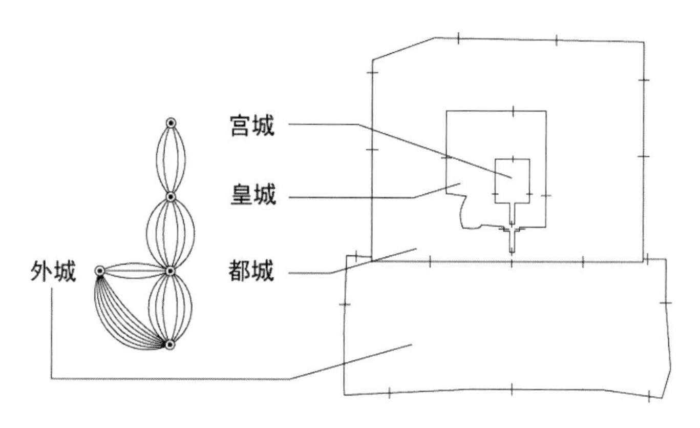

图5-30　北京的由城墙限定的城市结构对应的拓扑深度

的中心地位，在实体空间中都城的空间结构很好地表达了这样的特征，“居中”的天子实现了他对包括城市在内的庞大帝国的掌控。在北京这样一个墙所限定的空间系统中，图5-30展示了作为帝国首都的社会空间的基本结构及其社会结构特征。

图5-30中可见，墙与门一起，形成了一种距离感——它的距离从内到外渐远，当内侧在政治和社会关系上超出外侧时，距离效应进一步加强了不平等性。当这些在现实中积累，沿着一个完整的边界，一道附加有门的连续的墙，总的结果是一个有效的内部控制超过外部控制。当不同层次的边界垂直重叠，或一个完全在另一个之中时，内部相对于外部建立高度或控制力上的优势，中心性或深度的层次关系指向中心。其结果是在所有城墙之外，整体构成了一个同心结构。在北京这样一个墙的系统，图5-30正反映了帝国首都的社会空间的基本结构，城墙和城门将每个城市空间之间的关系记录并由墙与城门加以阐述。

二、北京城与营国制度——礼制下的组构秩序

中国古代城市规划受多种制度的影响，其中占据最重要地位的《考工记》记载了理想的王城规划模式：“匠人营国，方九里，旁三门，国中九经九纬，经涂九轨，左祖右社，面朝后市，市朝一夫。”在这个规划中，城市用地被经纬涂正交干道及次一级的街巷组成的方格网规则地划分为若干街坊（图5-31）。

这是中国有记载的最早的城市规划方法之一，对中国、日本、韩国等东亚古代城市影响深远。中国春秋鲁国曲阜、曹魏邺城、隋唐长安、洛阳等都城的规划布局，以及日本平城京（今奈良）、平安京（今京都），都是这种都城模式的典型代表。

如果以时间为基础，从都城形式上来看，可以大致将我国古代都城建设划分为三个时期：1. 探索时期：商代都城、周代的一些诸侯城、秦咸阳与汉长安都

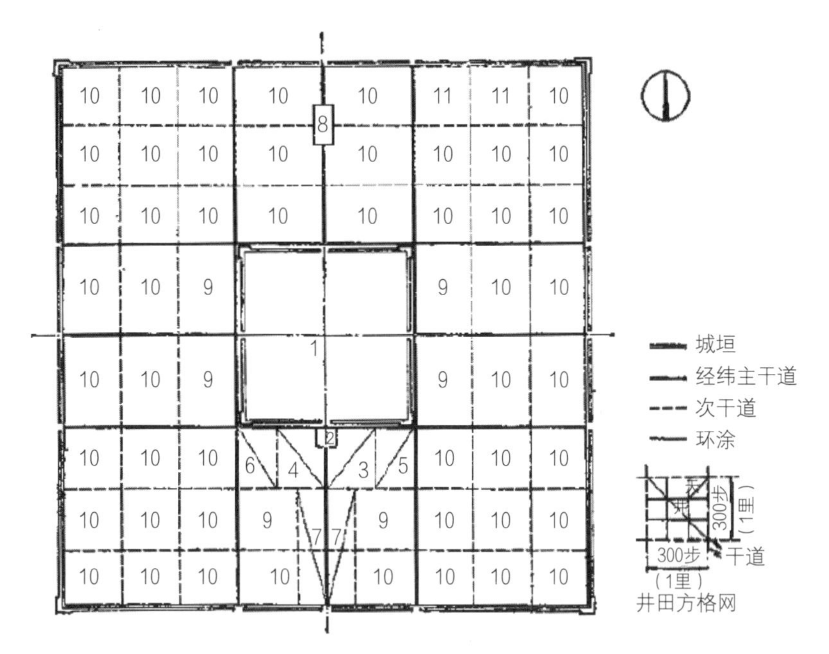

图5-31　王城基本规划结构示意图
（资料来源：贺业钜，考工记营国制度研究，中国建筑工业出版社，1985：51.）
图中1. 宫城；2. 外朝；3. 宗庙；4. 社稷；5. 府库；6. 厩；7. 官署；
8. 市；9. 国宅；10. 闾里；11. 仓廪

可归入此类。在这一时期，城市总体布局自由，宫城关系并不具有很确定的模式。2. 里坊制时期：曹魏邺城、北魏洛阳、南朝建康和隋唐长安是这一类城市的代表。这一时期里，都城多布局严整、宫城关系明确、实行里坊制。3. 开放式街市时期：随着商品经济的发展和生产力水平的提高，都城逐渐呈现出新的形式，表现在总体布局严整、宫城关系明确的营国制度是西周出现的，初衷是为了指导当时开展的大规模营城建邑活动。西周开国之初和春秋战国之际出现了两次城市建设高潮，前一次正值奴隶制鼎盛时代，为我国城市规划体系奠定了基础，后一次发生于封建制兴起时期。第一次高潮是本着宗法分封政治要求掀起的，因此，所建城邑也必然是为这一政治目的服务。这样社会结构的特点和要求就多方面体现于营国制度中，进而物化在城市形态里。西周时候，建一个城实际上是建立一个以城为中心连同周围田地构成的城邦国家。周人的奴隶制王国是利用宗法血缘关系，以周王为大宗子，本着“大宗维翰”“宗子维城”[①]的原则，联合一系列大小城邦国家组成的。可见，营国制度从来就不是一个仅仅囿于物质形态领域的制度，它与社会政治结构是紧密关联的。由于城邑建设关系到周代奴隶制王国的政体，所以对其控制很严，城邑规模、形制、数量及其分布都受这个体系的约

① 参见《诗·大雅·板》。

束，不可任意变更。

前述匠人营国的内容加上“内有九室，九嫔居之；外有九室，九卿朝焉”。这样，就规定了王城的性质、规模、城门数量、干道网规划等。值得说明的是：《匠人》中并未提到郭城的存在，但是《逸周书·作雒》中记载，周王城有郭，结合考古发掘和《左传》的相关记载，我们知道春秋战国一些诸侯城市也有郭的存在。贺业钜认为，之所以《匠人》中并不提及郭，正是因为奴隶社会的城本是大小奴隶主的政治军事保留，一切宫室、宗庙、社稷都在城内，故当时城邑的规划重点在城不在郭，郭只是城的外围防护设施，仅居民而已，同也可以反映出奴隶社会城邑在聚居地域上是有严格的阶级差别的。

齐国政治名著《管子》中按照城市大小、居民多寡来划分城市等级，要求城市规模应和城市人口与周围的田地保持一定的比例关系，这与西周旧制中按受封者爵位尊卑来确定的做法形成了鲜明对比①，实际上是从经济角度赋予城新的内容，从而改变了城就是政治城堡的旧概念。《管子》强调分业居住的原则，“定民之居、成民之事”②这样的规定与西周乡遂制度不同，否定了旧制中将统治与被统治阶级居住区域严格区分的做法。《管子》体现了第二次城市建设高潮中的基本趋向，齐临淄、燕下都、赵邯郸的规划中都能看到这类理论的影响，这样的理论也影响到秦咸阳和“因秦制”的汉长安。以《管子》为代表的城市规划理论，反映了当时新兴封建地主阶级的意识，与奴隶制下的城市规划有比较明显的不同。

上节已述及井田制度的里坊制度的基础，“夫”作为王城规划用地单位，而经纬涂所划分的方一里（九夫之田）的方块地盘正是按照井田组合来组织规划用地。营国制度的基础同样是井田制度，田间阡陌转化为王城的经纬涂，而上田的附庸便发展为王城的城垣。③

西周金文中有“成周八师”或“殷八师”④此八师就是宫闱成周的王室部队，可见周代军制与建“国”的乡遂制度有密切关系。一乡一遂可建一师，“成周八师”应出自八乡八遂（宗周有“西六师”，致丰镐置六乡六遂，可为佐证）。

在王城规划中，闾里不仅占地较多，地位也比较重要。居民是按阶级、分职业居住的，故里有等级之别、职业之分，不容杂处⑤。贵族卿大夫的国宅区近宫，工商业者的闾里（“廛”）近市，一般平民（自由民）闾里则分处城的四隅。

“这样的分区结构，既充分体现了它们的功能要求，更表现了礼制等级的严

① 西周旧制，王城及诸侯城称为“国”，卿大夫采邑城称“都”，《管子》则将人口多、规模大的城市称为“国”，人口少、规模小的城市称“都”，正所谓“万室之国”“千室之都”，见《管子·乘马篇》。

② 见《管子·小匡篇》。

③ 贺业钜，考工记营国制度研究，北京：中国建筑工业出版社，1985.

④ 见《禹鼎》及《令彝》铭文。参见：贺业钜，考工记营国制度研究，北京：中国建筑工业出版社，1985：44.

⑤《逸周书·作雒》及《逸周书·程典》。

谨性。礼制的规划秩序，实际上也就成了王城规划的逻辑。它反映了奴隶社会的等级结构，同时说明了城的性质。网公示主体，其他各部分都处于从属地位。特别是市偏处宫城北端，规模不过一‘夫’之地。从这两点即足于推断市在王城中并不居重要地位。这种‘后市’只不过是专为奴隶主贵族服务的宫市而已，与封建社会城市为各阶层居民而设的集中市场有本质的区别。从《匠人》王城规划对‘市’的安排，显见城的经济价值有限。王城就是周王的政治城堡，这个特性是极其鲜明的。”①

从王城分区规划布局看，其秩序是宫城区居首，接着是宗庙社稷，次为官署，再次为宗室卿大夫府第，然后为市，最后才是居民闾里。而且还规定“凡工贾胥市臣仆州里俾无交为”②。这个安排的程序就是贵贱尊卑的礼制秩序，很明确地表现在各自的规划方位上。中央方位最尊，所以宫城区置于城中心，宗庙社稷摆在宫前正南、近中央的宫，以示一体。祖社以南稍远宫城处设官署。宫的正东、西、南又次之，宗室卿大夫府第即位于此。宫北端认为是不重要的方位，故设市。城的四隅远离宫廷地带列为最次，居民闾里便分布在这些地方。运用方位尊卑，按等级贵贱差别建立严谨的分区规划，是这个规划的一大特色，也是其代表的社会意识的本质反映。③除方位布局之外，礼制营建制度也显示出礼制秩序。《礼记·礼器》中就记载了“以大为贵”“以多为贵”“以高为贵”等一系列礼制等级制的营建措施，如王城方九里，城隅高九雉，九经九纬等等，进一步强化了礼制规划顺序。

这样的制度与周代的政治结构紧密联系：周代政治结构的突出特点就是奴隶制社会的“尊尊”，也就是说，以礼制秩序规划社会，不仅反映于城市主体结构对王权的突出，也反映于分局布局与具体硬件措施中。这不仅是对之前殷代以“亲亲”为特色的政治体制的革新，也是孔子所推崇的周礼的体现，且由于汉代以后儒家思想占据了重要地位而影响了之后封建制社会及其城市营建。

清代的北京是在元大都的位置向南稍移建起的都城，但其形态与金中都更为相似，实际上是在明中都、明南京、金中都的共同影响下建设的。金中都的建设思路则是学习了当时相对于女真更先进的中原地区的北宋东京城的规划，而北宋东京则明显受到隋唐长安的影响……这些城市的形态，都有营国制度的影子。它们与其他一些都城共同构成了我国古代都城规划的完整序列。

三、数字地图及其反映的空间特性

由于墙体将北京的空间割裂为一系列相对分离的小块，这些空间都被墙体围

① 贺业钜，考工记营国制度研究，北京：中国建筑工业出版社，1985.
②《逸周书·作雒》。
③ 贺业钜，考工记营国制度研究，北京：中国建筑工业出版社，1985：58.

合而相对独立化，所以，难以将其作为一个整体分析其层次关系（拓扑深度）。我们不妨设定一个具体的时间：即白天北京城的十六座大门均开放的时候，形成了一个联结内外的相对开放的城市空间。将这样的状况反映在数字地图（图5-32）中，有助于我们分析北京的形态特征。

此时，用空间组构理论的视角来审视北京，如果将城外开放空间的空间拓扑深度视为0级，外城、都城、皇城、宫城分别有级数不同的拓扑深度，在图5-32中，黑色部分表示在白天北京的开放城市空间，白色则表示被墙割裂的封闭区域。从这幅图可以看出：开放的都市空间，从来没有完全成为一个相互联系和聚集的以自身为中心的体块，它们被城墙所割裂，由处在中心的巨大禁区（紫禁城）所控制，并被推离到其周边。处在社会网络中心位置的帝王和国家政权直接统治这一地块，明显地表征为宫殿和皇城，这样的配置，构建了北京城的主体，对统治阶层而言，有利于其对都城乃至帝国的控制与支配：故宫所在的南北中轴线向南延伸至北京的南城门（永定门），向北跨越北部湖区进一步伸展。中心区向南北的伸展，使东西两边的联系比较薄弱，城市被分成了东、西两部分。

图5-32显示北京有趣的特点。其第一特征是它的破碎的形状。表示为黑色

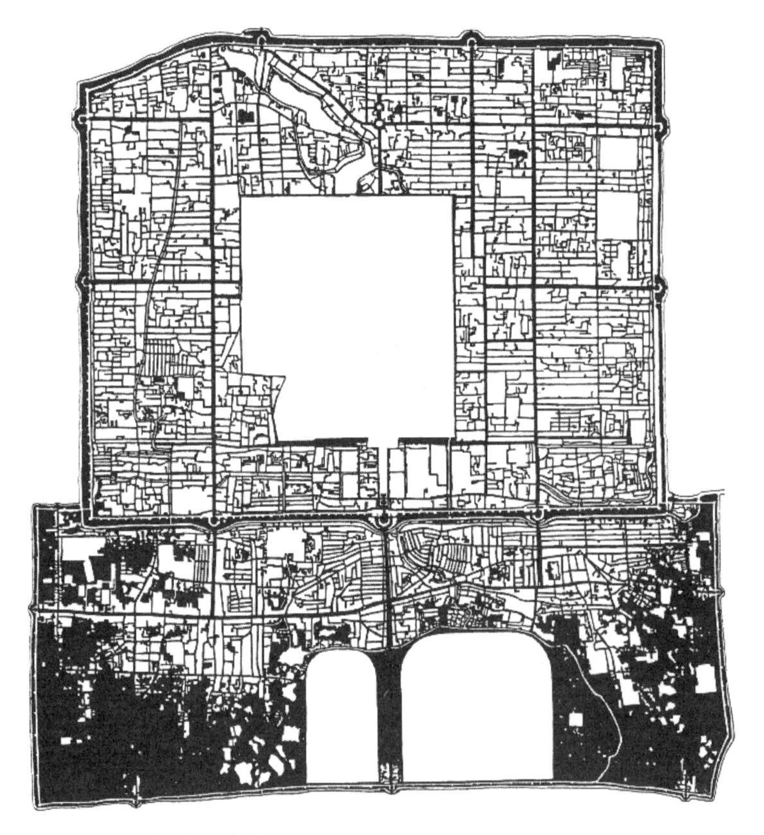

图5-32　北京的开放城市空间

（图片来源：Jianfei Zhu, Chinese Spatial Strategies: Imperial Beijing 1942-1911, London and New York: Taylor & Francis Group, 2004: 51.）

的开放都市空间，从来没有完全成为一个相互联系和聚集的以自我为中心的体块。中心区面积很大的紫禁城主导之下，城墙分割的几块被有力地推开并分散到周边。中心的皇帝和政权垂直统治这一中心块，具象化为宫殿。这样一个同心圆般的形态，恰表征着皇帝位于中心的社会网络对城市的主导。对统治者而言，这样一个大型中心有利于较容易地获得外部空间和全方位的控制。此外，在南部，前门大街延伸到首都南大门的永定门。在北方，从景山延伸向北，东部和西部被中央的紫禁城隔开，使东部和西部城区之间的联系较弱，北京呈现出东西两部分。

从这个数字地图中，还可以检视是否存在开放的公共空间。在西方，有相当数量的集市与广场，而在中国传统城市中，缺乏这样的大型开放城市空间。但是，在道路等线性开放城市空间和关键节点，存在公共领域和公共聚集行为。它们包括街道的十字路口、官方和民间的宗教建筑，如县办事处及当地庙宇前的空地，以及城门附近的空地、桥梁周围的空间、沿河岸边和城市边缘的其他空间。这些节点充当一个地方社会生活的焦点，并承担了类似西方教堂和市政厅前广场的作用（图5-32）。

是什么构成了数字地面图？在抽象的意义上，不仅是节点，也包括河渠、街巷。这些线性元素被街块限定和压缩，在城市中纵横交错，构成了城市空间网状结构——一种线性元素与节点空间并存的格局。街道适应了人员的线性移动，而在节点区域，当地居民的商业、文化、宗教活动交叠存在，形成了拥挤而有活力的景象。在空间布局上，中国城市中道路的设置是基于点与线的网络，这不同于西方以集市为核心的中心网络。在西方，建筑经常要建设一个形式上壮观和精美的正立面，这可能是基于其地方（城邦）往往存在自治权，不同地方之间为加强自身吸引力需要进行竞争的需要①，而中国的传统城市和建筑的形象服从于严格的礼制规范而并未出现与西方类似的状况。

朱剑飞利用空间组构理论的方法绘制“轴线图”对北京的城市结构加以解析，他把北京被墙分隔的每个城市区域视为一个独立的、分离的轴线网络构成的系统②，在北京城市整体的层次关系上审视它，得到数据见表5-2。

通过空间组构理论分析得到的北京空间形态特征　　表5-2

	分散度（死胡同/小路）	通联度（节点/线段数）	整合度
外城	0.205（140/683）	2.075（683/1417）	0.745
内城	0.350（666/1903）	1.863（3546/1903）	0.810
皇城	0.965（362/375）	1.611（604/375）	1.400

①（法）库朗热著，谭立铸等译，古代城邦，上海：华东师范大学出版社，2006.
② Jianfei Zhu, Chinese Spatial Strategies: Imperial Beijing 1942–1911, London and New York: Taylor & Francis Group, 2004: 53.

他首先对北京城的外城、内城和皇城的道路加以区分，将只有一个节点与道路系统相连的死胡同与至少有两个节点与道路系统相连的路分别统计，得到了空间的“分散度”（与之相对的概念是集成度），显然，分散性的数值越高，死胡同占的比例越大，整个系统里移动的自由程度更低；第二个指标从更深的层次上检验了系统的一个相似属性。如果忽略所有局部尽端的死胡同，就获得了整个系统更基本的网络。通过此网络，可以度量所有连接的节点和所有线段。该比率揭示了在平均线链接的基本系统中全球网络的关联程度。当然，这个比率越高，网络通联性越好，运动相对越自由。实际上，高比率显示了网络较高的环通特性：它有更多的迂回路线可供选择；第三个指标是“整合度”，它表示空间到系统中所有其他轴线的线性拓扑步数[①]，反映了这条道路对整个道路系统的融合程度。

通过分散度的差异不难发现，越是中心区域，空间越严格地受到限制；而通联度的不同告诉我们，越是进入一个城区的中心部分，空间越受到严格控制，有更多的死胡同和更少的连接点。这种秩序显然对应于社会的优势政治地位的因素——它们必然导致内部空间的分化，成为北京城市总体层次结构的一部分；整合度的数值反映：都城内部空间的集成度较高，外城的整合程度差一些，而皇城内部的隔离程度相当高。这与它在社会生活中的功能层次和重要地位是相关的。

将分散度作为坐标图的横轴，表示城区受限制的情况；整合度作为坐标图的纵轴，可以得到图5-33，这张图比较直观地反映了北京城三个区域的整合度与集成度状况：外城的整合度略高于内城，这反映外城空间到系统中所有其他轴线的线性拓扑步数略高于内城，而皇城的整合度明显高于另外两个城区，反映了皇城空间的拓扑深度普遍较高的现实，这说明进入皇城需要在空间上经历了更多层

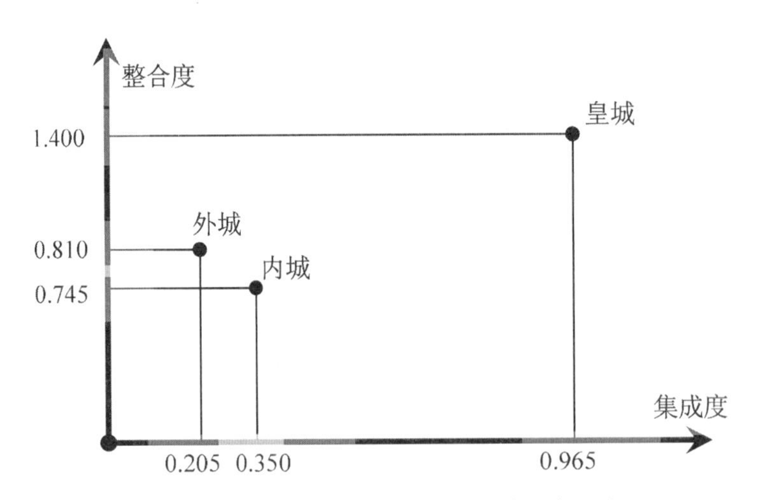

图5-33　三部分城区“整合度”和“集成度”的组合关系

① 比尔．希列尔，空间是机器——建筑组构理论，北京：中国建筑工业出版社，2008：94.

次，皇城的私密性远高于外面两个城区。内城的集成度高于外城，说明内城死胡同的比例高过外城，外城相对更为分散，而皇城数值再次远远超出另外两个城区，说明皇城内部的死胡同数目比例相当高，这不利于交通的便捷，但是有利于安全的控制（图5-33）。

四、北京城市形态表征社会结构的特殊性

实际上，由于国家首都的特殊地位，北京城以紫禁城为中心主导的城市形态不仅是北京城内部的社会状况的表征，在一定程度上映射了庞大的封建帝国的社会结构，同时北京也是属于普通居民的城市。在北京，除了国家的权力中心——皇宫与政府机构之外，还有另外三个重要的地方管理部门：五城兵马司、步军统领衙门和顺天府。五城兵马司管理捕奸缉盗等安全、市政事务，步军统领衙门主管旗人事务和北京军事、城防事务，顺天府则管理汉人事务和地方政务。对于普通百姓的管理中，清代进一步完善从宋、明继承的保甲制度，这一制度有维护安全以及普查税收、土地、人口等作用，每相邻的100户被指定为一个甲，每10家成立一个保。除了人口和税收，保甲系统还用于确保同一单位下家庭的责任与安全。这似乎隐喻着“上分下治”的社会治理结构。实际上，这三个执政系统作用相互重叠、彼此加强，在这三个系统的所有控制形式都可归纳为有条件的空间划分。城墙将城市从内到外分隔成集成度和整合度不同的空间，对其分别施以不同的防卫和管理方式。其中心与边缘实际上对应着以皇宫为中心的伦理空间，即对应着以皇帝为中心的社会网络空间的次序结构，对应着社会结构网。而作为帝国统治中心的统治机构与地方管理机构共存，是国家上分下治的治理结构体现在都城的独特实例。在普通市民的居住区内，以保甲制度确定空间关系，这实际上与前述乡村军屯聚落中曾表现出的空间群结构是一致的。

第五节　聚落形态表征社会结构的解析

本章前几节通过农村宗族力量主导的龙门镇、受军屯影响而有部分里坊制风格的暖泉镇、在宗教力量支配下发展的拉萨与作为国家首都的清北京城这四个不同类型的典型实例来分析聚落形态对社会结构的表征是如何实现的。

一、传统聚落特性解析

浙江富阳龙门镇是一个典型的宗族主导的聚落，可以从与村落中的社会组织结构相关的村落结构和与分支内房系层面相关的住屋结构两级来分析聚落结构对于社会结构的表征作用。村落结构对社会组织的表征可主要理解为两种群结构

的表征关系，而住屋结构与家庭结构可用空间序结构与社会网结构的相关来加以说明：村落中的“区域”“中心”“边界”等形态要素都是由宗法血缘关系下的社会组织结构决定的。而对于无论从聚落形态还是社会结构上都更为复杂的明清北京城则通过与西方城市的比较来找出它作为中国传统城市的独特形态特征：它缺少西方城市般的大型开放空间，代之以棋盘格局的线性道路空间和节点空间组合成的开放空间，这是对应于与西方自治不同的中国集权政治传统；而“以众多墙体围合成几个中心程度不同的区域”这一空间特色则恰体现了以帝王为中心的社会伦理——空间的序结构对应着社会的网结构。

对聚落形态的研究，不能脱离聚落居民的社会日常生活，因为，那一般是没有行政机构直接参与的自然发展的状态，人们彼此面对、相互影响，建立起互动的空间格局。在中国传统聚落中，虽然少有西方常见的公共广场，但更多线性或点状分布的社会公共场所容纳并反映了聚落中居民的社会关系和社会生活。

梁漱溟在比较中西社会结构差异的基础上认为，中国社会相对于西方社会，最缺乏的便是“团体组织”和“团体生活”。由于缺乏团体生活，因而也无从反映出社会问题和个人问题。

从组构的角度来看空间，可以着手研究社会和文化模式是如何烙印到空间布局中的，空间布局又是如何影响建筑物和城市功能的。所以，对于聚落空间需要做出一些抽象分析，从本体论的角度来理解与把握。我们可以把聚落的物质形态抽象为中心、边界、节点的模型。在我国古代，“城”一词既表示城市又代表城墙，从单体建筑到围合的庭院，再到城市，然后到更大的地理学意义上的长城，各式各样的墙的应用似乎在建筑环境中无处不在①。墙是最常见的聚落边界，其实质是聚落的内部边界，一堵墙在中国概念的空间建构中是关键的元素，在城市形成的过程中，城墙起基本的作用：它的形式在很大程度上影响了一个城市的形态。

在结构层面上，空间是唯一的物质和构成元素，而墙限定了这一系列总体同心的层次空间。仔细审视空间的边界，会发现有两个关键因素：墙本身和门，门修建于边界（一般是墙）上，是不同空间联通或分隔的临界点。表面上并不复杂，它们在权力的行使中保持着临界效应。门是控制空间和人跨越（或克服）边界的起始点。这里的控制有双重含义，首先是控制和加强防御，同时也实现了操控：安保力量得以检查并阻断或放行人流。由于门内侧的中心性通常高于外侧，所以这个控制和防守的姿态更多是针对外部的进入活动，内外之间建立了不对称的关系，这种不对称关系不仅限于门的内外，对于聚落边界内外来说，也是如此。这使得内部建立起相对于外部的中心地位，建立起对外部的相对控制。

在西方城市聚落中，集市（Agora）与广场（Piazza）是人们聚集的场所，

① 朱文一，空间、符号、城市：一种城市设计理论，北京：中国建筑工业出版社，1993:119-124.

在我国传统聚落中缺乏这样的开放空间场所，但是在十字路口、祠庙、戏台、官署、城门或桥梁附近，总会形成一些节点成为城市的开放空间，并承担了类似西方教堂、广场的功能。

在抽象的等级上，不仅是节点，还有河渠、街巷被街块压缩，构成了城市空间的网状结构，在节点所在的地方，商业、宗教活动和居民的日常生活呈现出兴旺和有活力的景象，在欧洲，建筑师常常为建筑设置高大精美的正立面，而中国很少出现这种情况，这可能跟两个不同文化背景下的社会生活相关：在欧洲，对于正立面的重视与强调，使其显得壮观与精美的努力往往与以集市为基础的核心网络相关，这样的做法根植于地方自治权和不同地方竞争的传统。而在中国，聚落的空间布局主要在以点、线为主要特征的空间网络中实现，这可能是日常生活服从于中国的大背景的原因。

在中国多数传统聚落中，墙是一个重要的因素，开放与封闭之间，存在一个辩证的关系。断裂的空间碎片被隔离或整合在一起。虽然墙或其他聚落边界常常破坏聚落空间的连续性与完整性，但当白天打开门的时候，聚落表现出开放的形态，封闭的内部与外部联系起来。此时，有形边界内外的人们相互关联，共同构成了开放的城市关系网络，形成了一个顺畅、连续、可伸缩的空间，它超越了常见的物质有形边界，形成一个广阔的网络领域，是由所有成员共同使用的空间。

社会文化生活所有形式的实现在于人的活动，这些不可避免地被纳入和实现在上述空间中，这个空间是拓扑层级最低的一级，也是社会关系网络中最广泛的个体相互联系的空间。此空间的持续开放，带给社会网络的影响在于，其基本趋势是联系与整合，人与人之间的联系带来随机迁徙和流动的可能性，新的社会团体与不确定的行为和活动易于出现，或者带来可能的颠覆，在动荡的年代，可能对原来稳定的社会秩序和国家治理带来威胁。此时，必然有一个紧张的辩证关系，在聚落出入口的开闭之间，需要有一个自由的社会生活空间，并需要对其空间框架和社会活动加以调整，居民生活往往就围绕这个关键的空间展开。

在这个空间领域，人们可以找出三个方式容纳公共生活、空间形式的街道、节点和节点地带，以及店面。其中，街道自然是容纳公共生活最普遍的形式，它往往能够容纳社会生活的各种形态——在街边、路口和寺庙附近聚落里绝大部分的故事开始发生。在中国，寺庙常常与戏台、街市等结合在一起，成为固定或定期的庙会、节日的举办场所。

类似的活动集中之处大致有如下几种：会馆、祠堂、庙宇、集市、戏场（戏台等）。上述几类场所有时候可能相互结合存在。会馆对应的一般是同行业的行会或有其他共同信仰的组织，多半有独立的会场，有的成立于一些寺庙内，使他们能举行会议并祭祀其共同信仰的神祇，这与同宗族用来祭祀其共同祖先的宗祠有相似之处，他们常常都对应着社会结构中的某种等级结构（群）。这两类场所在各类聚落中表现不一，或小或大，嵌入聚落街道的网络或位于聚落节点，成为交通联系纽带处的重要空间。从更广的范围上看，前两类空间还常常被纳入地区甚至国家级的层级网络。

戏场则是民间娱乐活动的中心，经常与庙宇、市场结合布置，形成聚落居民的日常生活和娱乐场所，是有活力的世俗生活集中的地方，与居民某一类社会生活网络的中心重合。从排斥到包容，从正式到非正式，这些地方成为不同人群混杂的最开放场地。对其管理、控制、或限制，客观上影响到聚落的面貌。中国的民间宗教对各种不同来源的崇拜对象采取兼收并蓄的实用主义态度。这也是不同类型的社会网络中心重合和杂糅的物质表现。这类社会生活中，结合了戏台和集市的庙宇往往成为中国传统聚落开放型社会活动的中心，一般是定期（往往是某神祇的诞辰）举办庙会或相关节日，名为敬神，实为娱人，成为最具活力和包容性的社会和公共领域的枢纽。

中国传统社会的聚落形态，实际上表现为一种二元结构，上分下治可以作为社会结构特征的适当概括。一方面形成了一种纵向的层次结构体系（上分）；另一方面，国家的人口与聚落空间横向分散与隔离（下治）。这两种不同的格局也相应带来两种不同的倾向：层次严整的治理结构和秩序相对紊乱的社会生活——这两种倾向带来了封闭与开放的不同需求，展现着矛盾的辩证法。

二、结构整体性特征

各种结构都有自己的整体性，这个特点是不言而喻的。因为在结构与聚合体（即与全体没有依存关系的那些成分所组成的东西）之间的对立关系是一个基本的关系。“一个结构是由若干个成分所组成的；但是这些成分是服从于能说明体系之成为体系特点的一些规律的。这些所谓的组成规律，并不能还原为一些简单相加的联合关系，这也就是说，结构的一个显著特点就是，结构之间的组成部分，是由具有有机联系的规律组成的，而不是各个部分简单加起来的整体，整体与结构之间的区别就在于此。”①

在社会结构中，同一个人或同一群人可能会同时归入不同的群。恰如德格洛珀描绘下19世纪的鹿港：“一幅关于一个同乡关系无足轻重的城市（全城居民都自认属泉州籍），关于按不同原则吸收……成员、以不同方式划分的互相重叠的集团，关于有分寸的对抗与交换的动人途经。全城人口的一套划分法式分成宗族帮派，各集团间的相互关系，以到处弥漫着敌意但却无深仇大恨为特点。第二套划分是分成街坊，每个街坊都以某一神祇的香炉为中心点，每年至少在该神诞辰时举行一次节庆，招待宾客。在某些情况下，几个街坊共管一个‘高级’庙宇。七月间的节日，宗教仪式的交流和迎神赛会，把所有的街坊都连成一起；每隔数

①［瑞士］皮亚杰，结构主义，北京：商务印书馆，1984.

年，在上城与下城举行街头赛会时，半壁评分的结构就显得更清楚了……萍水相逢、素不相识的人，开始交谈总要先问明彼此的籍贯和姓氏……”从这段话可见：一个人常常既属于某个家族，同时属于某个地域，又归于某个行会——他在社会中的关系是多元化的，在我国传统社会中，往往是熟人社会，血缘、地缘、业缘有时候会表现出相对重合，表现出错综复杂的网状结构，而这样复杂的网络结构也对聚落形态构成持久的影响——实际上恰好对应着所谓运算结构主义的立场，这种立场，从一开始就采取了一种重视关系的态度；按照这种态度，真正重要的事情是成分之间的那些关系，换句话说，就是组成的程序或过程，这些关系的规律就是那个体系的规律。而“结构”就是要成为一个若干“转换”的体系，而不是某个静止的形式。

对于聚落形态而言，一个子群的从属关系往往相对简单，从属关系与空间关系密切相关，甚至可以说基本是由其所在空间位置来决定的。其体系的规律不仅要符合建筑组合的需要，也受到自然环境的影响。例如，龙门镇明哲堂从属于龙八大队所在的组团，它的从属关系是相对简单的（图5-34）。

在聚落结构分析中，我们将其分为区域形态、聚落、住宅、住宅的组成部分这四个层次，[①]分析聚落结构的整体性特征其实就是如何正确认识聚落层次关系的问题。这四个层次所体现的是整体与部分的相对关系，整体与部分的相对性是宇宙万物的普遍性质，也是事物间具有同构性的根源。但是，不同层次存在一定的同构性并不能抹杀不同层次间的差别，其最主要的表现便是由低层次到高层次的层级中整体与部分的相对关系的不可逆性，亦即某一层次与较之低一级的层次相比是整体，而与较之高一级的层次则是部分。因此，凡不能体现整体与部分相对关系及其不可逆性的要素将只被视作某一层次的部分而不被当作一个整体性的

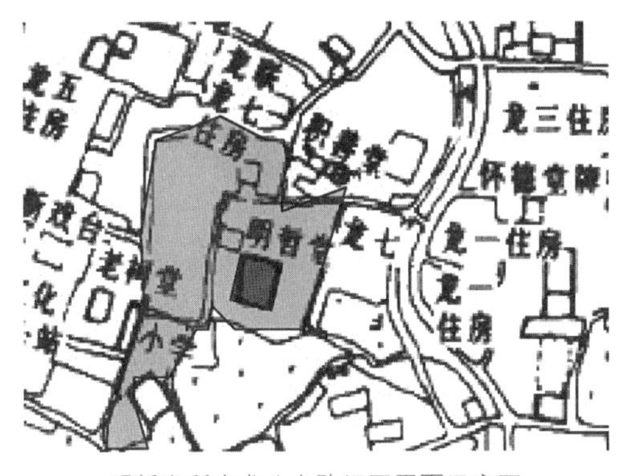

明哲堂所在龙八大队组团平面示意图

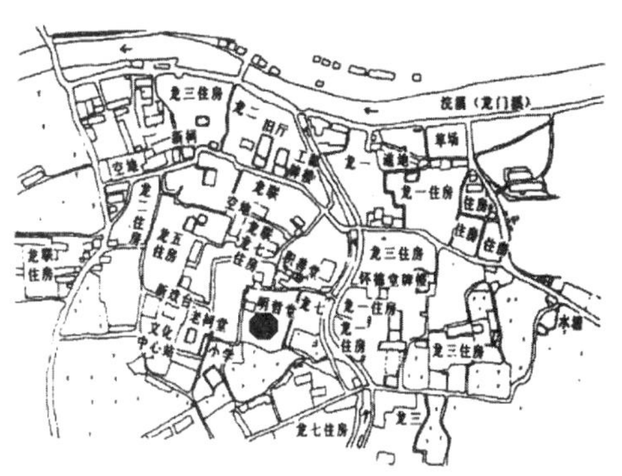

明哲堂在龙门镇的位置

图5-34　明哲堂属于龙八组团

（改绘自：沈克宁，富阳县龙门村聚落结构形态与社会组织，建筑学报，1992，2：55.）

① 参见第四章。

层次。在暖泉镇的例子中，西古堡并不由中小堡所组成，当然也就不存在整体与部分的相对关系，这与暖泉镇与西古堡，西古堡与其中的苍竹轩的组成部分的关系是完全不同的。整体的功能不是各部分功能的简单叠加。

从暖泉镇的社会结构上来看，保甲（或里甲）与乡约制度是社会结构的主导形式，但社会经济关系、信仰等都发挥着影响，这使得暖泉的村民们置身于一个多重关系影响下的网络结构中，如果以日常生活的关系来看，基本上限于聚落内部，是上分下治结构的反映，这样的网络结构在空间中实现，但并不是如聚落结构般的空间结构——两种结构的整体性特征是不同的。

在社会关系网络相对复杂的城市，这两种结构的整体性特征上的差异就更加明显，社会结构中，由于社会关系错综复杂，我们可以从多个角度理解社会组织状况，宗族组织、行会组织、军事集团、行政机构，随着其作用范围和作用方式的不同，可能体现出群结构、网结构等不同的结构方式；而从城市形态上来看，层次更加丰富。

三、转换规律（法则的联系）

“一切已知的结构，从最初的数学‘群’结构，到规定的亲属关系结构等，都是一些转换体系，转换有可能是非时间性的，也有可能是时间性的。在一个结构里，应当把它受到这些转换所制约的各种成分，与决定这些转换的规律本身区分开来。”[①]

在本书第三、第四两章，阐述的传统社会结构与聚落内部结构可抽象为基本的数学结构“群”“网”以及“拓扑”，这些社会结构、聚落内部结构、数学结构本身就是转换体系。这些转换可以是时间性的（如婚姻关系是社会结构的组成部分，结婚是需要一点时间的），也可以是非时间性的（如：1+1立即就“成”2，而3不需要时间间隔就跟在2的后面了；对于一组建筑来说，间的组合成为屋，屋的组合成院，院和院并列而立，这是同一时间内的关系）。社会结构的转换规则在人与人之间的关系中建立，而聚落形态的转换规则则离不开空间关系。本书第二章第二节中，论述了社会结构延续的矛盾就在于非物质化的社会结构借助于物质化的聚落形态来延续。这样，人与人之间的关系与空间关系这两种转换规律之间建立了天然的联系。

在传统社会结构中，人首先是作为个体存在，这个个体在以其个人为中心的社会网络中，以地缘关系为基础、以血缘关系为纽带的宗族，是这个网络的重要组成部分，但同时，民间信仰往往也构成了个人社会关系网络的另一个重要组成部分。一个人生活在由血缘、地缘、业缘等多种社会关系组织或体系编制的多层

---

① [瑞士] 皮亚杰，结构主义，北京：商务印书馆，1984：8-6.

次的社会网络中。这个网络以其生存的社会空间为基础，却并不能完全与社会空间相对应，家人可能相聚或离散，政令可以达于偏远，行会有可能跨越广大的地域。

空间方面，一个人在某个特定时刻甚至时段里生活的空间位置是相对固定的，这个空间位置受到自然条件的制约、习俗或法规的影响，以一定的秩序成为聚落的有机组成，由于空间具有物质实在的特性，其空间位置是固定的。间的重复形成房屋，房屋的组合形成院落，院落的组合生成里坊或街块，里坊或街块的集聚构成聚落。

从德格洛珀对鹿港的描述可以清楚地看到，一个人，在社会网络中确定自己的位置——他具有某处的籍贯、是某姓某宗族的成员、属于某行会，同时又可能是某街坊的一分子。他是个人伦理体系的中心，同时又是复杂的社会网络的一个组成部分，在不同的社会关系网络得以定位。而对于聚落而言，间的组合形成房屋，房屋的组合构成院落，院落的集合成为组团或街坊，而更高层次的集合可能是村落或城镇……在这个空间体系中，一个居住的基本单位"间"的位置是唯一的，这与人在社会网络中的多种定位可能有一定区别，这是社会人与住宅的不同空间属性决定的：对于人来说，他是社会的一个组成部分，决定其空间定位的社会关系错综复杂，涉及不同的空间场所；而对于住宅来说，其空间位置相对单一，我们可以用等级、并列、链接等子群之间的关系对其加以说明。[①]

我国传统建筑理论常用风水的术语表达，主要内容一是气，二是形。"气"实则为心理场，"形"则指围绕"气"的环境，古人也将这两者看成不可分的两个部分："气者形之微，形者气之著，气隐而难知，行显而易见"[②]。"隐而难知"正是心理场的拓扑特性：没有形状，没有大小，不可见，不可测；"显而易见"则是物理场的欧几里得几何特性：既可见，又可测，两者共属一个整体。从"形之微"到"形之著"的转化，可认为是从社会心理结构到聚落物质结构的转换过程。在我国传统建筑思想中，并没有将它们截然区分为两个不同的结构体系，而是认为其根本上都是相同范畴建立在拓扑变换基础上的不同表达。兼之在本章之前四节中，我们已述及社会结构与聚落内部结构的种种联系，认为两者相互影响并密切相关。

由此，我们可以从转换规律角度进一步分析社会结构与聚落内部结构的转换差异。在我国传统社会中，社会结构的根本特征是建立在血缘基础上的差序格局，人们按照血缘关系以等级子群的方式组合成家庭、宗族、聚落共同体……直至社会。而仅以等级子群特征的差序格局也并不能完全概括中国传统社会，以职业行会、学社等其他关系为基础的团体格局同样对社会结构的形成起作用，形成了以差序格局为主、团体格局并存的网状社会结构。

---

① 详参本书第四章第二节。

②《古今图书集成·艺术典》六百七十卷堪舆部汇考《解难二十四篇》。

在传统聚落中，以血缘关系组织起来的以房份为特征的自然聚落与以里坊制等社会制度为基础组织起来的规划聚落并不矛盾，在很多时候两种组织方式相互协调作用。如第四章所分析的，以共时性为前提的等级、并列、链接等子群结构和以历时性为前提的网结构（次序结构）可作为传统聚落内部结构组成方式的概括。

在社会结构中，可以认为其基本元素（人）或基本单元（家庭）是组织在社会网状关系结构中的，关系的密切与否、从属的层级都与其所在的空间位置没有直接对应关系。而这样的结构从关系角度来看是片段性和不够连续的，灵活性强，稳定性差；而聚落结构上看则不同，由于聚落结构属于空间结构，结构的构成形态以及演化过程都不能脱离空间而实现，故这样的结构表现更为直观，对于固定的聚落结构而言，影响其形态的因素一般是某种因素占主要作用，而聚落形态一旦形成，具有相对意义上的稳定和延续性特征，如未遇重大事件，在较短的时期内难以发生根本性变化。一方面保证聚落结构以实体的形式凝固了抽象的社会结构，另一方面也帮助短暂的人际关系构成的不稳定系统沉淀为相对稳定的社会结构体系。反过来说，聚落结构的延续性也延缓了其结构的调整，成为结构演化的阻碍因素，社会结构中的社会关系变革相对灵活得多，转换来得更为快速。

广义的社会关系，包括人与人的各种关系，交谈是暂时性的结构关系，婚姻则是较为稳定的结构，但这些关系长不过几十年，与房屋少则几十年，多则千百年的寿命相比是短暂的。一个传统家族，其日常家族内部关系受到伦理的支配，这样的伦理关系带有一定空间性特征，不仅存在于家庭内部与房份之间，也常常以房间组合、院落布置，院落组团结构等方式凝固在建筑中，当老一辈人辞世，新一辈入替之后，伦理关系的作用主体改变了，但是风俗、房屋、规矩等通过建筑、聚落、族法家规、伦理道德等物质或非物质传承下来，伦理关系保持相对稳定，建筑与聚落成为社会结构得以延续的重要载体。在我国传统社会的社会个体向社会整体组构过程中，血缘是天然的基础和纽带，而地缘、业缘等关系也起到了重要的作用。

聚落结构的转换规律实际上就是聚落元素之间的空间关系，并置、链接、等级关系都是由空间所决定的，这是聚落结构抽象为简单的群、网、拓扑结构的关键所在，就是由聚落结构到基本数学结构的转换规律。而社会结构的转换规律则由血缘关系、地缘甚至是宗教关系来确定的，转换的关键在于人之间的关系。两者的联系就在于人生活在聚落中，人的社会活动中相互之间短暂的关系通过场所凝固在空间之中，空间成为对人类社会关系加以凝固和持续表达的载体。例如暖泉镇，与军屯相联系的堡伍制度，体现出了群结构的某些特征：我们可以将“伍”看作一个简单的群结构，群内部人是通过行伍打仗确认其关系的，这由堡伍制度来限定；而它对应的五家一排的居住方式，则是通过住宅的并置组成一个可以看成是“群”的组团，并进一步形成更高级别的“群”。再如圣城拉萨，人们朝觐、礼佛、转经等社会活动的持续进行，凝固在空间中，才得到了以大昭寺为核心的三条转经道路，影响到居民聚居的形成和商业的发展，进而形成了今日拉萨的城市布局。

四、自身调节性的关联

结构的第三个基本特性是能自己调整；这种自身调整性质带来了结构的守恒性和某种封闭性。社会结构与聚落内部结构的转换都是在时间内进行的。

节奏、调节作用和运算，这些是结构自身调整或自身守恒作用的三个主要程序。对于社会结构和聚落结构，我们可以分别分析其自身调节的过程：

在社会结构的分析中先以宗族结构为例，从历时角度看，婚育年龄决定着以“子—父—祖—曾祖—先祖”的模式代际家族世代传承的节奏；从共时角度看，家庭的规模影响到“家—户—支—房—族”模式的宗族组成的节奏（假设在理想状态下，每户人口都以4人计的话，将出现“256—64—16—4—1”的金字塔状结构）。在这样的节奏下，运算基础是人口数量[①]，结构组成的基本联系是社会关系。这可以说是皮亚杰提到的“留在已经构成或差不多构造完成了的结构的内部，成为在平衡状态下完成导致结构自身调整的自身调节作用”。对于聚落共同体社会结构的合并，更多是以行政的力量，将其整合在州府甚至是国家的框架之内——这可认为是“参与构成新的结构，把早先的一个或多个结构合并构成新结构，并把这些结构以在更大结构里的子结构的形式，整合在新结构里面”的“另一些调节作用”[②]。

而在聚落结构中，间—（并置）—屋—（围合）—院—（并置或链接）—社区（或里聚）—（组构）—聚落，其运算基础在于空间（或简单地以占地面积代替）[③]，建立起以等级子群的重复、对称为基础的手段来保证它的自身调节作用。

江西省流坑村是一个董姓聚居的大村落，村落始建于五代，至今历千年，传四十代。流坑董氏是两宋时的官宦世族，元以后科举式微，但明清时期竹木贸易的兴盛使董氏始终列于吉、抚地区的“大族”和“望族”，宗族势力十分强大。

在流坑村的社会结构中，宗族体系占据重要位置。从《万历谱》（1582年）

① 简单地说，无论社会结构表现出怎样的差异，社会人之间具有怎样复杂的联系，社会总人口等于社会所有人数目之和。这一简单的运算实际上可以视为内在的控制手段，对社会结构分析的结果起到矫正的作用。

② ［瑞士］皮亚杰，结构主义，北京：商务印书馆，1984.

③ 聚落结构的组构过程虽然是在空间中进行的，相对于社会结构维度较少，但聚落形态形成原因的多样同样带来聚落空间研究的复杂化，但聚落诸元素在聚落中占据空间（或面积）之和等于聚落空间（或面积），基于这样的认识，我们可以修正一些聚落组构理论的可能错误。

中何淑的《董氏续秋祀祠堂记》[①]中，我们可以看出：首先，自南宋以来，董氏一直以扩增祭田、聚族以祭、继而兴建祠堂等形式凝聚族人。明前期，宗族建设表现出“宗族士大夫化”[②]的特征，宗族建设的普通族人参与较少，积极倡导者主要是一些“贤而文”的乡绅。元初，随着董氏谋划建设第一座祠堂，建祠的活动有很好的聚族作用，加入对宗族的整合之中。明中期，“宗法伦理庶民化”开始，在政府的明确鼓励下[③]，伴随着祠堂迁建[④]，确立了宗子举祭制度。在嘉靖甲申年（1524年）与嘉靖壬戌年（1562年）两次重建之间的38年间，宗族结构也发生了较大变化，1524年重建中，个人捐款名录在“派”的名下；1562年重建捐款名录只剩下“知县俦派”和“滋派”两派，其他个人捐款均列在“祠”的名下，“祠”在族谱中取代了“派”，而实际上这些祠中的绝大部分并未被20年后刊行的《万历谱》录入。因此，可推测开始的“祠”并不是具体的祠堂建筑，而是指代一个祭祀小团体。他们尚未建立起一个祠堂，但以“祠”的名义从事捐款等宗族内活动，且在族谱中使用比较正式的小印。明中叶以后，随着各种社会矛盾的爆发，里甲制度逐渐瓦解，基层社会往往处于失控状态。这一时期，王阳明在其任职[⑤]的南赣全面推行“知行合一”学说。一方面在乡村中讲学，培植治安治理的群众基础，另一方面执行“乡约”[⑥]和“十家牌法”[⑦]，以期在政府、乡村、乡民

①《祠记》中说：“族故有祭田若干亩，每岁族人更长其入。至秋，则聚其族以祭而馂焉，名曰秋祀。元元统初议建堂于里，以展其事，而堂未果成。中更寇乱，族人失其乡土十余载。迨国朝平定东南始复。族之贤而文者曰养性乃与其长老谋而成之。为屋凡是四楹。自始基之祖逮乎其下之无后者，当祀，则设其主而附焉。今年秋既竣事，养性请记其事于石。余惟宗法废而祭不古若也甚矣。今世族能举其事者鲜矣，况求其能者一稽诸礼乎……余尝闻之考亭先生曰：始祖亲尽则藏其主于墓所，而大宗尤主其墓田以奉其墓祭，岁率宗仁一祭之，百世不改其门。人谓若是，则墓所必有祠堂焉。今斯堂之所，虽不于墓所，而亦不远于其地，况又能萃其宗人以合其孝敬，维系其亲爱之念……”转引自刘丹《谁建起了八十座祠堂——从政治文化资本到村落空间格局》，《建筑史论文集》，北京：清华大学出版社。

② 参考：张小军，文化的经营——附件阳村李氏宗祠“复兴”的个案研究，经营文化——中国社会单元的管理与运作，香港：商务印书馆，1999：222-238；家与宗族结构关系的再思考，香港中文大学人类学系，1999.

③ 嘉靖十五年（1536年），礼部尚书夏言上《令臣民得祭始祖立家庙疏》，“乞诏天下臣民冬至日得祭始祖……乞诏天下臣工立家庙”。

④ 嘉靖三年（1524年），董氏族人将大宗祠迁至村北陌兰洲，进行了大规模重建。

⑤ 明正德十二年（1517年），王阳明任南赣巡抚都御史。

⑥“乡约”为全民成人必须参与的社区重建自觉组织，以地区分约，每约设约长一、约副二、约正四、约史四、知约私人、约赞持、约副赞协；共同饮酒作乐，讨论约中发展知行合一之要点，并邀学者与会共同讲习诗礼等人文学问与个人修身致知发乎于行之结合等问题；由公直果断之约史主持讨论约中会员自觉行动中日常言行等事，并表扬善人善事；有过者则纠之，由约史记入会员名册、彰善簿、纠过捕。参见：刘黎明，祠堂·灵牌·家谱，四川：四川人民出版社，1993.

⑦ 所谓十家牌法，乃就各属居民，分区设牌，十牌一甲，十甲一保，每牌编十家为社会基层最低之单元，每家门面各挂一小牌，注明人丁数目、籍贯、姓名、年龄、职业、某有残疾、户籍田粮等项。每家轮值巡逻，沿门审察，遇可疑人与事，立刻举报，否则十家连坐。又规定：十家编排既定，依式造册一本，留县以备查考。及遇勾摄、及差调等项，按册处分，更无躲闪脱漏；并使之不得与盗贼通焉。（见《阳明全书》，册2，卷17，页26：《申谕十家牌法》；页27：《申谕十家牌法增立保长》）

之间建立行之有效的管理结构，重建乡村秩序。流坑村受王学影响极大。万历年间，以董遂为代表的一批王学门人以王学为纽带，一方面向上交结重要的王门学者和国家大吏，另一方面在地方秩序重建中身先士卒地推广王学学说和推行“乡约”等治安措施。在频繁的政治文化活动中，不断提升个人的影响力，进而成为统合宗族的主导力量。

应该注意到，不同地方“乡约”的对象是有差异的，流坑村所在的江西吉首，乡约的主体是“世族”。推行乡约也是国家基层社会控制权让渡给家族组织的过程，这样，家族建设在地方秩序重建中有双重意义，这也是社会调节性的具体表现。

流坑村现有的村落格局是在明代的基础上发展起来的。“一条龙湖将全村分为东西两大部分，以东部为主。东部的房屋自龙湖起由南向北延伸，生成东西‘七横’和南北‘一纵’的八条大巷，在大巷垂直方向还有许多小巷交叉沟通，状若棋盘。巷道均以卵石铺地，大巷宽2～3.2米，一侧（多为南侧）掘宽0.3～0.4米的排水沟，沟面有的露明，有的以麻石条覆盖。所有排水沟的水都先汇入龙湖，然后流入乌江。村内大巷的巷口均建有门楼，保留下来的有贤家巷的翰林门、中巷的礼仁门、下巷的中流砥柱门和村北的拱辰门，有的巷子在中部和尾部还设有凉亭。龙湖之西，地势不及东部平坦，略呈斜坡状，沿湖建南北向街巷一条，名曰‘朝朝街’，是流坑村的墟市所在，沿街房屋多为货店、米铺和药房。街的西端高处坐落着流坑人引以为豪的‘状元楼’。流坑村的风水林在村北和下水口的白茅洲各有一大片，荫翳而茂盛。村中央有三座戏台，四周则散布着规模不大的几座庙宇和道观。”

“清朝道光时期，流坑村已形成了比较固定的八大房派，分别是文晃公房、双桂房、镜山房、胤明房、胤旋房、胤清房和胤隆房。各房的祠堂与村内主要巷道或‘地域片’有比较明确的对应关系。这种对应关系的生成，不仅仅缘于居住组团由内向外的单向生长，更有由外向内的反向生长，即从组团中生长出祠堂，流坑村内住宅改建祠堂的传统使后一种情况尤为突出。”[①]

对流坑村祠堂建筑的研究可以发现，流坑村的村落空间格局表现出团块发展的特征，祠堂是凝聚团块的中心，它的出现和数量增加，又形成一种自身调节的内力，在此内力作用下，住宅组团所在区域为某一房占有的性质和加强这一空间对内的凝聚力和对外排斥力得到强化。

由此不难发现，尽管社会结构与聚落结构的调节性特征存在差异，但很多宗族建设的重大事件与聚落中的建筑营建、田产购置等行为是紧密联系的。龙门镇在修建祠堂过程中因位序引起的纷争，导致思源堂与余庆堂的分立，进而影响到新宗祠的修建、龙一龙三所在支系的跨河发展等一系列聚落形态变迁。

---

① 刘丹，谁建起了八十座祠堂？——从政治文化资本到村落空间格局，北京：清华大学出版社，2003.

节奏、调节和运算，这是结构自身调整或自身守恒作用的三个主要程序。在暖泉，乡约的主体并不是许多宗族聚落的世族，而是地域性更强的杂姓村落，使聚落保持其封闭系统特征的主要安全防御要求。在聚落内部，对乡约组织有较大影响的，一方面是较强宗族的族长，另一方面则是实力雄厚的士绅。如西古堡南瓮城中的地藏寺创建于顺治年间，创建者为“乡耆董汝翠”。到清康熙十五年，“屡经地动，东窑砖券五间，空阔又无石基，摇开裂缝，兼以雨水浸灌，车辆震地，遂至陨堕”。董汝翠的遗孙董揆叙捐资将东边的五间砖券房重修，并“以石为基”。而在另一道暖泉保障堤的修建中，同样是这位董揆叙主导的。[①]能够完成建庙、修坝这样的大工程，可见其影响力。此人有一绰号叫“董大斋”，他不但捐资重修地藏寺，相传还是东、西楼房院的创始人，此外还出钱在西古堡北瓮城外、暖泉西券门东边的西市上建造了一个大牌坊（现已毁）。

里甲（保甲）制度与乡约是基层中子群构成群结构的规则与纽带，如诸城县“乡置乡约，亦名甲长，土田、婚姻、命盗、殴詈之事，惟保长、甲长是问。”[②]可见，清代乡村中的基本管理并非基层行政机构直接进行，而是由保甲组织或乡约组织向基层行政机构负责，从而形成由基层向中央的层级结构。其运算基础是人口。

对于聚落结构而言，土地则是聚落层级结构的运算基础。具体看暖泉，早期主要受到军屯政策的控制，而后期则是经济因素影响下的乡约等控制下的土地分配与使用机制。其节奏受到传统度量衡的影响，如建堡购地被证明是由三分地（3丈×6丈）和五分地（5丈×6丈）两种基本面积模数所控制。由于经济因素的影响，建堡购地时新的邻里关系更多受到财力贫富影响，而原有的邻里编户关系则相对淡化，这体现了蔚县聚落社会结构与聚落内部结构这两种结构自身调节性的差异。

在城市中，虽然形态和关系都更趋复杂，但是其自身调节性同样遵循上述基本的准则，与乡村相比，节奏变化多样，但其运算基础是相同的：人口是社会关系的运算基础，土地则是聚落层级的运算基础。

第六节　本章小结

上文论述，将社会结构与聚落形态作为两种结构体系来认识，而这两种结构体系又分别在第三、第四章按照数学的群（反映层次组合关系）、网（体现序）结构加以抽象。由此，可以从结构体系的三个特征的角度分别加以比较，不妨列表分析其表征关系（表5-3）。

① 清康熙十九年（1680年），村人董揆叙“为德于乡，创建土坝，袤延数里”。此事见于《蔚州志》（光绪丁丑版）卷四“地理志”中。

② 宫懋让修、李文藻等纂，乾隆《诸城县志》卷五《疆域考》，乾隆二十九年刻本。

表征关系对比　　表5-3

结构类型 结构特征	社会结构中的群结构与聚落形态中的群结构的关系（两种体系中层次结构之间的关系）	社会结构中的网结构与聚落结构中的序结构的关系（两种体系中次序结构之间的关系）
整体性特征	a	b
转换规律	c	d
自身调节性	e	f

我们将“可以用群结构表达的社会结构与可以用群结构表达的聚落形态分别作为结构系统具有的整体性特征之间的关系”定义为关系a。同理，将“可以用网结构表达的社会结构与可以用网结构表达的聚落形态分别作为结构体系具有的整体性特征之间的关系”定义为关系b；“可以用群结构表达的社会结构与可以用群结构表达的聚落形态分别作为结构系统具有的转换规律之间的关系”定义为关系c；“可以用网结构表达的社会结构与可以用网结构表达的聚落形态分别作为结构体系具有的转换规律之间的关系”定义为关系d；“可以用群结构表达的社会结构与可以用群结构表达的聚落形态分别作为结构系统具有的自身调节性之间的关系”定义为关系e；“可以用网结构表达的社会结构与可以用网结构表达的聚落形态分别作为结构体系具有的自身调节性之间的关系”定义为关系f。这样，此6种基本关系大致囊括两种结构体系之间的相互关系，也可以说，聚落形态对于社会结构的表征是通过这六种关系实现的。这六种关系的强弱，决定了表征作用的有效与否。在本章第一至四节的例子中，已对四个不同类型的聚落实例加以分析，在这些例子中，包含着上述六种关系。

余　论

研究聚落形态对于社会结构的表征作用，主要是对两方面进行关注：一是社会结构如何实现空间化表达，其内在的同构原理是怎样的；二是两者的差异体现在哪里，具体说就是在结构整体特性、转换规律和自身调节性的差异上有什么不同。

中国传统社会是一个建立在伦理本位基础上的关系社会，可以用群和网这两种结构概念对其加以抽象和概括。对于群结构来说，关系是其组织基础，而家庭和家庭模式是其基本的组织模式，聚落共同体是群结构的基层典型形式，整体在垂直层面上表现出一种层层递进的层次结构。从国家治理角度来看，表现出一种上分下治的结构，典型的基层单位是村落共同体。对于网结构而言，中国传统社会结构的基础是建立在关系结构上的伦理本位，差序格局是对其网特征的恰当概括，一个人既在以其自身为中心的伦理本位的原点上，又可能同时属于不同的社会网络，而正是大量的社会网关系的组合，构成了具备复杂性与多样性的传统社会结构。

同时，对于聚落形态的分析离不开对于空间本质的认识。对于空间与实体关系的辩证认识是分析聚落形态的出发点和立足点。一般说来，可以将聚落抽象为中心、边界、结点构成的层次体系。如果从结构主义的观点着眼，聚落形态可以从以空间层级组成关系为特点的群结构和以次序关系为根本特点的序结构两方面加以认识，而这两方面恰与社会结构的群和网对应。

当我们将社会结构与社会形态经过抽象，得到相似的基本结构之后，会发现讨论聚落形态对于社会结构的表征其实就是要在将二者均视为某种结构体系的情况下，讨论它们的相互关系。

结构主义认为，两个结构体系之间的关系，要从二者的整体性、转换规律与自身调节性三个方面寻找其内在的联系与差异，这样问题就简化为分析聚落形态与社会结构之间的整体性、转换规律与自身调节性特征的差异。

差异方面：首先，从整体性角度看，以血缘、地缘、业缘等关系结合起来的聚居团体与在整体性方面表现出错综复杂的网状结构，而聚落物质形态则受到空间位置的限制而显现出更为明确的空间关系，在受到多种社会关系共同影响的同时，某种社会关系对其的影响常表现出一定的主导性。其次，从转换规律角度看，在意识领域的中国传统社会结构差序格局却表现出比受到诸多自然和人文、因素影响的聚落空间构成更理想化的特征；最后，从自身调节性角度来看，无论是社会结构，还是聚落内部结构，似乎都可以找到其对应的最基础的“群”“网”或“拓扑”的数学结构。

“形式本身并不能充分说明其背后的意图。只有当我们熟悉了产生种种形式的文化时，才能正确地‘解读’这种形式。换句话说，我们不能将建筑和城市形式假定为文化表达的透明媒体，尽管建筑界几乎每一个人都愿意这样去假定，而我相信，上述关系只有倒过来才正确。”①只有对各种文化，以及对世界各地区在不同历史时期中的社会结构了解得更多，才能对相应的建筑环境理解得更好。②

本书以龙门镇、暖泉镇、拉萨和清北京城这四个不同类型的聚落为例，进一步分析了社会结构是如何一步步反映在聚落空间中，进而影响到聚落内部结构的。并从整体性特征、转换规律和自身调节性关联这三方面寻找其联系的规律。

我们将结构主义作为一个转换体系来分析聚落形态对社会结构的表征，它含有作为整体的这个体系自己的规律和一些保证体系自身调节的规律，那么，一切有关社会研究的形式，不管它们多么不同，都是要导向结构主义的：因为社会性的整体或“子整体”，都从一开始就非作为整体来看不可；又因为这些整体是能动的，所以是转换的中枢；还因为这些整体的自我调节，能用社群所强加的各种类型的限制和种种标准或规则这样一个有特殊性的社会事实表现出来。但是，这种整体性结构主义比起真正的方法论上的结构主义来，至少有两个差别。③

在聚落形态的分析中，更多地是对聚落物质系统做出经验性的解释而不是通过建构数理模型来重建这个深层结构。我们试图通过以路网结构或空间关系来代替聚落物质形态的深层结构，这些并不是对其本质的直接反映。在本书第三章中，我们试图利用数学模型来说明这个结构；而在社会结构中，结构不属于能观察到的“事实”范围之内，尤其是对于所研究的那个社群来说，就像列维·斯特劳斯经常强调的那样：结构仍然是处于“无意识”状态中的。在这上面，比起建筑或规划学结构主义和心理学结构主义来，有两点说明非常具有启发意义：一方面，和物理学中的因果关系一样，社会结构也应该用推演的方式重建，而不能作为经验材料来看待。这就意味着，社会结构与能观察的关系之间，其关系就如同物理学中因果关系与定律之间的关系。另一方面，像在心理学里一样，结构不属于意识而属于行为。

回顾既往的研究，社会结构与聚落结构之间存在密切联系被众多学者所认识并在论著中述及，但是，对于其加以系统分析的理论框架还只是在初创，远难以完善，本书在此方面做出了一些努力，为进一步的研究做些基础工作。其难点在于要在不同中把握统一，在抽象中把握本质。

建筑学研究常有主观和模糊的特征，这使建筑科学一直难以进入现代科学体系而往往作为工程与艺术而被人认识，未来的趋势或许在于：保持建筑学中难以言说的微妙感觉的同时，让研究中一些可以把握的以定性分析为主的工作走向定

---

① Bill Hillier，Space is the Machine: A Configurational Theory of Architecture，london：Cambridge University Press，1999.

②［美］斯皮罗·科斯托夫，城市的形成——历史进程中的城市模式和城市意义（单皓），北京：中国建筑工业出版社，2005：344.

③［瑞士］皮亚杰，结构主义，北京：商务印书馆，1984.

量评价。对于本课题而言，近二三十年兴起的社会网分析方法已有多种调查及软件分析方法问世，精确到数量的分析将研究推向新的阶段；而在聚落结构研究领域，近年来兴起的空间组构理论与聚落数理解析方法①也为定量描述人类活动下的空间关系提供了启示。事实上，社会网络分析与组构分析方法在方法论的角度上有相似之处，在结构上具有可比性，二者是否可以结合起来，整合出一套跨越社会学与建筑学领域的研究体系，虽无法下定论，但种种迹象表明，这样做既有理论上的必要性，又存在现实的可能性，值得在今后的研究中进一步深入探讨。

自然，这样的研究不免面对诸多问题：首先，定量化研究不可避免地面对数据获取问题，对于现有的建筑与聚落，我们可以通过问卷调查及测绘图形等方式取得数据，对于资料不完整或已趋湮没的历史聚落如何获得类似的数据是个很大的问题，研究的深入需要建立在我们对历史社会结构和历史聚落形态更深入了解的基础上；其次，定量分析中社会学概念与定量分析下的建筑学概念分属两个结构体系，将其合理对应起来也并非易事。这些问题有待于在将来的研究中逐步解决。

① 藤井明、王昀等在对世界各地大量原始聚落调研的基础上，将聚落配置图数学模型化，对其进行数理解析，具体方法参见：王昀，传统聚落结构中的空间概念，北京：中国建筑工业出版社，2009；比尔·希列尔等人创立的空间句法也可以用结合了Axwoman插件的Arcview软件等加以定量化分析。

附 录

附表1 国外“社会—空间”研究重要学者及其代表性著作

时间	学者	著作	要点
1881	摩尔根	《印第安人的房屋建筑与家室生活》（*Houses and House—Life of the American Aborigines*）	实际上创立了人类空间关系学
1893	涂尔干	《社会分工论》（*De la division du travail Social*）	提出“社会空间”
1923	柯布西耶	《走向新建筑》（*Vers une Architecture*）	提出“我们的时代正在每天决定自己的样式”
20世纪30年代	戈登·威利	《秘鲁维鲁河谷史前聚落形态》	从聚落群重现传统文化结构
1959	列维·施特劳斯	《结构人类学》（*Structural Anthropology*）	人类的关系具有内部的结构形式
1974	亨利·列斐伏尔	《空间的生产》（*The Production of Space*）	提出“空间生产”
1975	福柯	《规训与惩罚》（*Discipline and Punish*）	提出“权力空间”
	齐美尔	《空间社会学》（*The Sociology of Space*）	发现社会行动与空间特质之间的交织
1977	施坚雅	《中华帝国晚期的城市》（*The City in Late Imperial China*）	分析市场结构下的城市空间与分布
1984	比尔·希列尔与朱利安·汉森	《空间的社会逻辑》（*The Social Logic of Space*）	
1996	爱德华·W. 索亚	《第三空间：去往洛杉矶和其他真实和想象地方的旅程》	

附表2　欧洲收藏部分中文古代城市地图目录

编号	时间	图名	收藏地点	作者，绘法	图幅与比例	内容概述
1	1755，清乾隆年间	北京内城图	英国博物馆	佚名绘，纸本	85厘米×109厘米	以传统的平、立面结合的形象画法，展现清京师北京内城街道胡同、河湖水系的分布和宫殿苑囿、官署仓库、王宫府第、祠坛寺庙等各类职能建筑的位置，并且用红、白、蓝四种不同同颜色标志出清代京城八旗各旗分守的街区
2	1760，清乾隆年间	北京内城图	荷兰海牙米尔曼艺术博物馆	佚名绘，纸本	88厘米×114厘米	同上
3	1800，清中叶	京师内城图	巴黎法国国家图书馆	佚名彩绘	88厘米×110厘米	同上
4	1800，清中叶	首善全图		不具撰人，刻本	112厘米×64厘米	以传统的平、立面结合的形象画法，展现清代北京内、外城城垣、街道、胡同、河湖、桥梁的分布，以及官署、仓库、寺庙等各类职能机构的位置；紫禁城内空白，城市的整体轮廓以及天坛、先农坛和景山的形象，均与实际情况不符
5	1815，嘉庆年间	精绘北京旧地图	英国博物馆	佚名，彩绘	185厘米×220厘米	表达的内容与上图相似。本图内容翔实，城市轮廓也较为准确
6	1850，清后期	首善全图		佚名，刻本	111厘米×63厘米	内容与上图相似，城市的整体轮廓以及天坛、先农坛和景山的形象，均与实际情况不符
7	1850，清后期	京城全图		刻本，上色	96厘米×59厘米	与刻本《首善全图》的内容和版式均相似，惟题目稍异，尺寸略小
8	1850	首善全图	英国国家博物馆	佚名彩绘，色绫装裱	150厘米×73厘米	内容与上图相似，西北隅城墙画成直角，内外城东西城墙画成直线，以及天坛、先农坛和景山的形象，均与实际情况不符
9	1861	京师内城图	SPINK&SON Ltd.	佚名彩绘，纸本	161厘米×140厘米	内容与上图相似。城市整体轮廓准确，内容翔实
10	1865，清朝后期	京师内城图	英国皇家地理学会	佚名彩绘，绢本	176厘米×157厘米	内容与上图相似，城市整体轮廓准确，内容翔实

续表

编号	时间	图名	收藏地点	作者，绘法	图幅与比例	内容概述
11	1885，光绪年间	京城内外首善全图	英国皇家地理学会	古吴谈梅庆摹刻，墨印本	59厘米×50厘米	以传统的平、立面结合的形象画法，展现清代北京内、外城城垣、街道、河湖沟洫的分布，以及主要的官署、仓库、寺庙等各类职能机构的位置
12	1830-1857	金陵图	英国皇家地理学会	佚名彩绘，纸本	135厘米×140厘米	以传统的平、立面结合的形象画法，展示清代南京城内街道、河渠的布局和各种职能机构的位置。中部与南部旧城巷比例过大而失实，目的在于表现明代各类建筑物的旧址
13	1856，咸丰六年	江宁省城图	英国博物馆	袁青绶绘制，刻本，裱轴	61厘米×110厘米	该图系作家据家藏旧刻本《金陵省会城垣街巷图》重新摹刻。以传统形象画法，详细描绘了清代南京城内街巷、河渠桥梁和各种职能机构的平面布局，近郊的山川建筑也予以表现。文字注记相关的建置沿革、名胜古迹
14	1873，同治十二年	江宁省城图	英国皇家地理协会	姑苏尹德纯识，刊印本	61厘米×112厘米	系尹氏就家藏《金陵省会城垣街巷图》旧版，重新刊印。以传统的形象画法，展示清代南京城内街道、河渠的布局以及各种职能机构的位置
15	1900	南京城图	英国博物馆	邓启贤编刻，朱墨两色套印，裱装成挂轴	78厘米×77厘米	实测图，详细描绘清代南京城内街巷、河渠桥梁和各种职能机构的平面布局，近郊的钟山、秦淮河、雨花台以及长江沿岸也予以展现。文字注记相关的建置沿革、名胜古迹
16	1800	福州府城图	英国皇家地理学会	佚名彩绘，纸本	145厘米×95厘米	以传统的平、立面结合画法，鸟瞰清代福州府城内外的山脉、河港、街道的布局和各种职能机构的位置。表现手法陈旧
17	1830	福州府城图	英国皇家地理学会	佚名彩绘，纸本	88厘米×95厘米	以传统的平、立面相结合的形象画法，显示清代福州府城内的街道、河塘与山丘的分布及各种职能机构的位置。主要的官衙和寺庙，画出建筑物的平面布局。城墙上的炮台均一一标出

续表

编号	时间	图名	收藏地点	作者，绘法	图幅与比例	内容概述
18	1822，道光二年	姑苏城图	英国皇家地理学会	周裕昌重刊1769年（乾隆乙丑）傅椿原印本	111厘米×84厘米	以传统的平、立面结合画法，表现清代苏州府城内的街巷、河塘、桥梁的分布及各类职能机构的位置。主要的官衙和寺庙，均画出建筑物的平面布局
19	1893，光绪十九年	绍兴府城衢路图	英国博物馆	宗能、许模等编制，刻本裱装	50厘米×62厘米	该图是在当地文人杨梯、蒋治、马承英等人实测基础上，结合画方法绘制，每方60丈。改传统的地形地物形象画法为晕渲法，可能是已知地图中较早的例子。展现清代浙江绍兴城内街道、运河、沟渠及山丘的平面布局，详细标出城墙、桥梁、官署、市场、寺庙、会馆和各类职能机构的位置
20	1800	杭州府志省城、海塘府学图	英国博物馆	佚名墨绘，纸本装裱	20厘米×27厘米	用极陈旧的形象画法，表现杭州城市平面布局、海塘分布和府学建筑布局。该图可能摹自1784年（乾隆四十九年）刊印的《杭州府志》插图
21	1870	杭州省城水利全图		不具撰人，拓片，裱装	75厘米×149厘米	该图方位上西下东，左南右北。用形象画法描绘浙江省城杭州城内河渠水系的平面布局，同时也表示出街巷、桥梁、官署、寺庙等在城内的分布
22	1870	浙江省垣水利全图	英国博物馆	未具撰人，浙江官书局刊印本，裱装	69厘米×148厘米	该图以形象画法描绘了浙江省城杭州城内河渠水系的平面布局，同时也表示出街巷、桥梁、官署、寺庙等在城内的分布
23	1870	杭州西湖江干湖墅图	英国博物馆	佚名彩绘，纸本裱装	67厘米×126厘米	该图以传统的山水式形象画法，描绘了浙江省西湖周围的湖光山色、名胜古迹，同时也表现了北新关外大运河沿岸的桥路、杭州城内的街道与河渠水系，以及钱塘江的景致
24	1870	浙江省垣坊巷全图	英国图书馆地图部	不具撰人，刻本	60厘米×95厘米	该图以传统的平、立面结合的形象画法，详细描绘了浙江省城杭州城内街道、河渠、桥梁、寺庙、官署等在城内的平面布局。此图的一个特点是图上的注记用天干地支分别表示各城门面对的方位

续表

编号	时间	图名	收藏地点	作者，绘法	图幅与比例	内容概述
25	1859	渝城图	法国巴黎国家图书馆	王尔鉴编制，纸地色绘	116厘米×240厘米	该图右起长江铜锣峡，左至珊瑚坝，以形象画法，鸟瞰四川重庆府城和江北理民厅城。凡城墙、街巷、衙署、寺庙、公所、码头及周围山川关塞均予上图，注记历史沿革、道路里程、名胜古迹、人物事迹。尤著意临江码头船帮搬运之热闹场景，诸如：各类江船，“靛帮戏”，朝天门码头水下的宋雍熙、元丰年间水则碑等，皆详细刻画记述
26	1895	增广重庆地舆全图	英国皇家地理学会	刘子如根据张云轩《重庆府治全图》旧版扩充增补的新刊本，版存龙王庙口聚珍坊	88厘米×155厘米	以立体形象表现重庆府城与江北厅街巷、码头、衙署、寺庙等建筑物的分布，以及长江、嘉陵江两岸的山峦形胜。新增部分为长江南岸的新码头，刻西文名称，系1890年（光绪十六年）中英《烟台条约续增专条》划定的开埠地
27	1900	山海关全图	英国博物馆	不具撰人，彩绘于棉布上，裱装	93厘米×156厘米	该图以形象画法描绘了长城山海关内外的山脉、河流、海洋、铁路和住民聚居地，特别表示出了英国、俄国、德国、奥地利、法国和日本军队的营房
28	1840	上洋城全图	英国皇家地理学会	蒋荣地彩绘，纸本	50厘米×50厘米	地图方位上南下北，以传统的平、立面相结合的形象画法，表现上海县城城内河港的分布，及其与黄浦江的关系。城墙内外的衙署、寺庙、桥梁、税关等亦予以标示
29	1870，同治九年	上海县水道图	英国博物馆	佚名彩绘，纸本	64厘米×56厘米	以传统的平、立面结合的形象画法，描绘上海县城及其郊外的街道、建筑布局，特别用重彩突出河流水道
30	1875，光绪元年	上海县城厢租界全图	流传较广	许雨苍测绘，李凤宝刊印	140厘米×83厘米	计里画方，每方45丈，每四方合为1里。该图详细描绘了上海县城及其郊外的街道、河渠、桥梁、官署、兵营、工厂、会馆、寺庙和教堂的分布，特别标出外国租界的范围

续表

编号	时间	图名	收藏地点	作者，绘法	图幅与比例	内容概述
31	1884，光绪十年	上海县城厢租界全图	流传较广	上海点石斋石印本	110厘米×62厘米	根据上图描摹缩印，并更正了已经改动的部分地名。内容与上图相同
32	1760	广州城珠江滩景图	英国图书馆地图部	不具撰人，绢本色绘，裱装长卷	75厘米×800厘米	一幅珠江北岸广州城滨水全景画，详细描绘了临岸的各种建筑物，特别标出五个中国政府的税关和海关
33	1822	广州城被灾图	英国国家博物馆	佚名彩绘，纸本	70厘米×60厘米	此图显示1822年（道光二年）广州西关外十三行商、“夷馆”分布街区遭火灾的情况。用红色涂出过火地段，文字标注出各街巷焚毁房间的间数，共计2767间
34	1861	广东省城图	英国国家博物馆	不具撰人，墨绘横幅	55厘米×198厘米	该图是广州城自沙面至大东门东炮台段，珠江沿岸景致画。天际线下的地名注记从左至右为“沙面、税馆、关口、佛兰西旗、花期、谷埠街、红毛旗、潘城呱旗、花樠、光樠、观音山、五层楼、总巡馆、果栏街、白云山、大东门、东炮台”
35	1856，咸丰六年	江宁省城图	英国博物馆	袁青绶绘制，刻本，裱轴	61厘米×110厘米	该图系作家据家藏旧刻本《金陵省会城垣街巷图》重新摹刻。以传统形象画法，详细描绘了清代南京城内街巷、河渠桥梁和各种职能机构的平面布局，近郊的山川建筑也予以表现。文字注记相关的建置沿革、名胜古迹

注：本表系根据李孝聪《欧洲收藏部分中文古地图叙录》整理。

附表3　美国国会图书馆藏中国古代城市地图目录

编号	时间	图名	作者，绘法	图幅与比例	内容概述
G7824.B4.C5	1890	京师九城全图	绢本色绘	未注比例，120厘米×119厘米	表现京师内城的街巷分布
G7824.B4.L5	1887（光绪年间）	北京全图	李明智，彩绘	98厘米×61厘米	清代后期北京内、外城的整体轮廓、水系、街道与建筑布局，较多注记为外国机构或教会建筑

续表

编号	时间	图名	作者，绘法	图幅与比例	内容概述
G7824.B4A5.C5	1870（清中叶）	京城全图	佚名，布基刻印本	不注比例，103厘米×56厘米	以传统的平面与立面相结合的形象画法，展现清代北京内、外城的城垣、街道、胡同、河湖、桥梁的布局，标注官署、仓库、寺庙等各类功能建筑的位置
G7824.B4.P4	1886（光绪年间）	北京城郊图	彩绘本	1：25里（约合1：160000）	描绘北京城郊的地理环境：山岭、河流、城镇、村庄及道路
G2309.P4.C5	1940年影印（乾隆十五年绘）	清内务府藏京城全图	影印	1幅分切208张拼合，每幅31厘米×26厘米	用平面与立面相结合的画法，展现清代北京内、外城的城市布局。城垣、街道、胡同、河湖、桥梁、宫殿、寺庙、衙署、王府、民宅均准确表现，是第一幅大比例尺北京城实测地图
G2309.B4Q5	1750年绘，1940年照相复制	乾隆京城全图	照相复制	1幅分切17排拼合，每幅23厘米×27厘米，整幅357厘米×278厘米	内容与1940年故宫博物院缩印本"清内务府藏京城全图"相同，增加了今西春秋的说明和地名索引
G7824.T5A3.F4	1899（光绪二十五年）	天津城厢保甲全图	冯启鹣，彩绘	不注比例，55厘米×111厘米	描绘天津旧城内外，及海河、南北大运河沿岸的街巷、建筑景致，突出表现官司机构、寺庙、工厂、租界、洋房、店铺、河道桥梁等建筑物
G7824.H2A5.H3	1867（同治年间）	浙江省垣坊巷全图	不具撰人，彩绘本	未注比例，裱装63厘米×94厘米	用传统的平、立面相结合的形象画法，详细描绘浙江省城杭州城内的街巷、河渠、桥梁、官署、寺庙等在城内的位置布局
G7824.H2N44.C5	1874	浙江省垣水利全图	浙江官书局刻印本，墨书图提	未注比例，152厘米×84厘米	该书以形象画法描绘了浙江省杭州城内河渠水系的平面布局，桥梁、闸坝、水门以及与钱塘江连接处闸口皆详细上图，凤凰山和杭州城墙用简单线条勾画；其余街道、官署、寺庙等均未表现
G7824.T3A5.C4	1890（光绪年间）	山西省城街道暨附近坛庙村庄图	张德润绘，刻印本	未注比例，裱装挂轴，56厘米×59厘米	此图描绘山西省城太原城内的街道、建筑布局和附近的村庄坛庙。太原城内的大街小巷、水塘、钟鼓楼、牌坊、各级官署、仓储、书院、寺庙宫观均详细上图

续表

编号	时间	图名	作者，绘法	图幅与比例	内容概述
G7824.C35A5.L3	1850	莱州府昌邑县城垣图	官署呈送，纸本彩绘	未注比例，单幅43厘米×49厘米	用简单扼要的形象画法，表现昌邑县城的建筑布局。描绘出县城的城墙、三座城门与东南角的文昌阁，城内的主要街道、水塘（注记“湾”），重要的官署衙门、文庙、县仓、书院，以及祠、庙、殿、堂等祭祀场所，还画出了城门外的驿路、铺站和军队驻地（注记“墩”）
G7824.X52.C5	1893（光绪十九年）	陕西省城图	陕西省舆图馆测绘，刻印本	计里画方，每方五十丈，单幅37厘米×53厘米	详细描绘西安城的街道布局、城内各种职能建筑的分布状况。图的上方为图说，描绘西安城修建的历史沿革，清代满城的设置，城内官署、庙宇的分布，以及本图测绘的经过和比例关系
G7824.Y42A5.N5	1820	宁郡地舆图	佚名，纸本彩绘本	未注比例，分切2张，整幅113厘米×96厘米	此图以上为北方，用很艺术性的平面与立面相结合的鸟瞰式形象画法，描绘浙江省宁波府城的街道建筑布局。城内的大街小巷、河渠、湖塘、桥梁、官署、仓储、书院、寺庙、牌楼、寺塔等建筑均详细上图
G7824.W8A5.W8	1864（同治三年）	武汉城镇合图	湖北官书局编制，刻印本	画方未计里数，2印张，拼合整幅117厘米×120厘米	该图以上为北方，画红色格线，详细描绘武昌、汉阳、汉口三镇的街道布局，以及长江、汉水与武汉城镇的地理位置和环境。图上的地图要素表示法有以下几个特点：①山岗地形不用三角山形符号，而是用连续的山体立面透视形象表示；②城墙、城门、桥梁、官署建筑画出立体形象化，其余建筑皆用圆点符号表示；③主要街道用双线，小巷用单线或点线表示；④河流、湖泊、水塘、山岗是一定要表示的自然地理要素；⑤除街道地名外，图上注记的地理要素主要是官司机构、军队的驻防地、考棚、炮台、桥梁津渡、水井、寺庙、会馆，以及外国领事馆和外国人居住区
G7824.H22A5.H8	1877（光绪三年）	湖北汉口镇街道图	湖北藩司刻印本	未注比例，2印张拼合，整幅63厘米×165厘米	以鸟瞰式形象画法展现汉口镇的街道建筑布局、镇内外的河湖环境，用立面形象画出湖北镇的城墙、城门、桥梁，无论主要街道或小巷皆用双线表示，官署、寺庙、公共建筑均用立体形象画符号表示
G7824.W7P2.H8	1883（光绪九年）	湖北省城内外街道总图	湖北善后总局刊，刻印本	未注比例，2印张拼合，整幅117厘米×82厘米	该图用平面与立面结合的鸟瞰式形象画法，描绘湖北省城武昌府城内外的街巷建筑布局。省城内外的江岸、大街、小巷、河渠、桥梁、官署、仓储、书院、寺庙、会馆等建筑均详细上图

续表

编号	时间	图名	作者，绘法	图幅与比例	内容概述
G7824.W7A5.W8	1883（光绪九年）	湖北省城内外街道总图	湖北善后总局刊，布基刻印本	未注比例，2印张拼合，整幅66厘米×84厘米	本图与上图为同一版印本，描述湖北省城武昌府城内外的街巷建筑布局，并附图说
G7824.G8.Y8	1900（光绪二十六年）	粤东省城图	羊城书局编制，手彩上色	未注比例，单幅33厘米×61厘米	该图为广东省城广州的平面布局图，绘制手法已经很接近现代城市图投影符号表示法，只有山岭仍采用传统的中国舆图立面形象画法。描绘广州城内外的地理环境，详细画出建成区的街道，主干大街用双线，其余街巷用单线条；详细标注地名、建筑物名称，除个别寺庙佛塔外，一律不具符号。虽然地名注记的字形大小还很不规范，但是已经显示出中国城市地图绘制风格的变革
G7824.C7A3.Z3	1908	增广重庆地舆全图	刘子如绘，刻印本	9印张，整幅83厘米×150厘米	以立体鸟瞰式画法形象地表现重庆府城与江北厅的街巷、码头、衙署、寺庙等建筑物的分布，以及长江、嘉陵江两岸的山峦形胜
G7824.N3R3.K8	1865	清军克复南京图	纸本彩绘	未注比例，装裱横卷轴，91厘米×145厘米	鸟瞰式全景画，描绘同治三年清军剿灭太平军时，攻克天京城（南京）的场景
G7822.W8A3.W81	1846（道光二十六年）	五台山圣境全图	格隆龙住刻版，布基墨印	未注比例，2印版拼合120厘米×82厘米	以鸟瞰式形象画法展现山西佛教圣地五台山的山势与佛寺分布，突出描绘了五台山中心台怀镇显通寺、罗喉寺、白塔，以及台怀镇街道上民众朝山进香礼佛的场面
G7822.W8A3.W8	1846	五台山圣境全图	格隆龙住刻版，布基重印本	未注比例，4条幅印版，每幅87厘米×60厘米，拼合118厘米×163厘米	该图以鸟瞰式形象画法描绘山西省五台山的山岭、溪流形势，以及佛寺分布、山径道路。五台山中心台怀镇的街道、周围的寺庵，以及民众礼佛的场面，描绘得尤其详细生动
G7824.C517A3.J4	1774	热河行宫全图	纸本彩绘	裱装长卷，119厘米×226厘米	该图未注比例，以鸟瞰式全景画形式描绘清朝热河行宫（避暑山庄）及其周围山水胜境与庙宇
G7824.C517A3.K8	1890	热河行宫全图	管念慈，纸本彩绘	裱装长卷，119厘米×246厘米	该图未注比例，以鸟瞰式全景画形式描绘清朝热河行宫（避暑山庄）及其周围山水胜境与庙宇
G7824.B4Y4A35	1887	颐和园全图	彩绘画卷	92厘米×117厘米	以鸟瞰式全景描绘北京西郊颐和园前山、昆明湖以及西山之湖光山色，绘出重要建筑群，无文字注记

注：本表系根据李孝聪《美国国会图书馆藏中文古地图叙录》。

参考文献

一、古典原籍及注疏

[1]（汉）史记·五帝本纪.

[2]（汉）汉书·沟恤志.

[3]（周）道德经.

[4]（周）礼记·经解.

[5]（周）礼记·内则.

[6] 周易·系辞.

[7]（汉）董仲舒. 春秋繁露.

[8]（汉）班固. 白虎通义.（清）陈立疏证. 上海：商务印书馆，1937.

[9]（汉）许慎. 说文解字.（清）段玉载注. 上海：上海古籍出版社，1956.

[10]（唐）丘光庭，兼明书. 文渊阁四库全书电子版 [内联网版]. 迪志文化出版有限公司，2005.

[11]（宋）范仲淹. 范文正公集.

[12]（宋）朱熹. 中庸或问.

[13]（宋）乐史撰. 太平寰宇记. 刘伟初校. 郭声波初审. 光绪八年金陵书局底本，1882.

[14]（明）陈邦瞻. 宋史纪事本末·平北汉. 北京：中华书局，1977.

[15]（明）明世宗实录. 台湾中央研究院史语所校印本.

[16]（明）洪武礼制. 卷七.

[17]（明）夏言. 夏桂州先生文集. 北京大学藏明崇祯十一年吴一璘刻本.

[18]（明）余继登. 典故纪闻. 北京：中华书局，1981.

[19]（汉）史记·五帝本纪.

[20] 管子·度地篇.

[21] 管子·乘马篇.

[22] 管子·小匡篇.

[23] 尔雅·释亲.

[24] 左传·昭公七年.

[25] 诗·小雅·北山.

[26] 圣谕广训.

[27] 后汉书·卷四·和帝记.

[28] 班固. 白虎通义·卷八.

[29]（汉）许慎，（清）段玉载注. 说文解字·十三篇下·六八三上.

[30] 春明梦余录·卷44.

[31] 事林广记.

[32] 译注·唐律疏议.

[33] 续汉书·郡国志.

[34] 隋书・贺娄子幹传.

[35] 考工记・匠人营国.

[36] 诗经・郑风・将仲子.

[37] 汉书・卷49・晁错传.

[38] 司马迁. 史记・卷六. 上海同文书局.

[39] 李诫. 进新修营造法式序(《营造法式》序言).

[40] 老子. 道德经・上篇・第二十五章. 下篇・第四十二章.

[41] (周) 吕氏春秋・有始.

[42] 周礼・里宰.

[43] 周礼・遂人.

[44] 唐律疏议.

[45] 逸周书・作雒.

[46] 诗・大雅・板.

[47] 古今图书集成・艺术典・六百七十卷・堪舆部汇考・解难二十四篇.

[48] (明) 明太祖实录.

[49] (明) 大明会典・户部・屯田.

[50] 后汉书・卷30・田畴传. 中华书局校点本，1965年版.

[51] (清) 张廷玉等. 明史・卷七七.

[52] (清) 秦蕙田. 五礼通考.

[53] (清) 汪文炳等修纂. 富阳县志. 清光绪三十二年刊.

二、地方史志及族谱

[54] (元) (大德) 南海志.

[55] (明) (隆庆版) 同安县志.

[56] (明) 陈润纂. (清) 白花洲渔增修. 螺洲志. 上海: 上海书店，1992.

[57] (清) 郑祖庚修撰. 闽县乡土志(二). 台湾成文出版社，1974.

[58] (乾隆) 诸城县志・卷五・疆域考.

[59] (清) 吴廷华等纂修. 宣化府志・卷十六・军储考. 清乾隆二十二年刊本.

[60] 刘氏坟谱.

[61] 万历十年(1582)修. 流坑董氏重修族谱(简称《万历谱》).

[62] (宋) 朱熹撰. 朱子家礼.

[63] (北宋) 宋敏求. 长安志.

[64] 走马楼吴简・嘉禾吏民田家莂.

[65] (清) 宏村汪氏宗谱.

[66] 漳州政志.

[67] (明) 阳明全书・册2・卷17. 页26: 申谕十家牌法; 页27: 申谕十家牌法增立保长.

[68] (清) 庆之金，严笃撰. 蔚州志.

三、近当代学术论著

[69] 吴良镛. 广义建筑学. 北京：清华大学出版社，1989.
[70] 吴良镛. 人居环境科学导论. 北京：中国建筑工业出版社，2002.
[71] 彭一刚. 传统村镇聚落景观分析. 北京：中国建筑工业出版社，1992.
[72] 董鉴泓. 中国城市建设史. 北京：中国建筑工业出版社，1989.
[73] 贺业钜. 考工记营国制度研究. 北京：中国建筑工业出版社，1985.
[74] 贺业钜. 中国古代城市规划史. 北京：中国建筑工业出版社，1996.
[75] 中国科学院自然科学史所. 中国古代建筑技术史. 北京：科学出版社，1986.
[76] 吴良镛. 国际建协《北京宪章》：建筑学的未来（第一版）. 北京：清华大学出版社，2002.
[77] 武进. 中国城市形态：结构、特征及其演变. 南京：江苏科学技术出版社，1990.
[78] 赵冈. 中国城市发展史论集. 北京：新星出版社，2006.
[79] 段进. 城市空间发展论. 南京：江苏科技出版社，1999.
[80] 段进，季松，王海宁. 城镇空间解析：太湖流域古镇空间结构与形态. 北京：中国建筑工业出版社，2002.
[81] 李晓峰. 乡土建筑：跨学科研究理论与方法. 北京：中国建筑工业出版社，2005.
[82] 王其亨. 风水理论研究. 天津：天津大学出版社，1992.
[83] 朱文一. 空间·符号·城市：一种城市设计理论. 北京：中国建筑工业出版社，1995.
[84] 王鲁民. 中国古典建筑文化探源. 上海：同济大学出版社，1997.
[85] 梁江，孙晖. 模式与动因：中国城市中心区的形态演变. 北京：中国建筑工业出版社，2007.
[86] 俞孔坚. 理想景观探源：风水的文化意义. 商务印书馆，1998.
[87] 李允鉌. 华夏意匠. 天津：天津大学出版社，2005.
[88] 黄建军. 中国古都选址与规划布局的本土思想研究. 厦门：厦门大学出版社，2004.
[89] 金经元. 近现代西方人本主义城市规划思想家：霍华德、格迪斯、芒福德. 北京：中国城市出版社，1998.
[90] 赵冰. 生活世界史论. 长沙：湖南教育出版社，1989.
[91] 陆元鼎. 中国民居建筑. 广州：华南理工出版社，2003.
[92] 夏铸九. 公共空间. 台北：艺术家出版社，1994.
[93] 李立. 乡村聚落：形态、类型与演变：以江南地区为例. 南京：东南大学出版社，2007.
[94] 郭肇立. 聚落与社会. 台北：田园城市文化事业有限公司，1998.
[95] 梁漱溟. 中国文化要义（《梁漱溟全集》）. 上海：上海人民出版社，2005.
[96] 费孝通. 乡土中国·生育制度. 北京：北京大学出版社，1998.
[97] 黄汉民. 福建土楼：中国传统民居的瑰宝. 北京：生活·读书·新知三联书店，2009.
[98] 王晓毅. 血缘与地缘. 杭州：浙江人民出版社，1993.
[99] 冯尔康. 中国古代的宗族与祠堂. 北京：商务印书馆，1996.
[100] 陈其南. 家族与社会. 台北：联经出版事业公司，1990.
[101] 黄宽重，刘增贵. 家族与社会. 北京：中国大百科全书出版社，2005.
[102] 郑振满，陈春声. 民间信仰与社会空间. 福州：福建人民出版社，2003.
[103] 林惠祥. 文化人类学. 北京：商务印书馆，1996.

[104] 王铭铭. 走在乡土上：历史人类学札记. 北京：中国人民大学出版社，2003.

[105] 许宏. 先秦城市考古学研究. 北京：北京燕山出版社，2000.

[106] 马世之. 中国史前古城. 武汉：湖北教育出版社，2002.

[107] 陈朝云. 商代聚落体系及其社会功能研究. 北京：科学出版社，2006.

[108] 张继海. 汉代城市社会. 北京：社会科学文献出版社，2006.

[109] 王威海. 中国户籍制度：历史与政治的分析. 上海：上海文艺出版社，2005.

[110] 徐扬杰. 中国家族制度史. 北京：人民出版社，1992.

[111] 韦庆远. 柏桦. 中国政治制度史（第2版）. 北京：中国人民大学出版社，2005.

[112] 刑义田，林丽月. 社会变迁. 北京：中国大百科全书出版社，2005.

[113] 张鸿雁. 侵入与接替：城市社会结构变迁新论. 南京：东南大学出版社，2000.

[114] 陈正祥. 中国文化地理. 北京：生活·读书·新知三联书店，1983.

[115] 宋坤等. 平遥古城与民居. 天津：天津大学出版社，2000.

[116] 罗德胤. 蔚县古堡. 北京：清华大学出版社，2007.

[117] 周若祁，张光. 韩城村寨与党家村民居. 西安：陕西科技出版社，1999.

[118] 金其铭. 农村聚落地理. 北京：科学出版社，1988.

[119] 朱文一. 空间、符号、城市：一种城市设计理论. 北京：中国建筑工业出版社，1993：119-124.

[120] 汪永平. 拉萨建筑文化遗产. 南京：东南大学出版社，2005.

四、译著及外文论著

[121]（英）杰西·洛佩兹，（英）约翰·斯科特. 社会结构. 允春喜译. 长春：吉林人民出版社，2007.

[122]（瑞士）皮亚杰. 结构主义. 倪连生，王琳，译. 北京：商务印书馆，2009.

[123]（美）斯皮罗·科斯托夫. 城市的形成——历史进程中的城市模式和城市意义. 单皓，译. 北京：中国建筑工业出版社，2005：344.

[124]（美）乔纳森·H·特纳. 社会学理论的结构（第7版）. 邱泽奇，译. 北京：华夏出版社，2006.

[125]（日）山根幸夫. 明及清华北的市集与绅士豪民. 北京：中华书局，1993：341.

[126]（美）施坚雅. 中国农村的市场和社会结构. 北京：中国社会科学出版社，1998.

[127]（美）施坚雅. 中华帝国晚期的城市. 叶光庭，等，译. 北京：中华书局：2000.

[128]（法）福柯. 规训与惩罚. 刘北成，杨远婴，译. 北京：生活·读书·新知三联书店，2007：153.

[129]（法）福柯. 权力的眼睛. 上海：上海人民出版社，1997：274.

[130]（美）爱德华·W·索亚. 重绘城市空间的地理性历史——《后大都市》第一部分导论. 上海：上海教育出版社，2005.

[131] 路易斯·亨利·摩尔根. 印第安人的房屋建筑与家室生活. 北京：文物出版社，1992.

[132]（英）比尔·希利尔. 空间是机器——建筑组构理论. 北京：中国建筑工业出版社，2008.

[133]（英）沃尔什. 历史哲学——导论. 兆武，等，译. 南宁：广西师范大学出版社，2001：115-119.

[134]（美）托马斯·库恩. 科学革命的结构. 李宝恒，等，译. 上海：上海科学技术出版社，1980.

[135]（德）库尔特·勒温. 社会科学中的场论. 北京：中国传媒大学出版社，2016：150-151.

[136]（日）西屿定生. 中国古代帝国形成史论. 北京：中华书局，1993：48-87.

[137]（波）马林诺夫斯基. 科学的文化理论. 黄建波，等，译. 北京：中央民族大学出版社，1999.

[138]（丹）扬・盖尔．交往与空间（第4版）．何可人，译．北京：中国建筑工业出版社，2002：203.
[139]（日）芦原义信．街道的美学．天津：百花文艺出版社，2006：351.
[140]（意）路易吉・戈佐拉．凤凰之家——中国建筑文化的城市与住宅．刘临安，译．北京：中国建筑工业出版社，2003：177.
[141]（日）宫崎市定．关于中国聚落形体的变迁．北京：中华书局，1993：1-29.
[142]（日）宫川尚志．六朝时代の村について．东京：日本学术振兴会，1956.
[143]（美）施坚雅．中华帝国晚期的城市．北京：中华书局，2000：925-928.
[144]（美）斯皮罗・科斯托夫．城市的形成——历史进程中的城市模式和城市意义．单皓，译．北京：中国建筑工业出版社，2005：344.
[145]（挪威）诺伯舒兹（又译为诺伯格・舒尔兹）．场所精神：迈向建筑现象学．施植明，译．台北：田园城市出版社，1995.
[146]（挪威）诺伯格・舒尔兹．存在・空间・建筑．尹培桐，译．北京：中国建筑工业出版社，1990.
[147]（美）凯文・林奇．城市形态．林庆怡，陈朝晖，邓华，译．北京：华夏出版社，2001.
[148]（美）凯文・林奇．城市意象．方益萍，何晓军，译．北京：华夏出版社，2001.
[149]（美）C・亚历山大．建筑的永恒之道．赵兵，译．北京：知识产权出版社，2001.
[150]（美）阿摩斯・拉普卜特．建成环境的意义：非言语表达方法．黄兰谷，等，译．北京：中国建筑工业出版社，2003.
[151]（美）阿摩斯・拉普卜特．宅形与文化．常青，等，译．北京：中国建筑工业出版社，2007.
[152]（日）中村圭尔，辛德勇．中日古代城市研究．北京：中国社会科学出版社，2004.
[153]（日）藤井明．聚落探访．宁晶，译．北京：中国建筑工业出版社，2003.
[154]（美）约瑟夫・里克沃特．城之理念——有关罗马、意大利及古代世界的城市形态人类学．刘东洋，译．北京：中国建筑工业出版社，2006.
[155]（意）阿尔多・罗西．城市建筑学．黄士钧，译．北京：中国建筑工业出版社，2006.
[156]（美）刘易斯・芒福德．城市发展史——起源、演变和前景．宋俊岭，倪文彦，译．北京：中国建筑工业出版社，2005.
[157]（美）简・雅各布．美国大城市生与死．金衡山，译．南京：译林出版社，2005.
[158]《法国汉学》编委会编．法国汉学（第九辑）——人居环境建设史专号．北京：中华书局，2004.
[159]（日）井上彻．中国的宗族与国家礼制——从宗法主义角度所作的分析．钱杭，译．上海：上海书店出版社，2008.
[160]（英）莫里斯・弗里德曼．中国东南的宗族组织．刘晓春，译．王铭铭，校．上海：上海人民出版社，2000.
[161]（英）安东尼・吉登斯著．第三条道路：社会民主主义的复兴．郑戈，译．北京：北京大学出版社，2000.
[162]（法）列斐伏尔．空间政治学的反思．王志弘译//包亚明．现代性与空间的生产.上海：上海教育出版社，2003：160.
[163]（美）H・J・德伯里．人文地理：文化社会与空间．王民，等，译．北京：北京师范大学出版社，1988.
[164]包亚明主编．后大都市与文化研究．上海：上海教育出版社，2005.

[165]（法）M·福柯．空间、知识、权力//包亚明：后现代性与地理学的政治．上海：上海教育出版社，2001.

[166]（美）路易斯·亨利·摩尔根．印第安人的房屋建筑与家室生活．李培茱，译．北京：中国社会科学出版社，1985.

[167]（英）A·R·拉德克利夫－布朗．原始社会结构与功能．丁国勇，译．北京：九州出版社，2007.

[168]（法）迪尔凯姆．社会学方法的规则．胡伟，译．北京：华夏出版社，1999.

[169] 牛津社会学简明词典，1994：517.

[170] 柯林斯社会学词典，1991：597.

[171] 舍夫勒．社会躯体的结构与生活.

[172]（法）库朗热著．谭立铸，等，译．古代城邦．上海：华东师范大学出版社，2006.

[173] Gamble, Sidney D. Peking：a Social Survey. London and Peking：Oxford University Press, 1921.

[174] Amos Rapoport. House Form and Culture. Eaglewood Cliffs NJ: Prentice—Hall Inc，1969.

[175] Oliver Paul. Shelter and Society. London: Barrie&Jenkins Ltd, 1969.

[176] Pasternak Burton. Kinship & Community in Two Chinese Villages. Stanford: Stanford University Press, 1972:174.

[177] Edward T. Hall. The Hidden Dimension. New York: Doubleday, 1972.

[178] Rozman, Gilbert. Urban Networks in Ch'ing China and Tokugawa Japan. Princeton: Princeton University Press, 1973.

[179] Hillier, Bill. The social logic of space. London: Cambridge University Press, 1984.

[180] Knapp Ronald G. China's Traditional Rural Architecture: a Cultural of Geography of the Common House. Honolulu: University of Hawaii Press, 1986.

[181] Eastman Lloyd E. Family, Fields, and Ancestors: Constancy and Change in China's Social and Economic History, 1550-1949. New York and Oxford: Oxford University Press, 1988.

[182] Tonnies F. Community and Society. New York: Harper, 1963.

[183] Knapp Ronald G. China's Vernacular Architecture: House Form and Culture. Honolulu: University of Hawaii Press, 1989.

[184] Spiro Kostof. The City Shaped: Urban Patterns and Meanings Through History. Thames & Hudson Ltd，1991.

[185] Knapp Ronald G. Chinese Landscape: The Village as Place. Honolulu: University of Hawaii Press, 1992.

[186] Burt Ronald. Structure Holes: the Social Structure of Competition. Cambridge: Harvard University Press, 1992.

[187] Pearson. Michael Parker And Colin, Architecture and Order: Approaches to Social Space. London and New York: Routledge, 1994.

[188] Hanson Julienne. Decoing Homes and Houses. Cambridge: Cambridge University Press, 1998.

[189] Hillier, Bill. Space is the Machine: A Configurational Theory of Architecture. London: Cambridge University Press, 1999.

[190] Knapp Ronald G. China's Living House Folk Beliefs Symbols and Household Omementation.

Honolulu: University of Hawaii Press, 1999.

[191] Dov, Kim. Framing Places: mediating power in built form. London and New York: Routledge, 1999.

[192] Knapp Ronald G. China's Old Dwellings. Honolulu: University of Hawaii Press, 2000.

[193] John Scott. Social network analysis. 2000, London: SAGE publications.

[194] Jianfei Zhu. Chinese Spatial Strategies: Imperial Beijing 1942-1911. London and New York: Taylor & Francis Group, 2004.

[195] Xu Yinong. The Chinese City in Space and Time: the Development of Urban Form in Suzhou. Honolulu: University of Hawai i Press, 2000.

[196] Zhu Jianfei. Space and power: a study of the built form of late imperial Beijing as a spatial constitution of central authority. PhD thesis, University of London, 1994.

五、期刊论文

[197] 戈登·威利. 秘鲁维鲁河谷史前聚落形态. 美国种族事物局通报(155), 华盛顿区: 史密斯索尼亚研究所, 1953.

[198](美)布莱恩·R·贝尔曼 著.(澳)贾伟明 译. 美洲聚落形态研究的过去、现在与未来. 华夏考古, 2005(1).

[199] B. G. Triger. Settlement Archaeology—Its Goals and promise. American Antiquity, 1967, 32.

[200] 王巍. 聚落形态研究与中华文明探源. 文物, 2006(05): 58-66.

[201] 赵华富. 论徽州宗族祠堂. 安徽大学学报(哲学社会科学版), 1996(2): 48-54.

[202] 刘丹. 谁建起了八十座祠堂? ——从政治文化资本到村落空间格局. 北京: 清华大学出版社, 2003.

[203] 吴良镛执笔. 国际建协"北京宪章". 建筑学报, 2000,(1999.6): 4-7.

[204] 伍端. 空间句法相关理论导读. 世界建筑, 2005(11): 18-23.

[205] 李小建. 西方社会地理学中的社会空间. 地理科学进展, 1987(02).

[206] 刘奔. 时间是人类发展的空间——社会时—空特性初探. 哲学研究, 1991(10).

[207] 潘泽泉. 空间化: 一种新的叙事和理论转向. 国外社会科学, 2007(04): 1.

[208] 梁允翔. 柯布西耶——阿波罗和迪奥尼斯的结合. 建筑技术及设计, 2001(03): 40-45.

[209] 王巍. 聚落形态研究与中华文明探源. 文物, 2006(05).

[210] 杨滔. 分形的城市空间. 城市规划, 2008(06): 61-64.

[211] 张光直. 考古学中的聚落形态. 华夏文物, 1972.

[212] 欧文·劳斯. 考古学中的聚落形态. 南方文物, 2007(3): 93-98.

[213] 滕复. 皮亚杰的结构主义. 浙江社会科学, 1987.

[214] 王桦. 权力空间的象征——徽州的宗族、宗祠与牌坊. 城市建筑, 2006(04).

[215] 王桦. 传统宗族村落中的"权力"空间初探. 小城镇建设, 2006(02).

[216] 郭于华. 代际关系中的公平逻辑及其变迁——对河北农村养老事件的分析. 中国学术, 2001(8): 221-254.

[217] Yunxiang Y. The Triumph of Conjugality: Structural Transformation of Family Elations in a

Chinese Village. Ethnology, 1997, 36 (3) : 191-212.

[218] Yunxiang Y. Rural Youth and Youth Culture in North China. Culture, Medicine and Psychiatry, 1999, (23) : 75-97.

[219] Yunxiang Y. Private Life Under Socialism: Love, Intimacy, and in a Chinese Village, 1994-1999. Stanford: Stanford University Press，2003.

[220] Boling P. Privacy and the Politics of Intimate Life. Armonk: Cornell University Press, 1996.

[221] Yunxiang Y. The Flow of Gifts: Reciprocity and Social Networks in a Chinese Village. Stanford: Stanford University Press, 1996.

[222] 王雅林. 张汝立. 农村家庭功能与形式——昌五地区研究. 社会学研究，1995 (1): 78-79.

[223] Simonsen K. Towards an Understanding of the Contextuality of Mode of Life. Society and Space, 1991 (9) : 417-31.

[224] Pasternak B. Kinship and Community in Two Chinese Villages. American Anthroppologist, 1975, 77 (1) : 112-113.

[225] 梁江，孙晖. 唐长安城市布局与坊里形态的新解. 城市规划，2003 (01): 77-82.

[226] 贵州省博物馆考古组等. 赫章可乐发掘报告. 考古学报，1986 (2): 199-242.

[227] 杭侃. 孟州城址所反映的问题. 中原文物，2001 (3): 55-77.

[228] 业祖润. 传统聚落环境空间结构探析. 建筑学报，2001 (12).

[229] 业祖润. 中国传统聚落环境空间结构研究. 北京建筑工程学院学报，2001，1: 70-75.

[230] 贺从容. 唐长安平康坊内割宅之推测. 建筑师，2007 (02).

[231] 孙晖，梁江. 唐长安坊里内部形态解析. 城市规划，2003 (10): 66-71.

[232] 刘炜，李百浩. 湖北古镇的空间形态研究. 武汉理工大学学报，2008 (03): 99-102.

[233] 郑卫，杨建军. 也论唐长安的里坊制度和城市形态——与梁江、孙晖两位先生商榷. 城市规划，2005 (10): 83-88.

[234] 史念海. 唐代长安外郭城街道及里坊的变迁. 中国历史地理论丛，1994 (01): 1-39.

[235] 孟彤. 试错与自组织——自发型聚落形态演变的启示. 装饰，2006 (02).

[236] 赵华富. 论徽州宗族祠堂. 安徽大学学报 (哲学社会科学版)，1996 (2): 48-54.

[237] 杨知勇. 空间化了的家族意识——合院式民居的文化内涵. 云南民族学院学报 (哲学社会科学版)，1996 (02): 36-42.

[238] 沈克宁. 富阳县龙门村聚落结构形态与社会组织. 建筑学报，1992 (2): 53-58.

[239] 罗德胤. 蔚县城堡村落群考察. 建筑史，第22辑: 164-179.

六、学位论文

[240] 张玉坤. 聚落·住宅: 居住空间论 [博士学位论文]. 天津: 天津大学，1996.

[241] 谭立峰. 河北传统堡寨聚落演进机制研究 [博士学位论文]. 天津: 天津大学，2007.

[242] 林志森. 基于社区结构的传统聚落形态研究 [博士学位论文]. 天津: 天津大学，2009.

[243] 李严. 明长城“九边”重镇军事防御性聚落研究 [博士学位论文]. 天津: 天津大学，2007.

[244] 李贺楠. 中国古代农村聚落区域分布与形态变迁规律性研究 [博士学位论文]. 天津: 天津大学，2006.

[245] 王绚. 传统堡寨聚落——兼以秦晋地区为例[博士学位论文]. 天津：天津大学，2004.
[246] 杭侃. 中原北方地区宋元时期的地方城址[博士学位论文]. 北京：北京大学，1998.
[247] 成一农. 唐末至明中叶地方建制城市形态研究[博士学位论文]. 北京：北京大学，2003.
[248] 赖志凌. 中国传统社会结构的伦理特质[博士学位论文]. 上海：复旦大学，2004.
[249] 陈薇. 空间·权力：社区研究的空间转向[博士学位论文]. 武汉：华中师范大学，2008.
[250] 李芗. 中国东南传统聚落生态历史经验研究[博士学位论文]. 广州：华南理工大学，2004.
[251] 陈伟. 徽州传统乡村聚落形成和发展研究[博士学位论文]. 合肥：中国科学技术大学，2000.
[252] 李哲. 山西省雁北地区明代军事防御性聚落探析[硕士学位论文]. 天津：天津大学，2005.
[253] 薛原. 资源、经济角度下明代长城沿线军事聚落变迁研究[硕士学位论文]. 天津：天津大学，2006.
[254] 成一农. 明清时期甘肃东部城市形态研究[硕士学位论文]. 北京：北京大学，2000.